W0259063

PROTOPLASMATOLOGIA

HANDBUCH DER PROTOPLASMAFORSCHUNG

HERAUSGEGEBEN VON

L. V. HEILBRUNN UND F. WEBER
PHILADELPHIA GRAZ

MITHERAUSGEBER

W. H. ARISZ-GRONINGEN · H. BAUER-WILHELMSHAVEN · J. BRACHET-BRUXELLES · H. G. CALLAN-ST. ANDREWS · R. COLLANDER-HELSINKI · K. DAN-TOKYO · E. FAURÉ-FREMIET-PARIS · A. FREY-WYSSLING-ZÜRICH · L. GEITLER-WIEN · K. HÖFLER-WIEN · M. H. JACOBS-PHILADELPHIA · D. MAZIA-BERKELEY · A. MONROY-PALERMO · J. RUNNSTRÖM-STOCKHOLM · W. J. SCHMIDT-GIESSEN · S. STRUGGER-MÜNSTER

BAND VI

KERN- UND ZELLTEILUNG

SCHRIFTLEITUNG: H. BAUER-WILHELMSHAVEN

E

AMITOSE

I

DIE AMITOSE DER TIERISCHEN UND MENSCHLICHEN ZELLE

WIEN
SPRINGER-VERLAG
1959

DIE AMITOSE DER TIERISCHEN UND MENSCHLICHEN ZELLE

VON

OTTO BUCHER

HISTOLOGISCH-EMBRYOLOGISCHES INSTITUT DER MEDIZINISCHEN FAKULTÄT DER UNIVERSITÄT LAUSANNE (SCHWEIZ)

MIT 56 TEXTABBILDUNGEN

WIEN
SPRINGER-VERLAG
1959

ALLE RECHTE, INSBESONDERE DAS DER ÜBERSETZUNG
IN FREMDE SPRACHEN, VORBEHALTEN.
OHNE AUSDRÜCKLICHE GENEHMIGUNG DES VERLAGES IST ES AUCH NICHT GESTATTET, DIESES BUCH ODER TEILE DARAUS AUF PHOTOMECHANISCHEM WEGE (PHOTOKOPIE, MIKROKOPIE) ZU VERVIELFÄLTIGEN.
© BY SPRINGER-VERLAG IN VIENNA 1959.

ISBN-13: 978-3-211-80523-7 e-ISBN-13: 978-3-7091-5467-0
DOI: 10.1007/978-3-7091-5467-0

Protoplasmatologia
VI. Kern- und Zellteilung
E. Amitose
1. Metazoen-Zelle

Die Amitose der tierischen und menschlichen Zelle

Von

Otto Bucher

Histologisch-Embryologisches Institut der Medizinischen Fakultät der Universität Lausanne (Schweiz)

Mit 56 Textabbildungen

Inhaltsübersicht

Vorwort

Als wir uns vor etwa drei Jahren auf die freundliche Anfrage von Herrn Professor Friedl Weber hin bereit erklärten, für das Handbuch „Protoplasmatologia" den Beitrag „Amitose" zu übernehmen, war uns noch nicht recht bewußt, was uns eigentlich bevorstand. Es schien uns nicht nur eine Ehre, an dem großzügig geplanten Werk mitarbeiten zu dürfen, sondern auch eine reizvolle und lohnenswerte Aufgabe, in einer Monographie — wenn möglich kritisch wertend — zusammenzufassen, was über die Amitose im Schrifttum weit zerstreut ist, und damit die weitere Amitoseforschung zu erleichtern.

Einen ersten Dämpfer erhielt unsere Begeisterung durch den Brief eines englischen Kollegen, der am 1. März 1955 schrieb: „I am more than surprised that now in 1955 an article can be devoted to «Amitosis»—which does not exist—except as an extremely rare exception. But I am convinced you will deal with this myth in a very scientific manner and will clear up the cause of misinterpretation". 1956 hatten wir dann Gelegenheit, auf Einladung der National Academy of Sciences an einer Reihe von Kongressen und Symposien in den Vereinigten Staaten von Amerika teilzunehmen und dort auch über das Problem der Amitose zu diskutieren, wobei uns die vor allem bei angelsächsischen Forschern vorhandene skeptische Einstellung zur direkten Teilung bestätigt wurde. Aus diesen Gründen hätten wir persönlich vorgezogen, den Titel des Beitrages — wenn es möglich gewesen wäre — etwas zu modifizieren: „Über das Problem der amitotischen Kern- und Zellteilung."

Die Durcharbeitung der Literatur, die bis Ende des Jahres 1958 berücksichtigt werden konnte, erwies sich als sehr viel zeitraubender, als ursprünglich angenommen wurde, so daß der Termin für die Ablieferung des Manuskriptes, zum Teil auch aus anderen von unserem Willen unabhängigen Gründen, zweimal hinausgeschoben werden mußte. Herausgebern und Verlag sind wir für ihr verständnisvolles Entgegenkommen zu großem Dank verpflichtet.

Gerne hätten wir selbst mehr zur Kenntnis der Amitose beigetragen, manche Angaben selbst nachgeprüft, um dann auf Grund eigener Erfahrungen Stellung nehmen zu können. Leider ist uns das, auch aus Zeitmangel, nur in ganz beschränktem Ausmaß möglich gewesen. Was wir an eigenen Forschungen über das Amitoseproblem durchgeführt haben, geschah größtenteils mit Unterstützung der „Schweizerischen Akademie der Medizinischen Wissenschaften". Ihr — wie auch unserem Präparator R. Magliocco, der die Originalphotographien und -kurven mit viel Geschicklichkeit hergestellt hat — möchten wir auch an dieser Stelle unseren herzlichen Dank aussprechen.

Danken möchten wir schließlich noch den Kollegen, die uns Sonderdrucke ihrer Veröffentlichungen oder Originalabbildungsvorlagen zur Reproduktion zur Verfügung gestellt haben, sowie all denen, die — bewußt oder unbewußt — durch Anregungen und Einwände die Formulierung des folgenden Textes beeinflußt haben.

Lausanne, April 1959.

Otto Bucher
Histologisch-Embryologisches Institut
der Universität Lausanne
9, rue du Bugnon.

I. Einleitung

„Es ist eine etwas mißliche Aufgabe, über ein Thema Rechenschaft zu geben, von dem wir noch so wenig Endgültiges wissen wie von diesem."

(W. Flemming, 1892.)

Dieser Satz, den wir als Motto vorangestellt haben, stammt aus einem Übersichtsreferat von W. Flemming über „Entwicklung und Stand der Kenntnisse über Amitose", in welchem er die Literatur aus den Jahren 1841 bis 1892 kritisch zusammenfaßte; obwohl inzwischen 66 Jahre vergangen sind, ist er, grosso modo, auch heute noch durchaus aktuell.

Ähnlich schrieb St. Krompecher (1937, S. 235) über die Amitose: „Besonders am Ende des vorigen Jahrhunderts ist dieser Frage viel Interesse entgegengebracht worden. Auch seitdem fehlt es nicht an hierauf bezüglichen Äußerungen, doch wir brauchen nur in den neueren histologischen Lehr- und Handbüchern nachzusehen, um uns zu überzeugen, daß hierüber die mannigfachsten Anschauungen herrschen, von denen es keiner gelungen ist, sich die allgemeine Anerkennung zu verschaffen." Werfen wir z. B. einen Blick in das von K. Goerttler neu bearbeitete Lehrbuch der Histologie von Stöhr-von Möllendorff (1955), so können wir feststellen, daß über die Amitose wörtlich genau der gleiche Text steht wie in der von unserem Lehrer W. von Möllendorff noch selbst vorbereiteten 24. Auflage aus dem Jahre 1940. Auch bei der Durchsicht vieler anderer Lehrbücher und ungezählter Veröffentlichungen, die das Gebiet der direkten Teilung berühren, kommt man zu der Überzeugung, daß die obenzitierten resignierten Bemerkungen nicht unbegründet sind.

Manche Forscher gehen, wie bereits im Vorwort angedeutet wurde, so weit, das Vorkommen der Amitose überhaupt abzulehnen. Vielleicht könnte man die Sachlage aber auch von einer anderen Seite betrachten „und sagen, daß das Problem der Amitose überhaupt — im gesamten zytologischen Schrifttum — nicht die Beachtung gefunden hat, die ihm zweifellos zukommen sollte" (O. Bucher, 1952, S. 41). Allenfalls kommt ihr sogar eine größere Bedeutung zu, als ihr bisher zugemessen wurde (R. Hahn, 1957 a, S. 39).

Die Amitoseliteratur bis zum Jahre 1929 ist von F. Wassermann im Handbuch der mikroskopischen Anatomie des Menschen besprochen worden. Während jedoch das Mitose-Kapitel 515 Seiten (und 29 Seiten Literaturangaben) umfaßt, sind der Amitose nur 35 Seiten gewidmet; dazu kommen noch 3 Seiten Literaturangaben. Wir erkennen schon daraus, wieviel mehr über die Mitose gearbeitet worden ist, und man kann es sich heute kaum mehr vorstellen, daß es einmal eine Zeit gab, wo die Amitose als allein vorkommende Teilungsart gegolten hatte.

In der vorliegenden Monographie haben wir nun versucht, in erster Linie all das zusammenzufassen, was seit dem Erscheinen des Wassermannschen Handbuchbeitrages in den letzten drei Jahrzehnten im (uns zugänglichen) Schrifttum über die direkte Teilung erschienen ist, was uns erwähnenswert und für weitere Untersuchungen von Nutzen schien. Abgesehen von der kurzen historischen Einführung sind wir auf ältere Veröffentlichungen im allgemeinen nur dann eingetreten, wenn sie zum besseren Verständnis des Amitoseproblems von besonderer Bedeutung sind oder, obwohl sie unseres Erachtens dazu einen interessanten Beitrag liefern, im WASSERMANNschen Artikel noch keine Erwähnung gefunden haben.

Eingehend berücksichtigt sind die älteren Autoren z. B. auch bei ST. HEITZMANN (1918) sowie bei M. STAEMMLER (1928), die ältere Literatur in englischer Sprache bei H. P. JOHNSON (1892), C. M. CHILD (1907), W. NAKAHARA (1918), T. H. BAST (1921) und bei J. McA. KATER (1940, 1951).

Eine Besprechung in russischer Sprache von Arbeiten aus den Jahren 1885—1951, welche die Amitose bei Tier und Pflanze zum Thema haben, vermittelte K. M. KAROLINSKAJA (1952).

W. FLEMMING, der schon 1892 152 Arbeiten über Amitose zitierte, konnte damals noch eine lückenlose Übersicht geben. Heute ist es jedoch vollkommen ausgeschlossen, alles zu finden, was über dieses Thema in der Weltliteratur weit verstreut und oft unter einem anderen Titel publiziert ist. Darüber können wir uns keine Illusionen machen, und der Verfasser bittet zum voraus diejenigen Autoren um Verzeihung, die sich allenfalls übergangen fühlen; es ist nicht mit Absicht geschehen.

Ein Amitosereferat ist eine äußerst heikle Aufgabe. Einige Kollegen, die selbst Fälle von Amitosen publiziert haben, drücken sich heute, persönlich befragt, viel weniger bestimmt, ja teilweise sogar auffallend zurückhaltend aus. Es ist uns jedoch nicht möglich, von allen beteiligten Forschern, selbst wenn sie noch am Leben sind, ihre Veröffentlichungen noch neu interpretieren und allenfalls korrigieren zu lassen. Im allgemeinen werden wir uns deshalb an die gedruckten Arbeiten halten und die wichtigsten der darin vertretenen Ansichten häufig durch Zitierung des Originaltextes belegen.

II. Zur Geschichte der Amitose

In einer Arbeit aus dem Jahre 1858 „Über die Teilung der Blutzellen beim Embryo“ teilte R. REMAK mit, daß er — übrigens schon im Jahre 1841 — an embryonalen Blutzellen von Vögeln und Säugetieren eine Vermehrung durch Teilung ermittelt habe. Bei supravitaler Beobachtung roter Blutzellen junger Hühnerembryonen vom 3.—6. Bebrütungstag sah er neben runden und ovalen Zellen „eine Anzahl eingeschnürter, d. h. in Teilung begriffener Zellen“, wobei es für ihn „kaum einem Zweifel unterliegen“ konnte, daß der Durchschnürung des Kerns eine Teilung des Kernkörperchens vorausgehen würde. Dieses immer wieder zitierte „REMAKsche Schema“, das, selbst noch in neuerer Zeit (vgl. z. B. N. FLEROFF, 1929; W. J. SCHMIDT, 1938), als erste Beschreibung einer direkten Teilung gewürdigt wurde, galt bis zur Entdeckung der Mitose (A. SCHNEIDER, 1873) als Schulmeinung von der Kern- und Zellvermehrung überhaupt.

Ursprünglich wurde also die Amitose als allein vorkommender Kernteilungsvorgang betrachtet. Das Amüsante an der Geschichte ist jedoch die Tatsache, daß, wenn wir nekrobiotische Vorgänge einmal ausschließen wollen, es sich bei der REMAKschen Beobachtung „um mitotische Teilungen gehandelt hat, bei denen die chromatischen Tochterfiguren entweder als die ganzen direkt abgeschnürten Tochterkerne oder als Teilungshälften des Nucleolus angesehen wurden" (W. FLEMMING, 1892, S. 47). Ähnliches ist wohl von manchen anderen Befunden aus dem letzten Jahrhundert und selbst aus diesem Jahrhundert zu sagen.

Obschon die direkte Teilung vor der indirekten beschrieben worden war, ist, wenn wir der durch viele Beispiele belegten historischen Betrachtung FLEMMINGS (l. c.) folgen wollen, „in der gesamten Literatur vor der Auffindung der Mitose, und noch recht weit darüber hinaus, kein einziger wirklicher Nachweis für eine direkte Kernzerlegung erbracht worden". Dies ist beim damaligen Stand der zur Verfügung stehenden Beobachtungsmittel auch gar nicht weiter verwunderlich.

In diesem Sinne haben auch die Lebendbeobachtungen von Zerschnürungen farbloser Blut- und Lymphzellen von Amphibien, die von E. KLEIN (1870) und L. RANVIER (1875) beschrieben worden sind, keine große Beweiskraft für die Amitose. All diese alten an Blutzellen erhobenen Befunde sollten mit modernen Methoden (Phasenkontrastmikroskop, Zeitrafferfilm) nachgeprüft werden. An menschlichen weißen Blutkörperchen, bei welchen E. KLEIN „in wenigen Fällen bei 35—40° C Teilung durch Abschnürung" auch festgestellt haben wollte, konnten wir nie etwas Derartiges sehen.

In den beiden Jahrzehnten, die der Entdeckung der Mitose folgten, wurde die Amitose stark angegriffen. Eine bloße Kernzerschnürung schien „gewissermaßen so roh, daß der Zweifel an ihrer Existenzberechtigung nahe lag, und so kam dann eine Zeit, wo man in weiten Kreisen die «direkte Kernteilung» als eine abgetane Sache angesehen hat" (W. FLEMMING, l. c. S. 50). In dem damals hin- und herwogenden Streit sind vor allem W. FLEMMING (1882, 1892) und J. ARNOLD (1887) für die Koexistenz von Mitose und Amitose eingetreten, da sie auf Grund eigener Untersuchungen zum Schluß gelangten, „daß das Vorkommen direkter Kernteilung als feststehend anzunehmen sei". In der Folgezeit wurden dann Mitteilungen über Amitosen immer häufiger, wozu F. WASSERMANN (1929, S. 551) allerdings mit Recht betonte: „Die älteren Amitosenbefunde leiden sicherlich sehr unter dem Mangel an der nötigen Kritik, die man unbedingt den Bildern amitotischer Kernteilung gegenüber bewahren muß." Wir möchten sogar noch etwas weiter gehen und sagen, daß das in nicht allzu seltenen Fällen auch noch für neuere Amitosebeschreibungen zutreffen kann.

Wer sich weiter über das alte Schrifttum orientieren will, der lese die betreffenden Abschnitte in den Übersichtsreferaten von W. FLEMMING (1892, 1893, 1894) sowie von F. MEVES (1896, 1898); in englischer Sprache finden sich manche diesbezügliche Hinweise bei C. M. CHILD (1907).

Während nun an der Existenz der Amitose im allgemeinen nicht mehr gezweifelt wurde, verschob sich die Diskussion auf eine andere, teleologische Ebene. Nach einer von W. FLEMMING (1891, S. 291) aufgestellten Hypothese wäre die Amitose „in den Geweben der Wirbeltiere ein Vorgang, der nicht mehr zur physiologischen Vermehrung und Neulieferung von Zellen führt, sondern, wo er vorkommt, entweder eine Entartung oder Aberration darstellt, oder vielleicht in manchen Fällen (Bildung mehrkerniger Zellen durch Fragmentierung) durch Vergrößerung der Kernperipherie dem zellulären

Stoffwechsel zu dienen hat", doch bemerkte er an einer anderen Stelle (1892, S. 77) sehr diplomatisch, „daß ein und derselbe Vorgang bei verschiedenen Organismen und unter verschiedenen biologischen Bedingungen nicht überall dieselbe Bedeutung zu haben braucht". Mit dieser vorsichtigen Formulierung haben sich H. E. Ziegler (1891) und O. vom Rath (1891) nicht begnügt. Ersterer behauptete, „daß die amitotische Kernteilung stets das Ende der Reihe der Teilungen andeutet; wo dieser Teilungsmodus auftritt, da finden nur noch ... ganz wenige oder gar keine Teilungen mehr statt" (S. 374), und vom Rath prägte das seither oft zitierte Wort: „Wenn einmal eine Zelle direkte Kernteilung erfahren hat, so ist damit ihr Todesurteil gesprochen, sie kann sich zwar noch einige Male direkt teilen, geht dann aber bald unfehlbar zugrunde" (S. 331).

Es war zu erwarten, daß diese Anschauungen nicht unwidersprochen blieben. Besonders zu erwähnen sind in diesem Zusammenhang die Arbeiten von C. M. Child (1904, 1907) und J. Th. Patterson (1908), die beide zum Schluß kamen, daß amitotisch entstandene Tochterzellen sich auch wieder mitotisch teilen könnten, die Amitose also kein minderwertiger Teilungsvorgang, kein Zeichen von Degeneration und Zelluntergang sei.

Wir wir gesehen haben, standen also seit Beginn der Amitoseforschung zwei Hauptprobleme im Vordergrund: 1. gibt es überhaupt eine Amitose und, wenn ja, 2. wo und unter welchen Bedingungen ist sie anzutreffen und welches ist ihre Bedeutung? Während über diesen Punkt nur Hypothesen bestanden, schien die erste Frage zur Zeit der Abfassung des Wassermannschen Handbuchartikels nur noch historischen Wert zu haben und positiv beantwortet werden zu können.

Dazu schrieb F. Wassermann vor bald 30 Jahren: „Den Hauptunterschied zwischen der Behandlung der Amitosenfrage bei den botanischen Cytologen und bei den Vertretern der Zoo-Cytologie sehen wir darin, daß die ersteren eine bis zur Ablehnung der eigentlichen Amitose gehende Skepsis gegenüber den aus ihrem Lager stammenden Befunden für nötig halten. Dazu waren wir nicht veranlaßt und man wird eine solche Haltung bei keinem Vertreter der menschlichen oder vergleichenden Histologie treffen" (l. c., S. 579).

Heute jedoch wird an der Existenz der Amitose gelegentlich wieder gezweifelt. Aber ist es wirklich denkbar, daß diese gar keine Realität wäre, sondern nur ein „Mythos", der sieben bis acht Jahrzehnten naturwissenschaftlicher Forschung standgehalten hätte? Wie dem auch sei, auf alle Fälle müssen wir, wie das W. Flemming und verschiedene seiner Zeitgenossen getan haben, diese Frage neuerdings erörtern.

III. Begriff der Amitose (Definition, Nomenklatur)

„Doch ein Begriff muß bei dem Worte sein."
Goethe (Faust I, Studierzimmer 2).

Es wird zweckmäßig sein, daß wir uns zuerst darüber verständigen, was wir unter der Bezeichnung „Amitose" verstehen wollen.

Die Namen „Mitose" und „Amitose" sind von W. Flemming geprägt worden (1882); schon früher (1879) hatte er die Bezeichnungen „indirekte und direkte Kernteilung" vorgeschlagen, von denen er selbst „nicht sehr befriedigt" war, „da sie lang sind und über das Wesen der Teilung wenig aussagen" (1882, S. 375). Als Synonym für die amitotische Kernteilung gebrauchte er auch „Holoschisis" und „Zerschnürung"; E. VAN BENEDEN (1876) und nach ihm viele andere sprachen von Kernfragmentierung („fragmentation du noyau"), J. EBERTH (1876) u. a. von „einfacher Kernteilung".

J. ARNOLD (1883, ferner 1887) unterschied eine „Segmentierung" und eine „Fragmentierung", wobei bei der ersteren eine „Spaltung der Kerne in der Äquatorialebene oder den Segmentalebenen in zwei oder mehrere nahezu gleiche Teile" erfolgen soll, bei der letzteren eine „Abschnürung der Kerne an beliebigen Stellen in zwei oder mehrere gleiche, häufiger ungleiche Kernabschnitte, welche nicht durch regelmäßige Teilungsflächen sich abgrenzen". Segmentierung und Fragmentierung unterteilte er weiter noch in eine indirekte und eine direkte, je nachdem ob eine „Zunahme und veränderte Anordnung der chromatischen Kernsubstanz" festzustellen war oder nicht. Die sog. „indirekte Segmentierung" entspricht zweifellos dem, was wir heute als Mitose bezeichnen, die „direkte Segmentierung" vermutlich der heutigen Bezeichnung Amitose (im engeren Sinne). In die Gruppe „Fragmentierung" der ARNOLDschen Nomenklatur gehört wohl alles das, was — wie wir noch sehen werden — wir heute als Kernfragmentierung, -segmentierung, -knospung, Pseudoamitose etc. von der (echten) Amitose abtrennen möchten.

Nicht besser als „Mitose" und „Amitose" sind die entsprechenden Namen „Karyokinese" (W. SCHLEICHER, 1897) und Akinese („division acinétique, J. B. CARNOY, 1884), da ja bei beiden Teilungsarten Bewegungsvorgänge eine Rolle spielen. Schließlich komplizierte J. FRENZEL (1891) die von allem Anfang an disparate Nomenklatur noch mehr, indem er bei der Amitose eine „Kernhalbierung", wobei beide Kernteile „genau gleich groß und gleich beschaffen" sind, und eine „Kernteilung", wo „eine ungleichmäßige Abschnürung in eine größere und eine kleinere Kugel" stattfindet, unterschied. Durch Beifügung des Adjektives nukleolär (nukleoläre Kernhalbierung bzw. -teilung) wollte er ferner noch zum Ausdruck bringen, daß auch die Kernkörperchensubstanz aufgeteilt wird.

W. FLEMMING kommt das Verdienst zu, als erster eine Definition der Amitose versucht zu haben. Als amitotische Teilung, oder kurz Amitose, bezeichnete er „diejenigen Formen der Zellteilung (bzw. der Kernteilung in Fällen, wo nur der Kern, nicht die Zelle mit zerlegt wird), bei denen die bekannte Fadenmetamorphose (Mitose) bei der Teilung des Kerns ausbleibt" (1892, S. 44; ähnlich schon 1882, S. 343 und 347).

Mit dem Wort „Amitose", das leider sehr unglücklich gewählt ist, wollte er zum Ausdruck bringen, daß im Falle der direkten Teilung eben keine Mitose vorliege (a-mitose). Die Definition beruht also nicht auf positiven Eigenschaften, sondern nur auf negativen Feststellungen, wie dem Fehlen des für die Mitose charakteristischen Verhaltens der Chromosomen. Während damit die direkte Teilung leicht von der indirekten zu unterscheiden ist, um so mehr als ja noch andere Unterscheidungsmerkmale (Spindelbildung, Auflösung der Nukleolen und der Kernmembran) hinzukommen, ist ihre Abgrenzung gegen gewöhnliche Kerneinschnürung, -lappung, -fragmentierung usw. sehr schwierig. „Es zeigt sich dabei ein Mangel, an dem die Erörterungen über die Amitose überhaupt leiden, daß man jede Art von Kernsegmentierung schon als Amitose betrachtet hat und folgerichtig zwischen der direkten Zweiteilung des Kerns, die ursprünglich gemeint war, und der bloßen Lappung des Kerns oder einer mehrfachen Durchschnürung keine scharfe Grenze mehr im Auge behalten hat. Das ist durchaus erklärlich, wenn man bedenkt, daß die Bezeichnung Kernfragmentierung von Anfang an für die Amitose im Gebrauch war ..." (F. WASSERMANN, 1929, S. 552). Welche nicht als mitotisch anzusprechende Kernveränderungen als Amitose zu werten sind, das war somit für lange Zeit und ist wohl teilweise auch heute noch eine Ermessensfrage.

Es ist daher nicht verwunderlich, daß immer wieder Stimmen laut geworden sind, die vorschlugen, den Namen „Amitose" auszumerzen. „The term «amitosis» is misleading, since it suggests an alternative to mitosis. ... I would suggest that this process be called «nuclear fragmentation» and that the term «amitosis» be eliminated" (H. RIS, 1955).

Die Bezeichnungen Mitose und Amitose sind heute jedoch in der internationalen Literatur so fest verankert, daß wir aus praktischen Überlegungen kaum darum herumkommen, sie weiter zu gebrauchen.

Die Schwierigkeit, die amitotische Teilung eindeutig zu definieren, barg natürlich die Gefahr in sich, daß recht verschiedene Phänomene „Amitose" genannt wurden, die, wie R. RÖSSLE (1926, S. 923) sich ausdrückte, „nur gestaltliche Ähnlichkeit durch das Merkmal Kernzerschnürung haben". Darauf hat C. M. CHILD schon vor 50 Jahren hingewiesen (1907, S. 288): „It seems not impossible, however, that the term «amitosis» may be found to include a variety of nuclear phenomena depending on quantitatively and perhaps qualitatively different conditions and leading to different results", und ähnlich äußerte sich W. NAKAHARA (1918, S. 509): „... nuclear phenomena which were previously known collectively as amitosis may really be of different nature. It is not surprising, therefore, to find that anyone of the suggested theories is inadeqate for the explanation of all." Entsprechende Angaben finden sich auch in der botanischen Literatur: „Der Begriff «Amitose» in landläufigem Umfange ist jedenfalls vieldeutig und vereinigt heterogene Dinge in sich" (G. TISCHLER, 1921/22).

Trotz aller inzwischen gemachten Bemühungen, den Amitosebegriff schärfer herauszuarbeiten, gibt es sogar in neuester Zeit noch Autoren, die Amitose als Sammelbezeichnung nehmen, so z. B. A. PISCHINGER (1954b), der „äquale, inäquale Amitose, Meroamitose, Knospung kleinster Kerne" als „bekannte Formen der Amitose" anführte (ähnliche Konfusion auch bei H. GRAU, 1954). Ferner wissen wir von der „normalen Amitose" noch viel zu wenig, als daß wir schon „pathologische Amitosen" (O. C. GLASER, 1907), „pathologische Erscheinungsformen" (W. BURKL, 1949, S. 603), „abnorme amitotische Kernteilungen" (W. FINK, 1954, S. 349) usw. erkennen könnten.

Es hat auch nicht an Vorschlägen gefehlt, die „Amitose" bewußt weiter zu fassen oder umzudeuten. Manche dieser Versuche stehen in Beziehung zu den JACOBJschen Arbeiten über das rhythmische Kernwachstum. W. JACOBJ selbst sprach von einer „Erweiterung des Begriffes der Amitose auch für solche Prozesse, welche äußerlich keinerlei Teilungserscheinungen (auch keine amitotischen Kerndurchschnürungen), sondern nur ein nach der Verdopplungsregel verlaufendes Wachstum zeigen" (1926, S. 569), ferner (1925, 1926, 1935, 1942) von amitotischem Wachstum durch „innere Teilung"

(M. HEIDENHAIN (1907, 1919). Bei diesem würde die Kernteilung sogar ganz wegfallen und „ungeteilte Großkerne“ entstehen „durch eine in Verdopplungsschritten vor sich gehende Massenzunahme sämtlicher im System der Zelle zusammengefaßten lebenden Einheiten von Kern und Plasma, welche nicht mit der sonst üblichen mitotischen Teilung verbunden ist“ (1942, S. 603). Letzterer Punkt — keine Mitose = a-Mitose — verführte W. JACOBJ, für die von ihm 1925 beschriebene Bildung polymerer Kernformen durch rhythmisches Verdopplungswachstum auch den Namen „Amitose“ in Anspruch zu nehmen, obschon es sich bei diesen Vorgängen, im Gegensatz zur FLEMMINGschen Definition der direkten Teilung, weder um eine Zell- noch um eine Kernteilung handelt, sondern nur um die Größenzunahme eines ungeteilten Kernes.

M. CLARA (1930, S. 203 ff.) versuchte, die Gedankengänge HEIDENHAINS und JACOBJS aufgreifend, „eine schärfere Charakterisierung der einzelnen Erscheinungsformen, unter welchen die Amitose verlaufen kann“. und prägte dazu die Namen „E n d o s c h i s i s“ und „P h ä n o s c h i s i s“. Beide unterscheiden sich im Hinblick auf die Ausdehnung der Kernoberfläche in ihrer physiologischen Bedeutung, sind aber im Lichte der HEIDENHAINschen Teilkörpertheorie „nicht zwei grundsätzlich voneinander verschiedene Teilungstypen, sondern lediglich verschiedene Erscheinungsformen ein und desselben Wachstumsvorganges, den wir als Spaltung der Teilkörper, als Schisis charakterisieren können“. Bei der Endoschisis (endonucleäre Amitose nach C. JERUSALEM, 1958), ist der Teilungsvorgang ein innerer, äußerlich nicht sichtbarer, und es entstehen großkernige Zellen, während er bei der Phänoschisis auch äußerlich in der Verdopplung der Kernzahl zum Ausdruck kommt. CLARAS Phänoschisis, die JACOBJ (1942, S. 668) auch als „Kernfragmentation“ bezeichnet, ist also eine amitotische Kernteilung und führt zur Entstehung zweikerniger Zellen, während die Endoschisis dem amitotischen Kernwachstum JACOBJS entspricht. J. BÖHM (1931) sprach ebenfalls von einer amitotischen Bildung hochwertiger Zellformen (in der Leber), und nach W. PFUHL (1932 a, S. 82) ist die Amitose „ein Vorgang, bei dem die Kern- und Plasmamasse verdoppelt wird, sei es durch einfaches Wachstum auf doppelte Größe, sei es durch amitotische Kernteilung mit entsprechender Plasmavermehrung, sei es durch mehr oder weniger vollständige Durchschnürung der ganzen Zelle“.

G. H. MÜLLER (1937, S. 312) führte schließlich noch einen weiteren Namen ein und bezeichnete als P r ä a m i t o s e n Kerne, „die ihr Volumen vergrößern, um sich dann in zwei Tochtergebilde zu teilen“. In der Leber junger Mäuse fand er außer wenigen Präamitosen noch keine großkernigen Zellen.

A. BENNINGHOFF ging in der Umdeutung des Begriffes „Amitose“ zweifellos zu weit, als er schrieb (1922, S. 47): „Ich bezeichne im Folgenden als Amitose in diesem erweiterten Sinn jede Form der Oberflächenvergrößerung des Kernes bei erhaltener «Ruhe»struktur. Dabei bin ich mir bewußt, daß der gebräuchliche Sinn des Wortes Amitose nach dem Vorgang anderer Autoren überschritten wird, indem der Schwerpunkt nicht mehr allein in einem Teilungsgeschehen gesucht wird, sondern viel allgemeiner in der Vergrößerung der Berührungsfläche des Kerns gegen das Cytoplasma.“ Eine solche Amitose im Benninghoffschen Sinne wäre eine Reaktionsweise, und die eventuell damit verbundene Kernteilung, die „erst durch das gleichzeitige Vorhandensein von Teilungsbedingungen“ zustande kommt, etwas Sekundäres. Im Anschluß an diese Überlegungen versuchte dann Benninghoff, eine Einteilung der Amitosen zu geben, wobei er „Reaktionsamitosen“ und „Teilungsamitosen“ unterschied (S. 68): „Kurz gefaßt, ist die Oberflächenvergrößerung des Kerns unter Bildung zusammenhängender oder getrennter Teile eine morphologisch leicht erkennbare Reaktion der Zelle auf unspezifische Reize, welche das Plasma beschlagnahmen (Reaktionsamitose). Bei gleichzeitigem Vorhandensein einer Teilungsbereitschaft kann daraus eine Halbierung des «Ruhe»kerns in betriebsfähigem Zustand resultieren, ein Teilungsvorgang, für den der ursprüngliche Sinn des Wortes Amitose zutrifft“ (Teilungsamitose).

Die Ausdehnung des Amitosebegriffes auf „jede Form der Oberflächenvergrößerung des Kerns“ hat sich glücklicherweise nicht durchsetzen können (vgl. z. B. F. Wassermann, der „nur bei seiner engeren Fassung die Möglichkeit einer klaren Stellungnahme zur Amitose“ sah; ferner G. Tischler, 1951; u. a.), hat aber immerhin einige Verwirrung gestiftet.

Im Falle der Teilungsamitose Benninghoffs besteht „offenbar eine ideelle Gleichgewichtsfläche, in der das Material halbiert wird“ (äquale amitotische Kernteilung, F. Feyrter, 1951; u. a.). M. Clara (1931, S. 90) schlug vor, „Teilungsamitose“ zu ersetzen durch „Wachstumsamitose“ oder „Proliferationsamitose“, dafür aber nicht nur die Bildung von zwei- und mehrkernigen Zellen (Phänoschisis), sondern auch die von großkernigen Zellen (Endoschisis) gelten zu lassen. Wachstumsamitosen fänden sich während dem Organwachstum, nachher nur noch bei Regenerationsvorgängen. Im Falle der Reaktionsamitose entstehen „beliebige Zerschnürungen“, die nichts mit einem Teilungsvorgang zu tun haben, deswegen oft genug unvollständig bleiben und einen Kernpolymorphismus erzeugen (A. Benninghoff, 1922, S. 64). Nach M. Clara (1931) liefern Reaktionsamitosen nur eine vorübergehende Vermehrung des Kernmaterials und keine entsprechende Cytoplasmazunahme. Es handelt sich um einen labilen Zustand, dessen wesentliche Bedeutung in der Vergrößerung der Kernoberfläche liegt und der „in dem Augenblicke wieder abgebaut wird, in welchem die Bedingungen, welche zu dieser Reaktion geführt haben, wieder wegfallen“. Claras „asymmetrische Amitosen“ (1936, S. 227) sind offenbar häufig solche Reaktionsamitosen. R. Rössle (1926, S. 923) möchte „Vorgängen, welche lediglich einer Vergrößerung der Kernoberfläche zu Zwecken der Intensivierung des intrazellulären Stoffwechsels bzw. der Kernfunktion dienen, einen anderen Namen geben, etwa Kalymmauxose (κάλυμμα, Hülle; αὐξάνω, vermehre)“. Wie man diese bloße Oberflächenvergrößerung auch immer nennen will, wir möchten sie von der Amitose klar abtrennen.

Eine andere Frage, die wir später im einzelnen zu besprechen haben werden (s. Kapitel XI/3), ist die, ob die amitotische Kernteilung auch von einer Zellteilung gefolgt sei oder nicht. Hier möchten wir nur soweit auf sie eingehen, als dadurch die Nomenklatur berührt wird.

M. HEIDENHAIN (1907, 1919) hat den Begriff „innere Teilung" eingeführt für Fälle, wo eine Kernteilung und auch eine entsprechende proportionale Vermehrung des Plasmas stattfindet, die äußere Zellteilung jedoch ausbleibt. Je nachdem, ob diese Kernteilung mitotisch oder amitotisch war, sprach er von „Endomitose" oder „Endoamitose". M. CLARA (1930, S. 205) schien die Bezeichnung Endoamitose „für die Vorgänge, die zur Bildung von zweikernigen Zellen führen, entbehrlich, da weitaus der größte Teil dieser Amitosen «Endoamitosen» sind"; er selbst nannte diese direkte Kernteilung „Phänoschisis", wie wir bereits oben erwähnt haben. Aber auch der Name „Endomitose" darf heute nicht mehr in der ihr von HEIDENHAIN gegebenen Bedeutung gebraucht werden.

Für M. HEIDENHAIN war eine „Endomitose" eine gewöhnliche mitotische Kernteilung mit ausbleibender Teilung des Zellkörpers. Ausgehend von der Tatsache, daß bei der indirekten Teilung Kern- und Cytoplasmateilung im allgemeinen miteinander gekoppelt sind, möchten wir jenen Vorgang lieber eine unvollständige Mitose oder eben expressis verbis eine mitotische Kernteilung ohne nachfolgende Zelleibsteilung bezeichnen.

Unter Endomitose verstehen wir heute jedoch etwas anderes, nämlich die „Zweiteilung der Chromosomen bzw. ihrer Äquivalente im Zellkern ohne Bildung einer Spindel und ohne Teilung des Kerns" (siehe L. GEITLER, dieses Handbuch, Teil VI C, 1953). Ihr Resultat ist eine endomitotische Polyploidisierung. Es ist anzunehmen, daß JACOBJS rhythmischem oder „amitotischem" Kernwachstum und CLARAS Endoschisis — vielleicht nicht immer, aber doch meistens — solche endomitotische Polyploidisierungsprozesse zugrunde liegen (vgl. dazu auch die Ergebnisse der Chromosomenzählungen von M. CLARA, 1931, sowie von H. MARQUARDT und E. GLÄSS, 1957).

Wie manche andere Forscher unterschied auch G. LEVI (1934) unter dem Namen Amitose zwei verschiedenwertige Prozesse: 1. als häufigeren Fall eine direkte Kernteilung ohne Teilung des Zelleibes, und 2. eine direkte Kernteilung mit nachfolgender Zelleibsteilung. H. PETERSEN (1935) sprach in diesem Falle von einer „wahren amitotischen Zellteilung", doch würde es entschieden zu weit führen, wenn man annehmen wollte, daß zum Wesen der Amitose neben der Kern- immer auch eine Zellteilung gehörte. Wir selbst würden deshalb vorziehen, von einer amitotischen Kernteilung (Kernamitose, G. LEVI 1934; endoplasmatische Amitose, C. JERUSALEM 1958) und — falls diese von einer Cytoplasmateilung gefolgt sein sollte — von einer amitotischen Zellteilung zu sprechen. Der etwas unbestimmte Ausdruck „amitotische Kernveränderung" („amitotic nuclear changes" A. ATSUMI 1953) mag in manchen Fällen zur Beschreibung von in fixierten Präparaten erhobenen Befunden allenfalls seine Berechtigung haben, doch sollten wir Benennungen wie etwa „amitotische Fragmentierung" (WERMEL und IGNATJEWA 1933) oder sogar nur „Kernfragmentierung" („nuclear fragmentation", H. RIS 1955) aus den weiter oben erörterten Gründen meiden.

Was wir eine amitotische Kernteilung nennen möchten, ist immer eine Phänoschisis. Bezeichnungen wie „Endoamitose" und insbesondere „amitotisches Kernwachstum" (entsprechend der Endoschisis) sollten in der Amitoseliteratur nicht mehr verwendet werden. Auch eine Erweiterung des Amitosebegriffes im Sinne Benninghoffs ist abzulehnen. Ferner müssen wir versuchen, amitotische Kernteilung und Kernfragmentation voneinander zu unterscheiden; amitotische und direkte Teilung sind für uns indessen synonym.

An sich wäre es keine schlechte Idee, die verschiedenartigen Kerndurch- und -abschnürungen unter dem Oberbegriff „direkte Teilungen" zusammenzufassen und in dieser Gruppe die Amitose als einen Spezialfall zu betrachten, dessen Definition noch zu diskutieren ist. Dagegen spricht jedoch die Tatsache, daß man sich seit Flemmings Zeiten daran gewöhnt hat, den beiden Bezeichnungen „direkte Teilung" und „Amitose" die gleiche Bedeutung zuzuschreiben.

Leider sind wir auch heute immer noch nicht in der Lage, der Definition der Amitose, die W. Flemming 1892 gegeben hat, sehr viel Neues beizufügen. „Die Geschichte der Frage über die amitotische Teilung lehrt uns, daß sich einer richtigen Lösung, einer richtigen Erklärung oft der Umstand in den Weg stellte, daß die Erscheinung der amitotischen Zellteilung keinerlei pathognomonische Merkmale aufwies. Dadurch unterscheidet sie sich unvorteilhaft von der Karyokinese ..." (N. Fleroff 1929, S. 260). So ist denn auch in modernen Lehrbüchern die Amitose in erster Linie dadurch charakterisiert (und gegen die Mitose abgegrenzt), daß auf das Fehlen von Strukturveränderungen im Arbeitskern („Ruhekern") und insbesondere auf das Ausbleiben des Sichtbarwerdens von Chromosomen hingewiesen wird (M. Hartmann 1953; G. Levi 1954; E. V. Cowdry 1955; W. Bargmann 1956; O. Bucher 1956; M. Chèvremont 1956).

So schrieb z. B. M. Hartmann in seiner „Allgemeinen Biologie" (1953, S. 279): „Bei der Amitose schnürt sich der Kern einfach durch, ohne gegenüber dem Ruhezustand innere Veränderungen zu zeigen; es fehlen die achromatischen Teilungsstrukturen und auch die Chromosomen treten nicht deutlicher hervor als im Ruhekern", E. V. Cowdry in seinem Buch „Cancer Cells" (1955, S. 131): „Amitosis is nuclear division without thread formation. It is direct in the sense that the nucleus divides directly into two parts without the conspicuous division and shifting of chromosomes seen in mitosis."

E. Küster (1951, S. 263) sprach dann von einer Amitose, „wenn die Substanz eines Zellkerns ihre Kontinuität aufgibt und in zwei oder mehr Stücke zerfällt, ohne daß es vorher zu einer Ausdifferenzierung von Chromosomen oder zur Bildung und Mitwirkung einer Spindel gekommen wäre". Damit ist eine neue Frage aufgetaucht, die wir an dieser Stelle noch nicht beantworten können, nämlich die, ob bei einer Amitose der Kern auch in mehr als zwei, allenfalls ungleich große Teile „zerfallen" kann, oder ob man in einem solchen Falle nicht besser von einer Kernfragmentierung (vgl. S. 41) sprechen sollte. G. Tischler (1921/22, S. 454) — ebenfalls ein Botaniker — wollte den Begriff Amitose „auf solche Fälle beschränken, wo es sich um tatsächliche Kerndurchschnürungen ohne zuvorige Chromosomendifferenzierung handelt und wo die beiden Tochterkerne nicht sofort einer Degeneration anheimfallen". Auch damit ist ein neues Moment zur Diskussion gestellt, indem das weitere Schicksal der Tochterkerne, die nach der amitotischen Teilung nicht gleich zugrunde gehen dürfen, in die Definition miteinbezogen wurde.

Dreißig Jahre später präzisierte G. TISCHLER (1951, S. 353) seine Definition noch in einer anderen Richtung: „In dem Maße, in dem uns klar geworden ist, daß während des «Ruhekernstadiums» die Chromosomen, zum mindesten in der Form der Chromonemen, erhalten bleiben, müssen wir auch die Definition der Amitose ändern. Wir dürfen also nicht mehr sagen, daß sich hier keine Chromosomen differenzieren, sondern nur noch, daß sie die üblichen Veränderungen der Mitose nicht eingehen."

Wenn wir uns vor Augen halten, daß der amitotische Kern gegenüber dem Interphasenkern keine in Richtung der Mitose weisenden Strukturveränderungen erfahren haben darf, dann werden alle Diskussionen über Übergangsformen von der Mitose zur Amitose („Hemimitose" von W. VON WASIELEWSKI 1903; „Amphiamitose" von P. A. MAWRODIADI 1927), alle Interpretationen der Amitose „als einen von der Mitose abgeleiteten Vorgang", als „stark verkürzte und vereinfachte Mitose" (W. EILERS 1925) oder als „modifizierte Mitose" (H. B. STOUGH 1935) gegenstandslos. Auf dem gleichen Prinzip beruht auch der Unterschied zwischen Amitose einerseits und Pseudoamitose (V. HÄCKER 1910; G. POLITZER 1924) oder Pyknomitose (W. PFUHL 1938) andererseits. Indessen kann eine Kernfragmentierung auch ohne Strukturveränderungen des Arbeitskernes vor sich gehen, weshalb die Abgrenzung der amitotischen Kernteilung in dieser Richtung wesentlich schwieriger ist (vgl. S. 37 ff).

Die Kernfragmentierung ist jedoch sehr oft ein degenerativer Vorgang, während die amitotischen Tochterkerne nach der oben zitierten Definition von G. TISCHLER nicht gleich zugrunde gehen dürfen. Die z. B. von I. FAZZARI (1926, S. 355) in Lymphocyten in vitro beobachteten „direkten Teilungen" waren somit keine Amitosen, schrieb er doch selbst: „questa divisione però precede di poco la degenerazione e la morte dell'elemento ... e, tanto nella cellula madre che in quella figlia, è possibile vedere il nucleo già in parte picnotico."

Obwohl dieses Kapitel, insbesondere was die Nomenklatur betrifft, einige Klarstellungen gebracht haben dürfte, erscheint uns der Begriff „Amitose" immer noch ziemlich unbestimmt. Wesentlich optimistischer äußerte seinerzeit F. WASSERMANN (1929, S. 579), „daß die Halbierung des Kernes sowie seine Zerlegung in mehr als zwei Tochterkerne von gleicher Größe, die Teilungserscheinungen am Nucleolus und endlich die Mitwirkung des Cytozentrums Merkmale darstellen, die wohl geeignet erscheinen, die echte Amitose zu bezeichnen und von Kernprozessen abzugrenzen, die ihr äußerlich ähnlich sind". Wir werden in den folgenden Kapiteln auf mehrere der angeschnittenen Probleme noch näher eingehen müssen.

IV. Gibt es überhaupt eine Amitose? Lebendbeobachtungen von Amitosen

Da das Bild der Amitose soviel weniger charakteristisch und auffällig als das der Mitose und, wie wir gesehen haben, so schwer eindeutig zu definieren ist, wird das tatsächliche Bestehen eines amitotischen Teilungsmodus gelegentlich sogar angezweifelt. Dabei gibt es im Schrifttum alle möglichen

Abstufungen in der Einstellung zur direkten Teilung: Während die einen Forscher selbst an der amitotischen Kernteilung zweifeln, befürworten die andern sogar die amitotische Zellteilung; während die einen Lehrbücher der Amitose weite Verbreitung zuschreiben, wird in andern sogar ihr Vorkommen in Frage gestellt.

Dazu einige Beispiele. J. Verne (1956, S. 52): „Quoi qu'il en soit, l'amitose par étranglement est un phénomène très général; elle a été retrouvée dans tous les groupes zoologiques." A. W. Ham (1950, S. 57): „... another method of cell division, amitosis, is thought to occur occasionally in certain tissues" und (1957, S. 62/3) „It is doubtful if this manner of cell division occurs to any extent in the higher animals". Einen vermittelnden Standpunkt vertrat F. A. Saez (1948, S. 176): „Although amitosis has been described in some plants, in certain cells in process of degeneration, in tissue cultures, and so forth, true examples of amitosis are rare."

Von besonderem Interesse in dieser Angelegenheit scheint uns das Zeugnis eines bekehrten Skeptikers: „Were the phenomena described under «observations on amitosis» really indications of amitosis? It must be confessed that the writer began this work with a decided bias against believing in amitosis at all. But he was himself forced to admit its presence, by the evidence" (H. C. Elliott 1936, S. 136).

Es soll nicht übersehen werden, daß nicht nur die Argumente der Befürworter, sondern auch die der Gegner der Amitose manchmal auf schwachen Füßen stehen. Die Tatsache, daß z. B. F. Levy (1923), wie auch verschiedene andere Autoren, in vitro Zell- und Kernverschmelzungen beobachtet haben, beweist doch noch lange nicht, daß „angeblich als amitotische Kernteilung beschriebene Bilder ohne Zweifel Kernverschmelzungen darstellen", da diese Beobachtung an sich keineswegs ausschließt, daß — neben in gewissen Fällen möglichen Kernverschmelzungen — auch amitotische Kernteilungen vorkommen können.

Es gibt auch Veröffentlichungen, in welchen mangelhafte Untersuchungsbefunde durch eine wortreiche Polemik ersetzt sind. „Nature herself must be our advisor; the path she chalks must be our walk", schrieb William Harvey im Jahre 1653. Wir wollen das auch beim Studium der Amitose nicht vergessen.

Schon hier zeigt sich die Notwendigkeit, eine „amitotische Kernteilung" (ohne eine nachfolgende Cytoplasmateilung, „Kernamitose") und „amitotische Zellteilung" (direkte Kernteilung gefolgt von einer Teilung des Zelleibs) voneinander klar zu unterscheiden, denn es gibt viele Forscher, die an der Existenz einer amitotischen Kernteilung nicht zweifeln, eine amitotische Zellteilung jedoch ablehnen. In diesem Punkt, auf den wir in einem späteren Kapitel (XI/3) ausführlich eingehen werden, bestehen in der Literatur große Meinungsverschiedenheiten. Die einen glauben, daß auch nach Ausscheidung der fälschlicherweise als Amitose angesprochenen Fälle immer noch viele übrigbleiben, in denen die Amitose „unzweifelhaft zu Kern- und oft auch durch anschließende Plasmateilung zur Zellvermehrung führt" (W. J. Schmidt 1938, S. 103). Andere halten wohl eine direkte Kernteilung für einen „ganz regelmäßigen Prozeß in vielen Geweben von Insekten und auch von Wirbeltieren", aber: „Ein sicherer Nachweis der amitotischen Zellteilungen fehlt meistens überhaupt... Während man früher unbedenklich jede Kernzerschnürung als Stadium einer amitotischen Zellvermehrung betrachtete, muß heute jede Schilderung einer derartigen Zellvermehrung, falls sie nicht wirklich einwandfrei aufgezeigt werden konnte, mit größter Skepsis betrachtet werden" (M. HARTMANN 1953, S. 335/6).

Wie müssen wir nun vorgehen, um über das Amitoseproblem weitere Auskünfte zu erhalten? „Als völlig überzeugender und einwandfreier Beweis würde in diesem vielumstrittenen Falle nur zu gelten haben, wenn die Amitose in den lebenden Kulturen direkt unter dem Mikroskop verfolgt würde" (E. UHLENHUTH 1917, S. 190). In ähnlicher Weise forderten auch manche andere Autoren die Lebendbeobachtung von amitotischen Teilungen, die als einziges sicheres Kriterium zu betrachten wären (A. RICHARDS 1911, S. 125; C. C. MACKLIN 1916 a, S. 445; J. A. THOMAS 1938, S. 283; u. a.). Von einer Reihe von Forschern sind denn auch, wie wir etwas weiter unten sehen werden, derartige Untersuchungen an lebenden Zellen mit Erfolg durchgeführt worden.

Die unmittelbare Beobachtung kann zweifelsohne den zuverlässigsten und elegantesten Beweis für das Vorkommen der Amitose erbringen. Damit möchten wir aber einem indirekten, auf bestimmten Indizien beruhenden Beweis nicht von vornherein jeden Wert absprechen, ihn jedoch in jedem Fall mit der nötigen Dosis Kritik bewertet wissen (vgl. folgendes Kapitel). Oft ist es in der Tat „ein mißliches Unterfangen, durch das Aneinanderreihen von Zustandsbildern einen Vorgang rekonstruieren zu wollen", weil dabei die Möglichkeit der verschiedensten Deutungen gegeben sein kann (F. KÖRNER 1935, S. 457); J. A. THOMAS (l. c.) betonte wohl mit Recht, daß die Amitose gerade deshalb in Mißkredit gebracht worden ist. Andererseits glaubten A. MAXIMOW (1929) u. a., daß man im Diskreditieren sogenannter „Übergangsformen" gelegentlich auch zu weit gegangen ist.

Nach eingehendem Studium der Literatur sind wir zu der Überzeugung gekommen, daß der Verlauf *amitotischer Kernteilungen in lebenden Zellen*, vor allem in Gewebekulturen, verfolgt werden konnte (vgl. dazu auch Tab. 1). Selbst wenn wir von den allerersten diesbezüglichen Veröffentlichungen von J. ARNOLD (1887), N. C. FOOT (1912, 1913) sowie S. J. HOLMES (1913, 1914) absehen, die wohl immer wieder zitiert, aber heute vielleicht doch nicht mehr genügend überzeugend sind, so bleiben noch mehr als ein Dutzend Mitteilungen übrig, denen die nötige Beweiskraft auch bei kritischer Einstellung nicht abgesprochen werden kann.

J. ARNOLD beschrieb amitotische Zellteilungen von lebenden Wanderzellen aus dem Lymphsack und dem Mesenterium des Frosches, deren Verlauf er in einer feuchten Kammer unter dem Mikroskop direkt verfolgt und von denen er verschiedene Stadien gezeichnet hatte. Es ist möglich, daß N. C. FOOT in lebenden Hühner-Knochenmarkskulturen amitotische Teilungen beobachtet hat, doch sind die darüber gemachten Angaben leider nicht sehr aufschlußreich. Ob S. J. HOLMES die von ihm beschriebenen Kernamitosen in Froschepidermis, die lange Zeit ohne Umpflanzen in demselben Medium gehalten worden war, auch in lebenden oder, wie wir eher annehmen möchten, nur in fixierten Kulturen gesehen hat, ist nicht ganz klar. Auf alle Fälle stammen die in diesem Zusammenhang ebenfalls oft angeführten Befunde von C. KREIBICH (1914) — Amitosen in Epithelzellen kultivierter Haut und Cornea — aus fixierten Kulturen.

C. C. MACKLIN (1916) gelang erstmals eine einwandfreie direkte Beobachtung der amitotischen Kernteilung in einer Bindegewebezelle (Deckglaskultur aus fünftägigem Hühnerherz, 57 Stunden in vitro). Alle 15 Minuten wurde eine Freihandzeichnung angefertigt (vgl. 1916 a, Tafel I, oder 1916 b, Tafel III), von welchen wir in Abb. 1 einige reproduzieren; auf den Teilungsverlauf werden wir später noch zurückkommen (Kapitel IX). Es besteht absolut keine Veranlassung, den von MACKLIN geschilderten Teilungs-

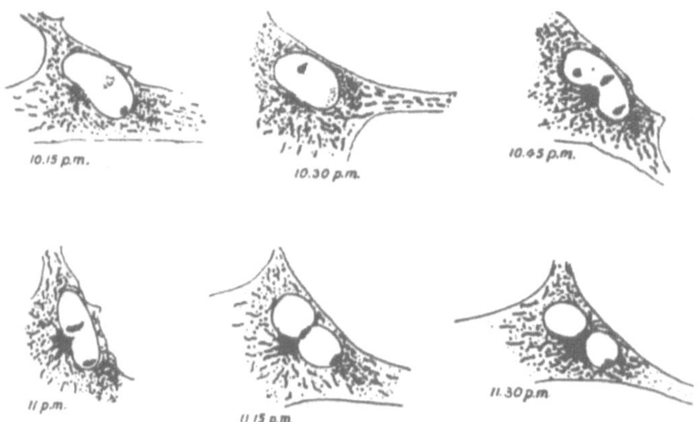

Abb. 1 *a*—*f*. Lebendbeobachtung einer amitotischen Kernteilung in einer Bindegewebezelle (Deckglaskultur, Herzexplantat aus einem fünftägigen Hühnerembryo, 57 Stunden in vitro). Freihandzeichnungen in Zeitabständen von je 15 Minuten.
(Aus MACKLIN, 1916 a.)

vorgang als „modifizierte Mitose" zu bezeichnen, wie das H. B. STOUGH (1935, S. 240) in einer Arbeit tat, in welcher es übrigens nicht an Widersprüchen fehlt (siehe dazu auch J. McA. KATER 1940, S. 175). Amitotische Kernteilungen in lebenden Bindegewebekulturen sind zudem auch von verschiedenen anderen Autoren (L. BUCCIANTE 1929; W. BLOOM 1931; R. C. PARKER 1932; E. M. WERMEL und W. W. PORTUGALOW 1935; E. SACERDOTE DE LUSTIG und D. BRACHETTO-BRIAN 1946; O. BUCHER 1958 a) gesehen worden.

Mehrere Mitteilungen über Lebendbeobachtungen von amitotischen Kernteilungen stammen von W. H. LEWIS und seinen Mitarbeitern (s. a. Abb. 44, S. 94. LEWIS und WEBSTER (1921) züchteten menschliche Lymphknoten in vitro und sahen in vielen Versuchen nur einen klaren Fall von amitotischer Kernteilung in einer epitheloiden Zelle; mehrheitlich bildeten sich die Einschnürungen wieder zurück. Häufiger fanden sich direkte Kernteilungen in Sarkomkulturen.

„I have recently observed the amitotic division of the nucleus without division of the cytoplasm in several of the large mononuclear tumor cells ..." (LEWIS, 1927 b, S. 624); ferner (1927 a, S. 319): „Recently I succeded in following, from minute to minute, several amitotic divisions of the nucleus of epithelioid tumor cells in cultures ... from a spindle cell sarcoma" (LEWIS and BRÜDA, 1926).

Tab. 1. *Beobachtungen von amitotischen Kernteilungen in lebenden Zellen.*

Jahr	Autor	Untersuchungsobjekt	Bemerkungen
1916 (a, b, c)	C. C. Macklin	Bindegewebekulturen (aus Herz eines fünftägigen Hühnerembryos)	Freihandzeichnungen (siehe Abb. 1)
1921	Ruth S. Lynch	Lebergewebekultur (Hühnerembryo)	
1921	W. H. Lewis und L. T. Webster	Lymphknotenkultur (Mensch)	
1925	A. Fischer	Kultur von Rous-Sarkom (Huhn)	
1926	W. H. Lewis und B. Brüda	Epitheloïde Tumorzellen in Kultur von Spindelzellsarkom	
1927 (a)	W. H. Lewis	Kulturen verschiedener Gewebe	Gutes Übersichtsreferat
1927 (b)	W. H. Lewis	Kultur von Walkerschem Spindelzellsarkom (Ratte)	
1929	L. Bucciante	Herzkulturen von 5- bis 8tägigen Hühnerembryonen	
1931	W. Bloom	Bindegewebekulturen	
1932	R. C. Parker	Bindegewebekulturen (Hühnerembryo)	Mikrokinematographische Aufnahmen erwähnt
1932	W. Schopper	Kulturen von Synovialzellen (Meerschweinchen)	
1933	E. Vaubel	Kulturen von der Synovialmembran (aus Kaninchen-Kniegelenk)	
1935	E. M. Wermel und W. W. Portugalow	Bindegewebekulturen (aus Herz von Hühnerembryonen)	Photographien erwähnt
1940	Margaret R. Murray und A. P. Stout	Kultur von Schwannschen Zellen	
1946	E. Sacerdote de Lustig und D. Brachetto-Brian	Fibroblastenkulturen (aus Granulomgewebe einer Knochencyste)	
1947	G. H. Paff, F. Bloom und C. Reilly	Kulturen von Mastzelltumoren (Hund)	Mikrokinematographische Aufnahmen erwähnt
1953	A. Atsumi	In Ascites suspendierte lebende Zellen des Yoshida-Sarkoms (Ratte)	

Jahr	Autor	Untersuchungsobjekt	Bemerkungen
1954	G. O. GEY, F. B. BANG und MARGARET K. GEY	„Roller tube"-Kulturen menschlicher Chondrosarkomzellen	4 Photographien reproduziert
1956	M. CHÈVREMONT	Skelettmuskelkulturen	
1958 (a)	O. BUCHER	Bindegewebe- und Skelettmuskelkulturen (Hühnerembryo)	

Weitere Angaben über in lebenden Sarkomkulturen gesehene Amitosen machten A. FISCHER (1925, 1946), G. O. GEY, F. B. BANG und M. K. GEY (1954), die mit „roller tube"-Kulturen eines menschlichen Chondrosarkoms arbeiteten und auch photographische Aufnahmen von vier Teilungsstadien publizierten (ihre Abb. 19—22, S. 990) sowie A. ATSUMI (1953). Letzterer sah unter dem Phasenkontrastmikroskop bei 37° C eine direkte Kernteilung bei der Untersuchung von im Ascites suspendierten lebenden Zellen des YOSHIDA-Rattensarkoms und schloß daraus (S. 27): „Therefore it is evident that amitotic or direct nuclear division does exist, though it seems to be a very rare case." Amitosen in Mastzellkulturen (von Mastzelltumoren eines Hundes) beobachteten G. H. PAFF, F. BLOOM und C. REILLY (1947 b, S. 360): „Cinematographic studies for periods of 24 hours revealed that division occurred in some cells by amitosis ..." (siehe auch 1947 a, S. 120).

Damit soll aber nicht die Meinung erweckt worden sein, daß Amitosen vor allem in Tumorgeweben gefunden worden seien. Wir zitierten oben schon eine Reihe von Autoren, die mit Bindegewebekulturen experimentiert haben, und möchten beifügen, daß direkte Teilungen auch beobachtet worden sind in Kulturen von Lebergewebe (R. S. LYNCH 1921), Serosa- (W. SCHOPPER 1932) und Synovialmesothel (E. VAUBEL 1933), von SCHWANNschen Zellen (M. R. MURRAY und A. P. STOUT 1940) sowie auch in Skelettmuskelkulturen (M. CHÈVREMONT 1956; O. BUCHER 1958 a).

R. S. LYNCH (l. c., S. 285): „... one amitotic division of the nucleus without subsequent division of the cytoplasm was observed in a living culture." M. R. MURRAY und A. P. STOUT (l. c., S. 46): „... have seen a nucleus actually complete an amitotic division." M. CHÈVREMONT (l. c., S. 198): „On peut suivre la division directe par clivage dans les bourgeons musculaires vivants des cultures de muscles squelettiques; elle est assez fréquente dans ces formations et dure de 1 heure 30 à 2 heures (à 38° 5)."

Die überwiegende Anzahl der zitierten Forscher hat keine amitotische Zell-, sondern nur eine Kernteilung ablaufen sehen und erwähnt das auch ausdrücklich (siehe auch S. 81 ff.). Von einer amitotischen Zellteilung sprachen indessen W. BLOOM (1931, S. 154: „In the study of living connective tissue cultures, we have observed amitotic division of the cells"), R. C. PARKER (1932, S. 726), E. VAUBEL (1933) sowie GEY, BANG und GEY (1954, S. 991: „... the new daughter cells have almost completely separated, but they still lie within a common cell membrane"), wobei allerdings der Ausdruck von den beiden Tochterzellen innerhalb einer gemeinsamen Zellmembran etwas hybrid anmuten mag. Ferner sahen PAFF, F. BLOOM und REILLY in ihren Zeitrafferfilmaufnahmen von Mastzell-Tumorzellen amitotische Zellteilung („Amitosis followed with the formation of two daughter cells of equal size ...", 1947 a, S. 120).

Wir haben die Lebendbeobachtungen von Amitosen absichtlich recht ausführlich geschildert und reichlich mit Literaturzitaten belegt, damit sich der Leser über dieses Kernproblem der Amitoseforschung — die Frage nach dem Existieren einer amitotischen Teilung — eine eigene Meinung bilden kann. Wir selbst sind sowohl durch das Studium des Schrifttums wie auch auf Grund eigener Befunde (O. BUCHER 1958 a und b) zum Schluß gekommen, daß die amitotische Kernteilung durch Untersuchungen an lebenden Zellen — insbesondere von Gewebekulturen in vitro, aber auch von anderen Untersuchungsobjekten — nachgewiesen ist.

Schon C. C. MACKLIN (1916 a und b) und W. H. LEWIS (1927 a) haben jedoch auf die technischen Schwierigkeiten einer solchen direkten Beobachtung von Amitosen in der Kultur hingewiesen: Beeinträchtigung der Sichtbarkeit des Kernes durch Plasmagranulationen, Auswanderung der uns interessierenden Zellen aus dem Gesichtsfeld, Einwanderung anderer Zellen und eventuell Überlagerung der beobachteten Zellen, lange Dauer des amitotischen Teilungsverlaufs, relativ geringe Aussicht, daß in einigen zur Beobachtung ausgesuchten Zellen überhaupt eine Amitose auftritt. „The chief difficulty involved in such observations is to hit upon a nucleus that will ultimately divide. Most of the nuclei that show cleavage return to the oval form again and do not divide, and only after many attempts does one finally succeed in observing nuclear division" (LEWIS, l. c., S. 318/19). Ähnliche Erfahrungen machten außer MACKLIN auch MURRAY und STOUT (1940), A. ATSUMI (1953) und O. BUCHER (1958 a). So ist es nicht verwunderlich, daß die Bemühungen verschiedener Forscher nicht den gewünschten Erfolg brachten, obschon sie, wie z. B. A. V. RUMJANTZEW (1928), E. HINTZSCHE (1954) sowie E. BORGHESE, E. G. RONDANELLI und E. STROSSELLI (1955) in vitro speziell nach Amitosen gesucht hatten.[1]

Trotzdem muß man sich fragen, warum bei der großen Zahl mikrokinematographischer Aufnahmen von lebenden Gewebekulturen amitotische Kernteilungen nicht häufiger gesehen werden — dies um so mehr, als durch die Einführung des Phasenkontrastes die optischen Voraussetzungen wesentlich verbessert worden sind. Ein Grund mag sein, daß nach der leider so wenig auffälligen Amitose oft gar nicht „speziell" gesucht wird, ein weiterer Grund, daß meistens mit unter optimalen Bedingungen gezüchteten Kulturen gearbeitet wird, für welche die Amitose-Wahrscheinlichkeit a priori gering ist, wie wir später noch genauer sehen werden. Ferner verlaufen die direkten Teilungen außerordentlich langsam, so daß man eventuell nicht nur stunden-, sondern tagelang filmen muß, und zwar mit starker Vergröße-

---

[1] Inzwischen hat E. HINTZSCHE, nach einer brieflichen Mitteilung vom April 1959, in Bindegewebe-Deckglaskulturen (Unterhautbindegewebe eines zweimonatigen menschlichen Embryos) allerdings Bilder gesehen und gefilmt, von denen er sich vorstellen könnte, „daß frühere Autoren etwas Ähnliches als Amitose beschrieben haben".

rung, womit nur eine kleine Anzahl von Zellen gleichzeitig im Gesichtsfeld sind. Wir haben deshalb bei subjektiver Beobachtung, wo wir das Präparat verschieben und das Verhalten einer größeren Zellenzahl verfolgen können, eine entsprechend größere Chance, Amitosen zu finden.

Mit der Annahme, daß es eine Amitose gibt, möchten wir hier noch nicht Stellung nehmen zu Bedeutung und Schicksal der direkten Teilung. „Diese Vorkommnisse lassen sich auch nicht dadurch aus der Welt schaffen, daß man in ihnen einen mehr degenerativen Vorgang erblicken wollte, der sich allein bei Geweben fände, denen nur noch eine kurze Lebensdauer beschieden sei", schrieb schon W. J. Schmidt (1938). Daß letzteres übrigens gar nicht der Fall zu sein braucht, geht aus manchen Literaturangaben hervor, auf welche wir in einem späteren Kapitel (XIV) noch zurückkommen werden.

V. Amitosendiagnose im fixierten Präparat

(Fehlerquellen und Irrtümer; Indizienbeweise für die amitotische Kernteilung)

Im Gegensatz zur Amitose sind die Mitosen — und damit auch ihre Zustandsbilder in den Präparaten — derart charakteristisch, daß sie leicht erkannt, ja sogar ihre verschiedenen Phasen und eventuellen Abweichungen vom normalen Verlauf ohne Schwierigkeiten diagnostiziert werden können. Bei der Amitose sind wir leider immer noch nicht so weit, und ihre Unterscheidung von andersartigen Änderungen der Kernform (wie vorübergehende Einschnürung, Lappung, Fragmentierung, Kernverschmelzung usw.) kann im fixierten Präparat oft nur auf Grund von Indizien erfolgen, deren Bewertung manchmal eine Ermessensfrage ist, wobei die Erfahrung und die kritische Urteilskraft des Untersuchers mit ins Gewicht fällt.

So besteht denn kein Zweifel, daß — wie immer wieder hervorgehoben wurde (W. Flemming 1879; C. M. Child 1907; W. Nakahara 1918; R. Rössle 1926; F. Wassermann 1929; W. Pfuhl 1938; u. a.) — vieles im Schrifttum als „Amitose" beschrieben worden ist, was mit einer Amitose (im engeren Sinn), wie wir sie hier auffassen möchten, nur das Vorkommen einer Kerneinschnürung gemeinsam hat. Auch in der botanischen Literatur ist, wie besonders G. Tischler (1951) betonte, die Fehldiagnose Amitose nicht selten, so bei Verformungsstadien im Zusammenhang mit Kernwanderung (besonders bei Saccharomyceten), bei Degenerationskernen, Fixierungsartefakten, Pseudoamitosen und Kernverschmelzungen.

Die Diagnose Amitose, die allein auf der Untersuchung fixierter Zellen basiert, muß somit immer mit einer gewissen Zurückhaltung aufgenommen werden. Längst nicht jede Kerneinschnürung, die „rein funktioneller Natur" (Pfuhl und Kühtz 1939) sein und z. B. mit aktivem Stoffwechsel oder degenerativen Veränderungen in Beziehung stehen kann (M. Chèvremont 1956), ist eine Amitose. Die Unterscheidung ist in manchen Fällen sehr schwierig, eventuell sogar unmöglich.

In diesem Sinne äußerten sich jüngst W. Andrew (1955, S. 7: „... constricted or lobed nuclei. It was not always possible to say whether such nuclei indicate a process of amitotic division ..."), G. BLOOM (1958, S. 334: „... it is not possible to draw definitive conclusions from fixed and embedded material as to the possible occurrence of amitosis in cells"), H. VON BREHM (1958, S. 117) und M. CHÈVREMONT (l. c., S. 198: „Cette distinction entre aspects de noyaux lobulés, à incisures ou réniformes, et images de division indirecte en train de se produire est parfois malaisée dans les préparations fixées"). Unterstreichen möchten wir auch die schon bald ein Vierteljahrhundert zurückliegende Stellungnahme von G. HÄGGQVIST (1924, S. 18): „A constricted nucleus does not prove anything by itself, nor does a nucleus with several nucleoli. It is neccessary to compare series of pictures ere one can tolerably form an idea of the significance of the form of division", und schließlich sei noch ein neueres Zitat von J. A. THOMAS (1938, S. 283) angeführt: „... une image d'étranglement ou d'étirement, chez une cellule morte, est, à elle seule, rarement capable d'emporter la conviction qu'il s'agit d'une amitose. Ceci explique que la division directe soit, en général, tombée en un discrédit".

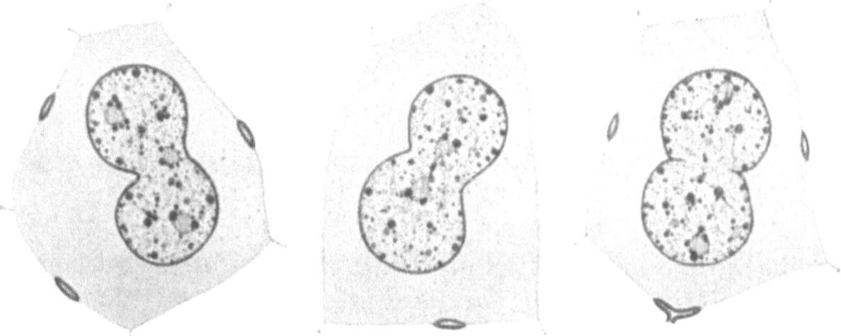

Abb. 2. Amitotische Kernteilungsbilder in menschlichen Leberzellen. Zeichnung. Vergr. 1800fach. (Aus CLARA, 1930.)

Wohl können wir bei sorgfältigen Untersuchungen manche Fehlerquellen und grobe Irrtümer ausscheiden, wie wir unten zeigen werden, indessen bleibt die Tatsache bestehen, daß viele Einschnürungen sich wieder zurückbilden, worauf wir ebenfalls noch zurückkommen werden. Nur ein gewisser, vermutlich nicht einmal sehr großer Prozentsatz von „amitoseverdächtigen" Kernen werden in absehbarer Zeit wirklich eine direkte Kernteilung durchführen. Welche der eingeschnürten Kerne das tun werden, können wir rein morphologisch bisher nicht zuverlässig beurteilen; Sicherheit gibt uns nur die Lebendbeobachtung, die aber nur in einem verschwindend kleinen Teil der Fälle möglich ist. Die große Mehrzahl der Autoren nannte solche eingeschnürte Kerne (Abb. 2) jedoch samt und sonders „Amitosen"; andere sprachen von „amitotischen Kerneinschnürungen", „amitotischen Kernteilungsbildern" oder — zurückhaltender — von Kernbildern, „die im Sinne der Amitose gedeutet werden können" (E. HINTZSCHE 1946, s. auch Abb. 3) sowie von „amitoseverdächtigen Kerneinschnürungen" (W. PFUHL 1932) oder, kürzer, von „amitoseverdächtigen Kernen" (O. BUCHER 1958).

Wir stimmen W. PFUHL (1932, 1938) im Prinzip voll und ganz zu, wenn er davor warnt, alle Kerneinschnürungen gleich als Amitosen anzusehen. „Bisweilen läßt man eine geradezu hemmungslose Kritiklosigkeit walten: Jede irgendwie gestaltete, mit wirklichen oder scheinbaren Einschnürungen verbundene Unregelmäßigkeit der Kernform wird sogleich als «Amitose» bezeichnet ...“ (1938, S. 124). Man kann aber auch in der anderen Richtung zu weit gehen, so z. B. W. Pfuhl, wenn er nicht nur von den durch M. Clara (1931) in der Leber, sondern auch von den durch C. C. Macklin in Bindegewebezellen beobachteten indirekten Kernteilungen sagt (l. c., S. 126): „Wir dürfen eine derartige amitoseähnliche Zerteilung eines Vollkernes in zwei oder mehrere Kernteile oder Kernstücke keinesfalls als «Amitose» bezeichnen, denn diese Kernteile zusammen haben ja nur den Wert eines einzigen Kernes. Die uns hier beschäftigende Kernzerteilung ist nur die äußerste Form der Polymorphkernigkeit“. Das scheint uns ein Spiel mit Worten, um so mehr als zwischen Kernpolymorphismus zum Zwecke der

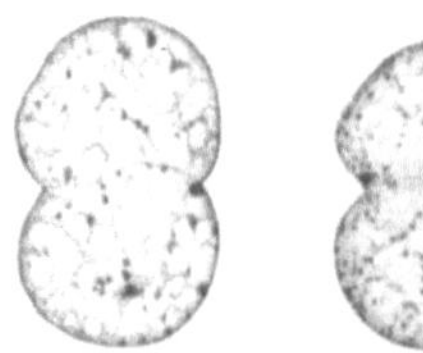
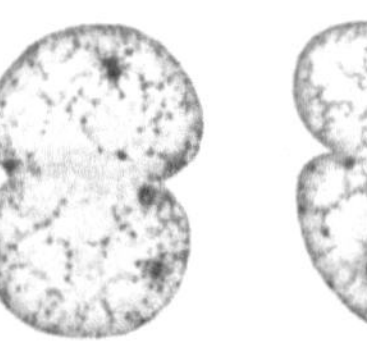
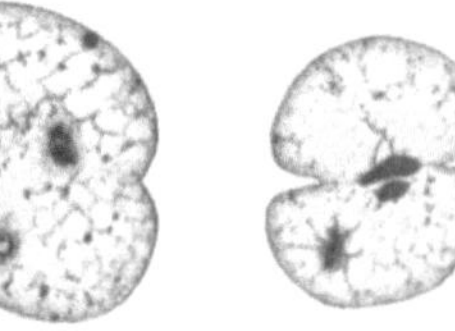
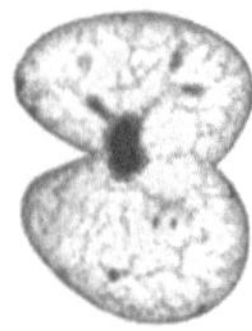

Abb. 3. Als Amitosen gedeutete Kernbilder aus dem Reizleitungssystem eines Rinderherzens, Vergr. 1500fach (Aus Hintzsche, 1946.)

Oberflächenvergrößerung und amitotischer Kernteilung funktionelle Zusammenhänge bestehen können (vgl. auch A. Benninghoff 1922, und E. Ries 1932, 1934).

E. Ries (l. c.) hat durch seine Untersuchungen an Pediculiden und Mallophagen gezeigt, daß in vielen Fällen die Follikelzellen zweikernig werden, indem der gestreckte Kern mit dem hantelförmig ausgezogenen Nucleolus amitotisch durchgeschnürt wird, während in anderen Fällen, wie z. B. bei *Phthirus pubis*, dauernd eine Anzahl von Follikelkernen „auf dem Hantelstadium der amitotischen Kernzerschnürung“ stehenbleiben oder, wie bei *Pediculus*, die Kernteilung oft erst sehr viel später zu Ende führen. Das gemeinsame Ziel von Kerneinschnürung und -teilung ist hier wohl die Oberflächenvergrößerung der Kerne, die mit dem Beginn der Sekretionsphase der Follikelzellen zusammenfällt. In gleicher Weise deutete auch M. R. Murray (1926) ihre Beobachtungen an Gewebekulturen von Eifollikelzellen der Grille, in welchen auch verlängerte, eingeschnürte Kerne („amitotic configuration of the nucleus“) auftraten.

Wir geben gerne zu, daß die Kritiklosigkeit in der Amitosendiagnose manchmal wirklich viel zu weit geht, so z. B. wenn L. van den Berghe und I. Blitstein (1947) eingeschnürte Zellkerne in Myeloblasten und Myelocyten (im Knochenmark eines Affen) fanden und daraus auf Amitose schlossen, schrieb doch ein so vielerfahrener Kenner des Knochenmarkes wie K. Rohr (1949, S. 80): „Die Frage, ob auch eine amitotische Zellteilung vorkommt, ist im wesentlichen abzulehnen. Mehrkernige Zellen oder atypische Kernformen, wie wir solche bei reaktiven und neoplastischen Zuständen begegnen, sind meist das Resultat von Mitoseanomalien“ (s. auch E. Undritz, 1944 und 1958).

Für manche Fälle mag die Äußerung von Th. Boveri (1907) daher zu Recht bestehen, „daß die meisten Autoren in der Überzeugung, direkte Teilung sei schon von ihren Vorgängern mit genügender Sicherheit nachgewiesen, sich mit unzureichenden Indizien begnügen“.

Im Schrifttum sind die Meinungen über die Amitosendiagnose in fixierten Präparaten somit außerordentlich geteilt, wie wir an einem konkreten Fall, dem der Bindegewebezellen, zeigen wollen. Die Stellungnahme von A. V. Rumjantzew (1928, S. 28), der mit Gewebekulturen arbeitete und schrieb: „Was sich aber auf fixierten Präparaten gut beobachten läßt, das sind die Stadien der amitotischen Kernteilung", halten wir für reichlich optimistisch. Noch viel weiter ging aber G. Jasswoin (1928, S. 124), der aus Eindellungen der Fibroblastenkerne ohne weiteres auf Amitosen schloß („. . . Eindellungen, die für die Anfangsphase der Amitose charakteristisch sind"). Vom gleichen Untersuchungsmaterial — lockeres Bindegewebe von Kaninchen — sagten indessen W. Pfuhl und H. Kühtz (1939, S. 119) genau das Gegenteil: „In den Fibrocyten sind die Kerne oft einseitig eingedellt oder eingekerbt. Es wäre verkehrt, in dieser Formveränderung . . . auch nur die Andeutung einer Amitose zu sehen." A. Maximow (1908) nahm eine vermittelnde Stellung ein in bezug auf die Deutung von „Übergangsformen" in fixierten Präparaten. Besondere Bedeutung möchten wir jedoch den diesbezüglichen Äußerungen von C. C. Macklin zumessen, der ja nicht nur mit fixierten Präparaten gearbeitet, sondern auch noch die Erfahrungen der Lebendbeobachtungen zur Verfügung hatte. Dieser Forscher vertrat die Meinung (1916 b), daß auch das Studium fixierter Präparate einige Auskunft über Kernamitose geben könne; er fand darin Kernformen, die für eine direkte Teilung sprachen und zu Übergangsstadien zwischen ein- und zweikernigen Zellen gehörten. Macklin (l. c., S. 85) gab davon folgende Beschreibung: „Thus, examination of living and fixed preparations makes reasonable the view that direct division of the nucleus occurs where this structure is elongated, and sometimes bent upon itself, by a karyoplasmic streaming, away from the nuclear equator, and a gradually deepening constriction which encircles the nucleus more or less symmetrically and cuts it into two parts, the constricted area becoming a narrow tube and finally a thread, which ultimately disappears."

Wenn wir persönlich auch von der Existenz der amitotischen Kernteilung überzeugt sind, so müssen wir doch annehmen, daß die Irrtumsmöglichkeit bei der Beurteilung „amitoseverdächtiger" Kerne nicht gering ist. „Eine objektive Beurteilung der älteren Arbeiten und die Abwägung ihrer Ergebnisse gegeneinander wird vor allem durch die vielfachen Möglichkeiten des Irrtums erschwert, mit denen die Untersuchung fixierter Präparate zu rechnen hat, wenn aus Zustandsbildern der Kerne der Ablauf einer Amitose erschlossen werden soll" (F. Wassermann 1929, S. 556). Diese Einwände, die nicht unbedingt nur für ältere Arbeiten gültig sind, dürfen nicht außer Acht gelassen werden bei der Wertung der später (Kapitel XII und XIII) zitierten Beiträge zur Frage, wo und unter welchen Bedingungen direkte Teilungen vorkommen.

In den folgenden Abschnitten wollen wir nun die wichtigsten Einwendungen gegen die Amitosendiagnose erörtern (vgl. dazu auch bei Wassermann, l. c., S. 556—558).

Postmortale Veränderungen und Fixierungsartefakte könnten für die Entstehung „amitotischer" Kerneinschnürungen eine gewisse Rolle spielen. W. Pfuhl (1932 b, S. 341) z. B. wies darauf hin, daß in tierischen Lebern, welche sofort nach dem Tode in kleinen Stückchen sorgfältig fixiert worden sind, „eingeschnürte Kerne oder andere, als Amitose zu deutende Formen“ auffallend viel seltener vorkommen als in menschlichem Material, das — nach Pfuhl — niemals, selbst wenn es von Hingerichteten stammt, rasch genug fixiert ist. „In einer viertel oder halben Stunde können bereits unkontrollierbare supravitale Kernveränderungen erfolgen.“ Darüber hatte schon früher F. Th. Münzer (1925) systematische Untersuchungen angestellt, die ergaben, daß in der erst einige Stunden nach dem Tode fixierten Kaninchenleber die Zahl der zweikernigen Zellen und auch die der Kerneinschnürungen zugenommen hatten. Derartige, erst in

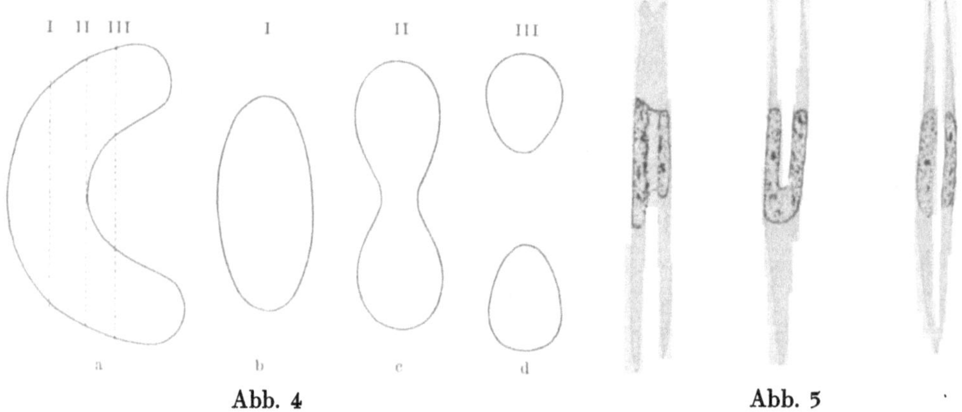

Abb. 4 *a—d*. Vortäuschung einer Amitose durch das Mikrotommesser (siehe Text). (Aus Pfuhl, 1938.)

Abb. 5. Scheinbare Amitosen von Fibroblastenkernen durch Andrängen von Fibrillenbündeln (lockeres faseriges Bindegewebe eines Menschen). Zeichnungen. Vergr. 820fach. (Aus Benninghoff, 1923.)

absterbenden Zellen oder postmortal auftretende Durchschnürungen sollten jedoch gar nicht als amitotische Kernteilungen bezeichnet werden. H. C. Elliott (1936), der amitotische Teilungen und zwar auch Zellteilungen im tierischen Gelenkknorpel beschrieb, bemerkte dazu (S. 135): „It should be emphasized that there are many indented and lobulated nuclei which do not appear to be stages in any process leading to nuclear division. Some of these are evidently artefacts produced by too harsh or too slow fixation“, was wir gebührend zur Kenntnis nehmen wollen, obwohl er dafür keinen Beweis erbracht hat.

Wir selbst haben Versuche an in verschiedenen Fixierungsflüssigkeiten fixierten Mäusenieren angestellt, doch ergaben sich weder im Prozentsatz der amitoseverdächtigen Kerne noch in dem der zweikernigen Zellen Abweichungen, die mehr als zufällig waren.

Eine weitere Möglichkeit ist allenfalls die, daß *künstliche „Amitosen“ beim Schneiden der Präparate* entstehen (s. Abb. 4). Auch dazu hat sich W. Pfuhl (1938, S. 124) geäußert: „Bei der Beurteilung von «typischen Amitosen» muß man sich auch stets fragen, ob nicht ein durch das Mikrotommesser erzeugtes Kunstprodukt vorliegt. Zur Veranschaulichung dieser Möglichkeit formen wir uns einen stabförmigen, U-förmig gekrümmten Kern aus Plastilin und schneiden ihn in den drei Schnittebenen I, II und III. Die drei Schnittflächen werden durch die Abbildungen b, c und d dargestellt; jede weitere Erklärung ist wohl überflüssig. Wir sehen, daß uns das Mikrotommesser den ganzen Ablauf einer «typischen Amitose» vorzaubern kann." Wir möchten diese Gefahr allerdings nicht überwerten. Der histologische Schnitt hat doch eine gewisse Dicke, und im allgemeinen erlaubt die Mikrometerschraube dem geübten Untersucher, die dritte Kerndimension auch etwas zu beurteilen; in Totalpräparaten von Gewebekulturen vollends besteht diese hypothetische Gefahr überhaupt nicht.

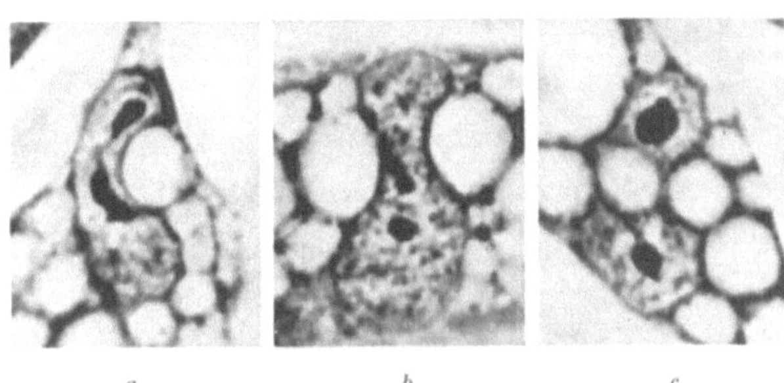

Abb. 6 *a—c*. Mechanische Entstehung von „amitotischen" Kerneinschnürungen im vakuolisierten Cytoplasma. Deckglaskulturen von Kaninchen-Bindegewebe nach neunstündiger Einwirkung von Nikotin 1 : 8000. Photographien im Phasenkontrastmikroskop. Vergr. 1000fach. (Original.)

Außer den eben besprochenen Fehlerquellen (nekrobiotische und postmortale Kernveränderungen, Fixierungs- und Schnittartefakte) gibt es, wie auch N. Fleroff (1929, S. 260) erwähnte, noch eine Reihe von Erscheinungen, die keinerlei direkte Beziehungen zur Zellkernteilung haben, aber zu den verschiedensten Formen von „Amitosen" führen, wie sie von manchen Forschern geschildert worden sind. „Dieser Umstand kann eine Verwechslung der beobachteten Prozesse hervorrufen und den Grund zu einer Reihe irriger Folgerungen geben."

So beobachtete z. B. A. Benninghoff (1923) Deformierungen, Einschnürungen und selbst Durchschnürungen von Bindegewebekernen durch äußere mechanische Einwirkungen wie durch andrängende Fibrillenbündel (Abb. 5). Ähnliche Angaben finden sich schon bei W. P. Karpoff (1904), in neuerer Zeit wieder bei J. Wallraff (1949, S. 424), und im gleichen Sinne deutete Benninghoff auch die von N. Loewenthal (1904) bei Fibroblasten der weißen Ratte beschriebenen „amitotischen" Kern- und Zellteilungen. Aber auch intrazelluläre mechanische Einwirkungen (Vakuolen, Fetttröpfchen) können unter Umständen den Kern derartig einschnüren, daß amitotische Teilungsstadien vorgetäuscht werden (W. Nakahara 1918, S. 494; O. Kapel 1929, S. 61). Die Fetttropfen können den Kern „zu einem hantelförmigen Gebilde pressen. Es bedarf dann nur eines etwas stärkeren Druckes, damit auch die Verbindungsbrücke zwischen den beiden Kernfragmenten reißt und sich aus dem einen Kern zwei neue bilden" (G. Mauer 1938, S. 202; s. auch unsere Abb. 6). Auf diese Weise wäre in stark vakuolisierten Zellen die „mechanische Entstehung eines Doppelkernes" möglich.

Amitoseverdächtige Kernbilder entstehen mitunter auch in den Endstadien der sog. Kernsekretion, bei welcher Kerninhalt in morphologisch erkennbarer Weise in den Zelleib abgegeben wird (Abb. 7). „Entweder zeigt sich der Kern nach Austritt einer kleineren Blase zunächst eingedellt oder aber er weist nach Austritt größerer Blasen tiefe faltige Buchten auf. Diese Delle bzw. Einbuchtung bei Kernen, die eine solche nukleale Blase abgegeben haben, fällt immer mehr zusammen und schließt sich wieder ganz, wobei oft noch längere Zeit die beiden verklebten Stücke der Kernmembran festzustellen sind" (P. DITTUS 1941, S. 57). Der ausgestoßene Blaseninhalt ist nicht immer ohne weiteres durch eine andere Färbung oder Struktur vom Cytoplasma zu unterscheiden, was die Differentialdiagnose erschweren kann. „Jedoch zeigen die Kernbuchten im Gegensatz zu

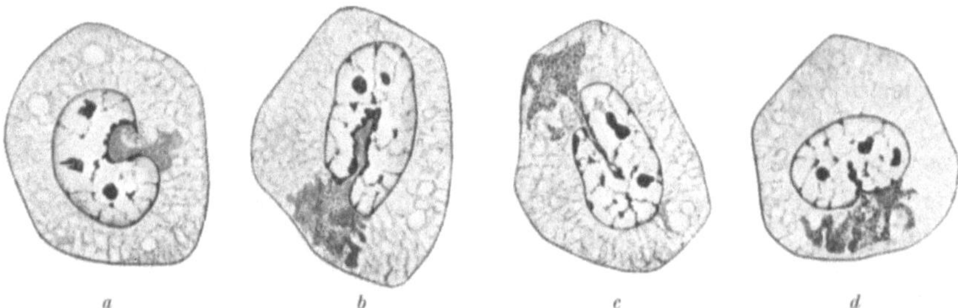

Abb. 7 *a*—*d*. Verschiedene Stadien der Kernsekretion von Interrenalzellen (Embryo von *Torpedo ocellata*, kurz vor Geburt). *a* = erfolgte Entleerung der nuclearen Blase. *b* = Kern mit Kernbucht, *c* = verklebte Kernbucht, *d* = Kernnarbe. Vergr. 2000fach.

(Aus DITTUS, 1941.)

der einseitigen, amitotischen Kerneinschnürung die mannigfachste Lage am Kern, und außerdem sind sie meist faltig und ihr Verlauf gekrümmt"; ferner sind der eingebuchteten Membran Chromatinbröckchen angelagert (l. c., S. 58).

Eine wesentliche Komplikation der Amitosendiagnose beruht darauf, daß nicht jede in Gewebeschnitten und Gewebekulturen feststellbare mehr oder weniger tiefe Kerneinschnürung notwendigerweise eine direkte Teilung zur Folge gehabt hätte. C. C. MACKLIN (1916) hatte bereits darauf hingewiesen, daß noch nicht zu weit eingeschnürte Kerne sich wieder abrunden könnten („... it would seem that the nucleus may return to its original rounded form provided the constriction has not gone too far ..."). Er glaubte jedoch, daß eine vollständige Teilung eintreten würde, sobald ein bestimmter kritischer Einschnürungsgrad einmal überschritten sei. Außerordentlich vorsichtig äußerte sich W. H. LEWIS in mehreren Arbeiten, aus welchen wir zur Dokumentation zwei Stellen zitieren möchten: „When one observes living cells with such nuclei, they usually are seen to revert to the oval form without dividing. It is thus quite evident that the condition of partial or even almost complete cleavage of the nucleus, observed in fixed material, does not mean that the nucleus is dividing by amitosis" (1927 b, S. 617). „All degrees of cleft nuclei are encountered from ones with a small cleft or indentation to those that are almost divided. The clefts may increase and decrease in depth and some of them probably never proceed to complete separation of the nucleus into two parts" (1947, S. 438).

Analoge Beobachtungen sind von L. BUCCIANTE (1929, S. 150/51) — ebenfalls an in vitro gezüchteten Zellen — sowie von A. ATSUMI (1953, S. 21) an im Ascites suspendierten Sarkomzellen gemacht worden. Von dem auch von W. H. LEWIS (s. o.) erwähnten Hin- und Herwogen zwischen eingeschnürten, „amitoseverdächtigen" Kernen und glattwandigen Arbeitskernen haben wir uns auch in eigenen Untersuchungen an Gewebekulturen überzeugen können (s. O. BUCHER 1958 a). Es möge uns gestattet sein, im nachfolgenden kleingedruckten Abschnitt ein aus unseren Versuchsprotokollen ausgewähltes typisches Beispiel anzuführen.

Es handelt sich um Bindegewebekulturen (Explantate von einem neuntägigen Hühnerembryo), die nach etwas mehr als 24stündiger Inkubation im Brutschrank (38° C) bei Zimmertemperatur (19° ± 1° C.) gehalten und in welchen während mehreren Tagen einige Zellen unter dem Mikroskop verfolgt worden waren. Dabei fiel uns schon bei Beobachtungsbeginn in der Peripherie des Randschleiers ein großer Kern mit ziemlich tiefer einseitiger Einschnürung auf, der sich im Laufe des betreffenden Morgens amitotisch teilte; eine Cytoplasmateilung dieser zweikernig gewordenen Zelle erfolgte während der eine ganze Woche dauernden Versuchszeit jedoch nicht. Bei einem anderen, stark in die Länge gezogenen und ebenfalls eingekerbten Kern war der Einschnürungsgrad einem starken Wechsel unterworfen. Man hatte den Eindruck eines hin- und herwogenden Kampfes zweier Parteien, von denen die eine für die vollständige Kerndurchschnürung, welche einmal fast eingetreten zu sein schien, die andere dagegen ist, und von denen keine genügend einflußreich ist, um eine klare Entscheidung herbeizuführen. Am Morgen des fünften Beobachtungstages zeigte ein weiterer, am Vorabend noch unveränderter Kern eine mäßige Streckung und senkrecht zur Mitte der Längsachse eine ringsherumgehende Einschnürung. Der Nucleolus war geteilt und auf die beiden Kernsegmente mehr oder weniger gleichmäßig verteilt. Es erfolgte jedoch auch hier keine vollständige Durchschnürung (während zwei Beobachtungstagen).

In fixierten Präparaten wäre wohl in allen drei beschriebenen Fällen auf Grund der Kernform die Diagnose Amitose gestellt worden. Wir verstehen deshalb sehr gut die skeptische Bemerkung von W. H. LEWIS (1927 a, S. 319): „Such observations tend to make one sceptical about regarding cleft nuclei as an indication that amitosis is taking place ..."

Wenn nun auch die Kerneinschnürungen in vielen Fällen reversibel sind und eingeschnürte Kerne somit nicht eo ipso amitotische Zustandsbilder repräsentieren, so bleibt trotzdem die Tatsache bestehen, daß sich solche amitoseverdächtige Kerne in manchen Fällen eben doch teilen. Leider können wir weder voraussagen, welche der eingeschnürten Kerne das sein, noch wann sie das tun werden. Um diesen Verhältnissen einigermaßen Rechnung zu tragen, unterschied D. SINAPIUS (1958, S. 583) bei seinen Untersuchungen über das Endothel der Venen: „... a) Einbuchtungen, Krümmungen und Lappungen der Kerne als mögliche oder vermutliche Vorstadien direkter Kernteilung; b) Einschnürungen mit deutlicher Abgrenzung eventueller Tochterkerne als wahrscheinliche Stadien direkter Teilung; c) Durchschnürung dicht vor dem Abschluß als sicheres Endstadium direkter Kernteilung."

A. ATSUMI (1953) beobachtete im YOSHIDA-Rattensarkom vier Sorten von „amitotischen Kernfiguren“, nämlich 1. hantelförmige Kerne, 2. durch Einschnürung gelappte Kerne, 3. einseitig eingekerbte Kerne, 4. Kerne mit Knospenbildung. Nur die Kerne der ersten Gruppe waren signifikant größer als der Durchschnitt der gewöhnlichen Tumorkerne, und bei Lebendbeobachtungen wurde nur in dieser Gruppe („nucleus showing dumb-bell shape“) eine amitotische Kernteilung gesehen.

Wir würden es für wünschenswert halten, daß der Gedanke einer systematischen morphologischen Untersuchung und eventuellen Klassifizierung der amitoseverdächtigen Kerne an einem größeren Untersuchungsgut weiter verfolgt würde. Daß die Kerne, die zu einer Amitose prädestiniert sind, an Größe zugenommen haben, entspricht auch unseren Erfahrungen (vgl. z. B. O. BUCHER und R. GATTIKER 1954 a).

A. BENNINGHOFF (1922, S. 49) hat hervorgehoben, daß „amitotische“ Kernformen eventuell auch durch eine Verschmelzung von Kernen,

Abb. 8 *a* und *b*. Im Frosch-Hodenexplantat beobachtete Kernverschmelzung in Spermatogonien. Vergr. 1350fach. (Aus LEVY, 1923.)

die infolge unterbliebener Cytoplasmateilung in einer Zelle liegengeblieben sind, zustande kommen könnten (die Zentrosomenzahl müßte in diesem Falle verdoppelt sein). Im gleichen Jahre wurde auch von botanischer Seite (J. KISSER 1922) auf die Schwierigkeit hingewiesen, in fixierten Präparaten Kernteilungen und Kernverschmelzungen voneinander zu unterscheiden.

Wir selbst (O. BUCHER 1958 a, S. 103) gewannen bei der Beobachtung lebender Kulturen den Eindruck, „daß mehr oder weniger ganz durchgeschnürte Tochterkerne sich wieder vereinigen können, wobei es allerdings oft sehr schwer festzustellen ist, ob die Trennung bereits vollzogen war“. Dieses Zitat bezieht sich aber auf amitotisch entstandene Tochterkerne, während die anderen Autoren an eine Verschmelzung mitotischer Kerne oder Zellen dachten.

Ein besonders eifriger Verfechter der Verschmelzungstheorie war F. LEVY (1921, 1923). „Unter dem Banne der Anschauung, daß Amitosen häufig vorkommen, entstand die Deutung der Kernverschmelzungsbilder als Amitose als ein Fehler in der Anordnung der Übergangsbilder, die man zusammengestellt hatte. Die Autoren hatten, kinematographisch ausgedrückt, den Film statt von vorn nach hinten verkehrt von hinten nach vorn laufen lassen“ (1923, S. 163). „Trennt man nun von den als Amitosen beschriebenen Bildern die Verschmelzungskerne ab, dann bleiben nur einige wenige noch näher zu untersuchende Vorgänge übrig“ (l. c., S. 164). F. LEVY hat Kernverschmelzungsvorgänge in Archispermatogonien und Spermatogonien des Frosch-Hodenexplantates in vitro (Deckglaskultur) selbst beobachtet (l. c., S. 119): „Die Kerne nähern sich langsam einander, überdecken sich zeitweise ein wenig, plötzlich reißt an einem Punkt die trennende Membran ein, der Riß erweitert sich und es entsteht ein großer nierenförmiger Doppelkern. Dieser hat zwei Nucleolen. Allmählich rundet sich der neuentstandene bivalente, also tetroploide Kern ab, die Nucleolen verschmelzen miteinander" (s. auch Abb. 8).

Auch M. Staemmler (1928 a, S. 528) vertrat den Standpunkt, daß Kernverschmelzungen und als Amitosen beschriebene Kernteilungen histologisch nicht zu unterscheiden wären. Auf Grund seiner Untersuchungen am Herzmuskel, in welchem mit zunehmendem Alter trotz der amitotischen Vermehrung nicht mehr, sondern weniger Kerne vorhanden sind, nahm er an

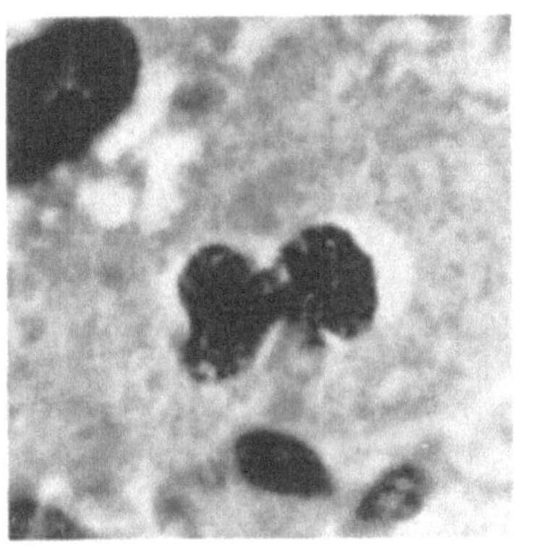

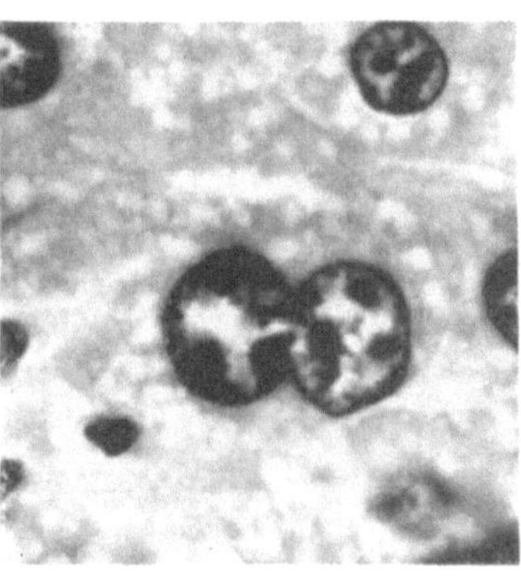

a b

Abb. 9 *a* und *b*. Links *a*: Rekonstruktionsphase von Tochterkernen, die infolge Mitosestörung miteinander in Verbindung geblieben sind. Rechts *b*: eingeschnürter Arbeitskern, der auf die eben erwähnte Weise entstanden ist. Vergr. etwa 840fach.
(Aus Wilson und Leduc, 1950.)

(1928 b, S. 559), „daß die Verminderung der Zahl wohl in der Hauptsache durch Verschmelzung von Kernen vor sich geht, daß also der Prozeß, der mikroskopisch unter dem Bilde der Doppelbilder und Kerneinschnürungen auftritt, tatsächlich ein doppelter ist und Kernteilung wie Kernverschmelzung umfaßt". Zu einem analogen Schluß kamen auch H. Teir (1944, S. 143: betr. äußere Orbitaldrüse der Ratte) sowie S. Omochi, T. Nagata und S. Momozé (1957, S. 422; betr. Rattenleber).

Die Kernverschmelzung kann aber nicht nur interphasische Arbeitskerne, sondern auch noch nicht rekonstruierte, mitotische Kerne betreffen. So beschrieben J. W. Wilson und E. H. Leduc (1950, S. 56) in der Leber der weißen Maus abortive Mitosen, die Amitosen vortäuschen könnten. Die Chromosomen teilen sich; da aber die Spindel, bevor die anaphasische Polwanderung der beiden Gruppen von Tochterchromosen vollendet ist, vorzeitig zurückgebildet wird, bleiben die beiden Tochtersterne miteinander in Verbindung, und im Telophasenkern wie auch im rekonstruierten Arbeitskern ist eine Einschnürung festzustellen zwischen den zusammenhängenden, jedoch nicht vollständig miteinander verschmolzenen Tochterkernen (Abb. 9): „... the daughter nuclei are fused in late anaphase. Throughout the reconstruction of telophase, the resting stage and even the prophase of the next division the composite nucleus so produced shows a construction suggestive of amitotic division“ (l. c., S. 63).

Diese Erklärungsmöglichkeit eingeschnürter Kerne hat ihre Wirkung nicht verfehlt. So äußerte z. B. A. W. HAM (1957, S. 63) in der neuesten Auflage seines Histologie-Lehrbuches Zweifel am Vorkommen der Amitose überhaupt: „WILSON and LEDUC have provided an alternative explanation for nuclei of this appearance, suggesting that they are formed because the spindle becomes suppressed in a mitotic division before the anaphase is completed and that the two daughter nuclei become fused as a result.“ Daß derartige Mitosestörungen vorkommen können, ist sehr wohl anzunehmen (s. auch S. 34 und 92), doch schließt diese Feststellung die amitotische Kernteilung nicht aus, wenn auch gelegentlich Verwechslungen mit solchen „Pseudoamitosen“ vorgekommen sein mögen. Wir möchten hier unterstreichen, was schon F. WASSERMANN (1929, S.557) schrieb: „Aber um auf dem Wege tatsächlicher Beobachtung sicheren Boden unter die Füße zu bekommen, bleibt die strenge Umgrenzung des Begriffs der Amitose als einer Kernteilung ohne die für die Mitose bezeichnende Umbildung des Kerngerüsts notwendig.“

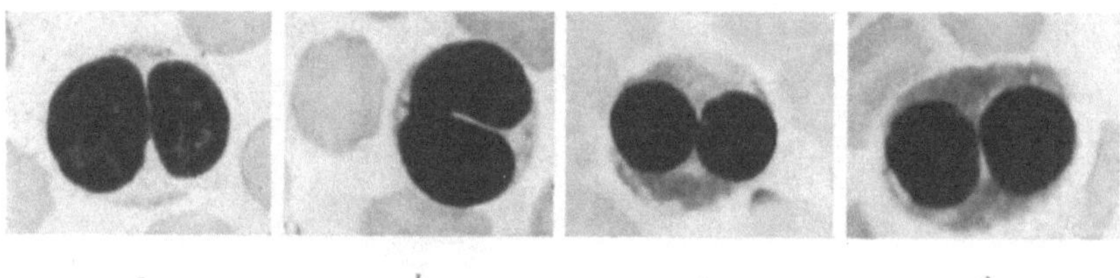

Abb. 10 *a—d*. „Zwillingsmißbildungen“ von Blut- und Knochenmarkzellen: *a* und *b* = Lymphocyten (Kaninchen), *c* und *d* = Erythroblasten (Mensch). Photographien. (Aus UNDRITZ, 1944.)

Eingeschnürte Kerne, die durch unvollständige Verschmelzung mitotisch entstandener (Tochter-) Kerne zustande gekommen sind, müssen den doppelten Gehalt an Desoxyribonukleinsäure (DNS) aufweisen, was für amitotisch sich teilende Kerne, wie wir aus unseren karyometrischen Untersuchungen schließen, nicht unbedingt der Fall zu sein braucht, aber der Fall sein kann. Unseres Wissens ist diese Fragestellung bis heute aber noch nicht systematisch bearbeitet worden (vgl. dazu auch M. N. GOLDSTEIN, 1954).

Auf das Thema „modifizierte Mitosen“ und Pseudoamitose werden wir im folgenden Kapitel zurückkommen. Die Unterschiede zwischen amitotischer Kernteilung und Kernfragmentierung sollen im übernächsten Kapitel erörtert werden.

E. UNDRITZ (1944) hat darauf hingewiesen, daß im Blut und in den blutbildenden Organen des Menschen und der Tiere bisweilen (mitotisch entstandene) Zwillings- und Mehrlingsmißbildungen vorkommen, die oft zu Unrecht als Amitosen angesprochen wurden. Dies gilt u. a. inbesondere für die doppelkernigen Lymphocyten, Plasmazellen und Erythroblasten (Abb. 10). Solche Zellen sind häufig nicht als Mißbildungen erkannt, sondern als Beweis aufgeführt worden für eine amitotische Kernteilung, „deren Existenz sich jedenfalls für die Blutzellen als völlig hypothetisch erwiesen hat" (l. c., S. 234). Vergleicht man die z. B. von F. FEYRTER (1957, S. 64) abgebildeten „lymphocytären Rundzellen", deren „Kerne in Amitose begriffen" sind (unsere Abb. 11) mit den „Zwillingsmißbildungen" von UNDRITZ (unsere Abb. 10), so ist man von ihrer morphologischen Ähnlichkeit überrascht; der Leser mag selbst entscheiden, welcher Interpretation er den Vorzug geben will.

Wir haben uns jüngst die Frage gestellt (O. BUCHER 1958 b), ob die „amitoseverdächtigen" Kerne nicht an Wert für einen Indizienbeweis der Amitose gewinnen, wenn gleichzeitig mit ihrem vermehrten Auftreten auch der Prozentsatz der zweikernigen Zellen zunimmt (Abb. 43, 45, 46 und 50, S. 93 ff.), wie das gelegentlich beobachtet worden ist (H. L. WEATHERFORD 1933; J. ZWEIBAUM und M. SZEJNMAN 1935 und 1936; A. ATSUMI 1953; O. BUCHER 1952, 1955, 1958 c; u. a.). Systematische Untersuchungen an Gewebekulturen haben uns gezeigt (1958 b, S. 186), „daß die zweikernigen Zellen — zumindest in dem betreffenden Gewebe — durch eine direkte Kernteilung entstanden sind, wenn vielleicht nicht ausschließlich, so doch in der ganz überwiegenden Mehrzahl". Zu dieser Folgerung gelangten wir durch direkte Beobachtung unbeeinflußter und experimentell beeinflußter lebender Kulturen sowie durch karyometrische Untersuchungen, auf die wir hier nicht mehr näher eingehen wollen. Ein vermehrtes Auftreten von eingeschnürten Kernen und von zweikernigen Zellen kann deshalb unter diesen Umständen als symptomatisch für eine erhöhte amitotische Kernteilungsaktivität betrachtet werden, und die „amitoseverdächtigen" Kerne (Abb. 12) dürfen dann wohl „tatsächlich als amitotische Teilungsstadien oder zuallermindest als Ausdruck einer erhöhten amitotischen Teilungstendenz gedeutet werden" (l. c., S. 174).

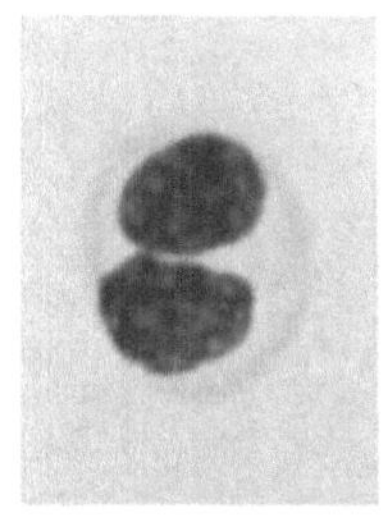
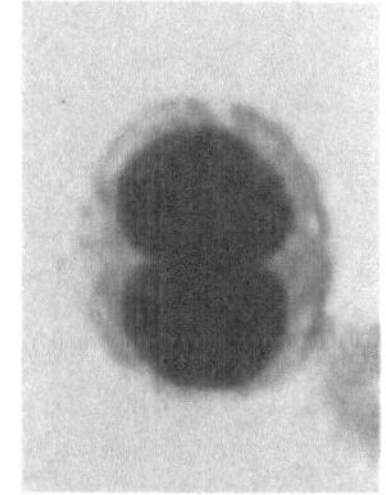

Abb. 11. Lymphocytäre Rundzellen, deren Kerne „in Amitose begriffen" sind. Photographien. Vergr. 1080fach. (Aus FEYRTER, 1957.)

C. C. MACKLIN (1916 a und b) fand in jungen Fibroblastenkulturen (Hühnchen) 1,2‰ amitotisch eingeschnürte Kerne und 9‰ zweikernige Zellen; wir selbst (s. O. BUCHER, 1955 und 1958 b) zählten in 2.-Tags-Bindegewebekulturen (Kaninchen) 2‰ amitoseverdächtige Kerne und ebenfalls 9‰ Zweikernige. Bis zum 5. Tag war ihre Frequenz jedoch auf 8‰ bzw. 15‰ angestiegen. Auch in mit Trypaflavin behandelten sowie in bei Zimmertemperatur gehaltenen Kulturen, in welchen beiden Fällen die mitotische Aktivität praktisch sistiert war, konnten wir ein paralleles Ansteigen der Häufigkeit amitoseverdächtiger Kerne und zweikerniger Zellen feststellen (O. BUCHER 1947, 1952, 1958 a und b, 1959; O. BUCHER und R. GATTIKER 1954 a und b; siehe auch S. 96 und Tabelle 4 S. 106.

Ein analoges Verhalten sahen wir (O. BUCHER und CL. GAILLOUD 1958; CL. GAILLOUD 1958; O. BUCHER 1958 c) auch in unseren Nierenbelastungsversuchen, wo die amitoseverdächtigen Kernformen in den Hauptstücken von 16 auf 32‰, die zweikernigen Zellen gleichzeitig von 39 auf 82‰ zugenommen hatten (siehe auch S. 92 und Abb. 43). Dabei blieb der Quotient „Frequenz der zweikernigen Zellen dividiert durch Frequenz der amitoseverdächtigen Kernformen“ auffällig konstant (es wurden beispielsweise in 8 Auswertungsreihen folgende Quotienten erhalten: 2,43, 2,43, 2,50, 2,57, 2,30, 2,46, 2,19 und 2,25).

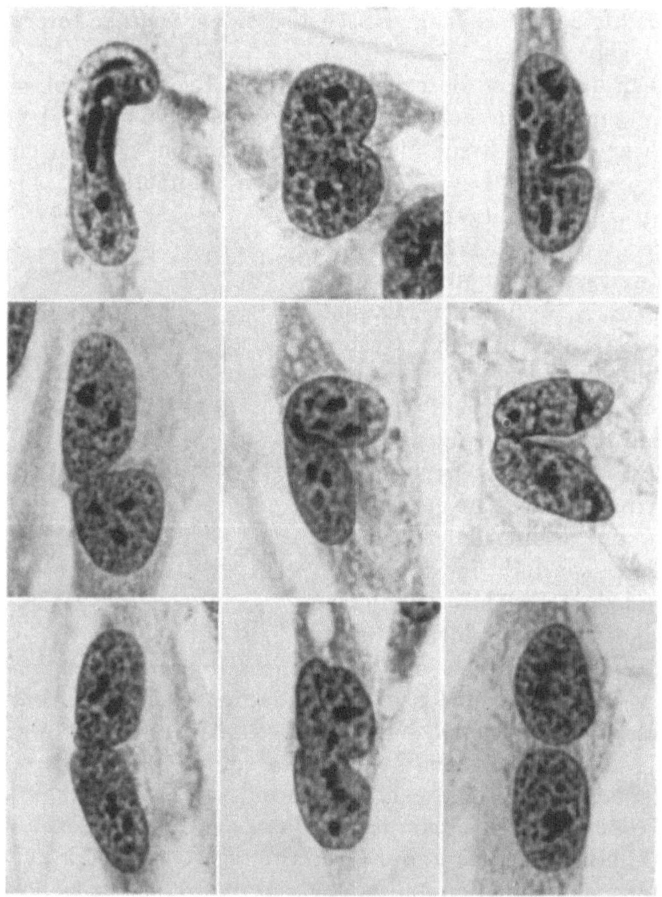

Abb. 12 *a—i*. Amitoseverdächtige Kerne aus fixierten Bindegewebekulturen (Deckglaskulturen von Kaninchen-Subcutangewebe). Photographien. Vergr. etwa 1000fach. (Aus BUCHER, 1947.)

Wir werden auf die obenerwähnten Versuche noch in einem späteren Kapitel (XI/4) zurückkommen, glauben indessen, hier schon den Schluß ziehen zu dürfen, daß damit ein Indizienbeweis für das Vorkommen der amitotischen Kernteilung erbracht werden konnte.

VI. Pseudoamitosen

Der Name „Pseudoamitose“ stammt von V. HÄCKER (1910), der nach Einwirkung von Äther auf die sich furchenden Eier von *Cyclops brevicornis* „amitosenähnliche Bilder“ beobachtete; diese entstanden dadurch, daß die Tochterchromosomen im Stadium der Anaphase miteinander verklumpten und schließlich eine einheitliche, in der Mitte der Längsachse eingeschnürte Chromatinmasse bildeten.

Mit G. Politzer (1924, S. 13) verstehen wir unter Pseudoamitosen Kernteilungsbilder, welche bei oberflächlicher Betrachtung eine gewisse Ähnlichkeit mit einer Amitose haben, sich von dieser aber durch ihre Herkunft aus einer mitotischen Teilungsphase unterscheiden (Abb. 13—16). Nach W. Pfuhl (1938, S. 108) ist die Bezeichnung „Pseudoamitose" jedoch wenig zweckmäßig, „da sie nur zum Ausdruck bringt, daß es sich um keine «Amitose» handelt. Wir müssen aber in dem Namen zum Ausdruck bringen, daß es sich um eine echte Mitose handelt, die sich durch pyknotische Verklumpung der Chromosomen auszeichnet". Pfuhl erschien es daher zweckmäßiger, diese abweichende Form der Mitose als „Pyknomitose" zu benennen, worin wir ihm beistimmen. Das Wort „Pyknomitose" kennzeichnet den morphologischen Befund tatsächlich besser als der auch etymologisch etwas merkwürdiger Name „Pseudoamitose" (= „falsche Nicht-Mitose"), der jedoch nicht nur in der deutsch-, sondern auch in der fremdsprachigen Literatur allgemein verbreitet und kaum mehr auszumerzen ist. Wir gebrauchen „Pseudoamitose" und „Pyknomitose" als Synonyme.

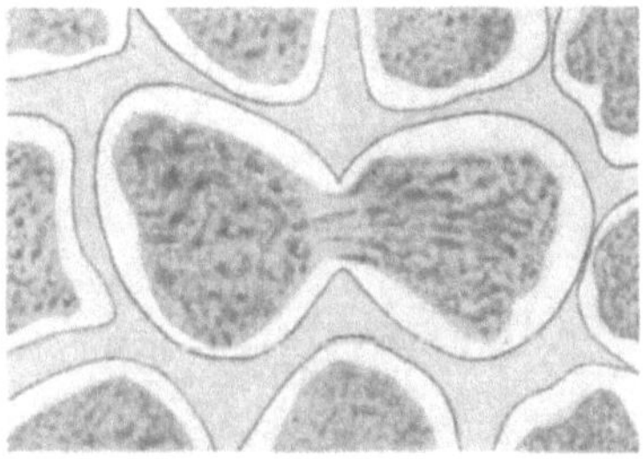

Abb. 13. Pseudoamitose („hantelförmige Zelle, die in ihrer Kernstruktur nahezu vollkommen einer echten Amitose gleicht") aus Hornhautepithel von *Salamandra maculosa*, fixiert 9 Stunden nach zweistündiger Neutralrotfärbung (1 : 150.000) und einstündiger Bestrahlung mit Bogenlampe. Zeichnung.

(Aus Politzer, 1924.)

Experimentell lassen sich Pseudoamitosen durch Einwirkung von Röntgenstrahlen (W. Alberti und G. Politzer 1924; W. Pfuhl und H. Kühtz 1939) sowie von verschiedenen chemischen Substanzen (siehe z. B. bei G. Politzer 1924; O. Bucher 1939; W. J. Wilson und E. H. Leduc 1950) erzeugen. Sie kommen, wie schon oben angedeutet wurde, so zustande, daß in der Anaphase die Aufteilung des Chromosomenmaterials auf die beiden Tochtersterne gestört ist, indem durch Verklebung von Chromosomen eine oder auch mehrere chromatische Verbindungsbrücken bestehen bleiben (Abb. 9 *a*, 13, 14 *a*). In diesem Zustand ist die Pseudoamitose von der Amitose noch gut zu unterscheiden, denn ihr hoher Chromatin- und — chemisch ausgedrückt — Desoxyribonukleinsäuregehalt sowie das Fehlen der Nukleolen und der Kernmembran sprechen mit Sicherheit für ihre Ableitung von einer Mitose. Man beachte auch, daß die pyknotische Chromosomenverklebung oder sogar -verklumpung erst in der Ana- oder Telophase in Erscheinung tritt.

Wenn W. Pfuhl und H. Kühtz (1939, S. 120) schrieben: „Ein gut ausgebildeter Verbindungsfaden hat mit den pyknotischen Chromosomenmassen zusammen Sanduhrform und kann dem Unerfahrenen eine «typische Amitose» vortäuschen", so ist der Ton hier wohl vor allem auf den „Unerfahrenen" zu legen, sollten uns doch die „Chromosomenmassen" davon abhalten, eine Amitose, die ihren Namen ja dem Fehlen von sichtbaren Chromosomen verdankt, zu diagnostizieren.

Im weiteren Verlauf kann der Stiel, welcher die beiden Hälften des sanduhrförmigen Kernes verbindet, einreißen (Abb. 14 *b*). Häufig ist das jedoch nicht oder nicht so bald der Fall, so daß die beiden Tochterkerne immer noch zusammenhängen, während ihre Struktur aus der mitotischen Teilungsform allmählich in die Arbeitsform (Arbeitskern, „Ruhekern") übergeführt wird, wobei das Euchromatin verschwindet. Solche Stadien sind — isoliert betrachtet — von amitotischen Teilungsbildern, in welchen ja die Arbeitsstruktur des Kernes erhalten bleibt, unter Umständen nicht mehr zu unterscheiden (vgl. dazu WILSON und LEDUC 1950, Tafel 2—4, sowie H. E. MACMAHON 1933, Abb. 9—11, wo er, wohl fälschlicherweise, Amitosen diagnostizierte; siehe ferner unsere Abb. 31, S. 62).

Einzelheiten über Entstehung und Schicksal der Pseudoamitosen können bei G. POLITZER (1924, 1934) nachgelesen werden, der drei verschiedene Verlaufsformen beschrieb (siehe sein auf der nächsten Seite als Abb. 15 reproduziertes Schema):

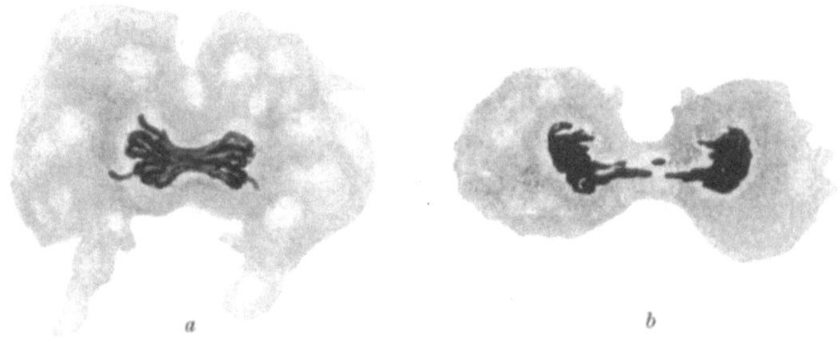

Abb. 14 *a* und *b*. Pseudoamitosen — Telophasen — aus Bindegewebekulturen (Deckglaskulturen von Kaninchen-Subcutangewebe), fixiert nach neunstündiger Einwirkung von Trypaflavin 1 : 800.000 bzw. 1 : 1 Million. Zeichnungen.
(Aus BUCHER, 1939.)

1. Das Chromatinmaterial des einen Tochterkernes und des Verbindungsstieles vereinigt sich mit dem des Tochterkernes; Resultat: Bildung eines Kernes mit doppeltem Chromosomenbestand und eines sich auflösenden achromatischen Restes des zweiten Tochterkernes (*c—f*).

2. Der gesamte Chromatinbestand vereinigt sich wieder, und zwar in der Gegend der Verbindungsbrücke; Resultat: Bildung eines einzigen Kernes mit doppeltem Chromosomenbestand (*k—n*).

3. Verdünnung und schließlich Einreißen der chromatischen Verbindungsbrücke; Resultat: Bildung zweier ganz oder annähernd gleichwertiger Kerne (*g—j*).

Wir möchten noch eine weitere Verlaufsform hinzufügen, die wir in unseren Trypaflavinversuchen an Bindegewebezellen gesehen haben (O. BUCHER, 1939) und die dann auch von WILSON und LEDUC beobachtet worden ist (l. c., Tafel 4, Abb. 22):

4. Die Verbindungsbrücke wird dünn und in die Länge gezogen, bleibt aber bestehen, so daß auch die rekonstruierten Arbeitskerne immer noch durch einen Chromatinfaden verbunden sind, der in einer Cytoplasmaanastomose der normalerweise getrennten Zelleiber verläuft (Abb. 16).

Es besteht kein Zweifel darüber, daß manche in der Literatur als „Amitosen" beschriebene Kernteilungsvorgänge in Wirklichkeit Pseudoamitosen sind, d. h. echte, wenn auch pathologisch verlaufende Mitosen; E. G. CONKLIN (1917, S. 413) sprach von „modified mitosis". Das gleiche wäre von den sogenannten Übergangsformen zwischen Mitose und Amitose zu sagen (siehe z. B. E. Törö und J. Vadász [1939]: „Durchgangsform zwischen der Mitose und der Amitose"). Manche ältere und auch neuere Untersuchungen bedürfen unbedingt einer kritischen Überprüfung von diesem Gesichtspunkt, denn verschiedene Gifte, mechanische Einwirkungen sowie Temperatur- und Strahlenschädigungen können, wie bereits W. Pfuhl (1938, S. 107) betonte,

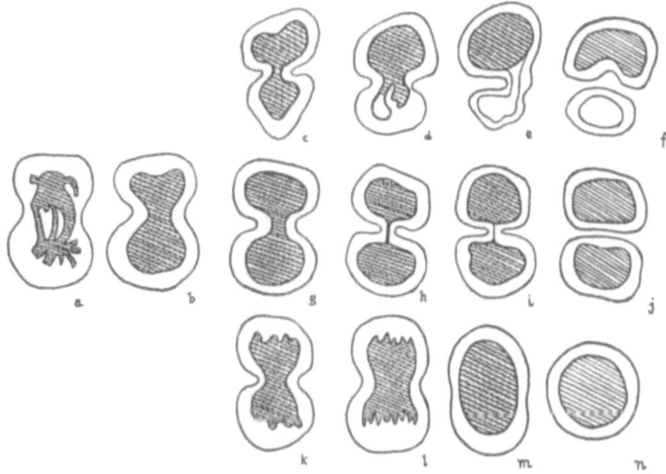

Abb. 15 *a—n*. Verschiedene Verlaufsformen der Pseudoamitosen. Schematische Zeichnungen. (Aus Politzer, 1934.)

auch zur Bildung von Pseudoamitosen (Pyknomitosen) führen. Ferner sollen derartige „Mitoseatypien" mit höhergradiger Polyploidie vergesellschaftet vorkommen, wobei „Doppelkerne mit breiten Brücken als beginnende und mit schmalen als beinahe vollendete amitotische Trennung angesehen und nebeneinander gereiht werden können" (E. Undritz 1958, S. 78).

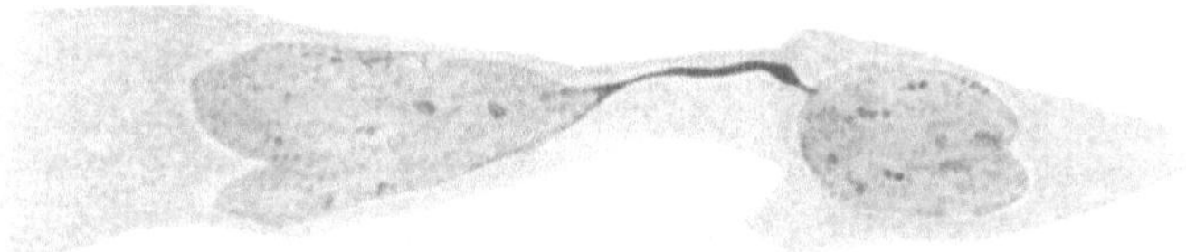

Abb. 16. Chromatinbrücke zwischen zwei rekonstruierten Arbeitskernen (aus Deckglaskultur von Kaninchen-Subcutangewebe, fixiert nach neunstündiger Einwirkung von Trypaflavin 1 : 600.000). Nuclealreaktion nach Feulgen. Zeichnung. (Aus Bucher, 1939.)

W. J. Wilson und E. H. Leduc (1950) erkannten in der Leber der verschiedenen experimentellen Einwirkungen unterworfenen weißen Maus zwei Entstehungsarten von Pseudoamitosen. Den ersten Fall, der auf der vorzeitigen Spindelrückbildung beruht, haben wir schon im vorigen Kapitel (S. 29) kurz erwähnt; im zweiten Fall, den sie als „the classic case of pseudoamitosis" bezeichneten, wird die Anaphase wohl zu Ende geführt, doch bleiben, wie eben beschrieben, die beiden Chromosomengruppen durch eine Chromatinbrücke miteinander verbunden; eine Cytoplasmateilung kann folgen oder auch ausbleiben. Es sind besonders die amitoseähnlichen Bilder des ersten Falles, welche zu Mißdeutungen Anlaß geben können (s. Abb. 9). Die beiden Forscher kamen zum Schluß (l. c., S. 63), „that, although amitosis may well occur in the mammalian liver, these series of figures offer an attractive alternative explanation for most of the constricted nuclei we have seen".

Obschon das Amitoseproblem bei Protozoen in einer anderen Lieferung dieses Handbuchs besprochen werden wird, sei doch erwähnt, daß das, was hier früher vielfach als Amitose oder als Übergangsform zwischen Mitose und Amitose (als sog. Promitose) gedeutet worden ist, bei genauerer Untersuchung sich als modifizierte Mitose herausgestellt hat (M. HARTMANN 1953, S. 279; ferner H. HARANT 1930, S. 227).

„Modifizierte Mitosen" wollte H. B. STOUGH (1931, 1935) auch in mit Eisenhämatoxylin gefärbten Präparaten von Hühnerembryonen — besonders in der Skelettmuskulatur, aber auch in anderen Geweben — gesehen haben; er beschrieb verschiedene Stadien der Teilung von stark gefärbten, maulbeerförmigen Körperchen („mulberries"), die aus verklumpten Chromosomen bestehen sollten („masses of minute and closely clumped chromosomes in somatic number dividing in a qualitative and quantitative fashion"). Bei der Durchmusterung entsprechender Präparate fanden wir gelegentlich auch maulbeerartige Gebilde, die jedoch feulgennegativ waren, und wir sind schließlich zu der Auffassung gelangt, daß STOUGH die Teilung der Nukleolen beschrieben hat („These mulberries divide into two daughter masses by elongation, dumbbell formation, and constriction"). Die Teilung der (Muskel-) Kerne selbst erfolgte dann durch Bildung einer Trennungsmembran. Auf die Behauptung von STOUGH, daß viele in der Literatur beschriebene Amitosen seinen „modifizierten Mitosen" entsprechen würden, antwortete J. McA. KATER (1940, S. 175) mit Recht: „The work of STOUGH (1935) offers a pleasant contrast. Although he denies the existence of a true amitosis he supports the occurrence of what most investigators have termed amitosis."

Was die Differentialdiagnose Amitose/Pseudoamitose betrifft, so wollen wir zunächst wiederholen, was F. WASSERMANN (1929, S. 556) gesagt hat: „Es ist klar, daß nur eine äußerliche Ähnlichkeit mit der Amitose hervorgebracht wird, denn die Pseudoamitose ist eine echte gestörte Mitose, während von Amitose nur gesprochen werden darf, wenn die Kernteilung sich ohne Chromosomen vollzieht." Schwieriger ist allenfalls die Diagnose der Spätformen der Pseudoamitose zu stellen (z. B. Abb. 9 *b*, 16; ferner Abb. 31, S. 62). In diesem Falle müssen wir, wie auch G. POLITZER (1934, S. 13) betonte, nach den oben geschilderten Frühformen sowie den Anfangsstadien der Mitose, die ja frühestens in der Anaphase in die „Pseudoamitose" übergeht, suchen. In Präparaten, in welchen überhaupt keine Mitosen auftreten, können auch keine Pseudoamitosen entstehen. Histochemisch unterscheiden sich die frühen und mittleren Stadien der Pseudoamitosen von den Amitosen durch den höheren Desoxyribonukleinsäuregehalt.

VII. Kernpolymorphismus; Kernknospung, -lappung und -fragmentierung

Es dürfte zweckmäßig sein, nach der Pseudoamitose auch den als Kernknospung, Kernlappung (oder -segmentierung) und Kernfragmentierung (oder -fragmentation) bezeichneten Vorgängen ein eigenes Kapitel zu widmen, in welchem wir versuchen wollen, diese Phänomene gegen die amitotische Kernteilung abzugrenzen.

Schon im III. Kapitel wurde darauf hingewiesen, daß der Name „Amitose" nicht gut gewählt ist und ihre auf negativen Kriterien beruhende Beschreibung als diejenige Form der Teilung, bei welcher das für die Mitose charakteristische mikroskopische Sichtbarwerden der Chromosomen ausbleibt, verschieden gedeutet werden kann. Die Definition, die W. FLEMMING (1882, S. 347/48) seinerzeit von der „direkten Kernteilung" gab — „Kernzerteilung durch Einschnürung, welche zur Bildung von zwei bis mehr Kernen in einer Zelle führt (abgesehen davon, ob diese selbst sich zugleich oder nachher noch teilen mag)" —, läßt keinen Unterschied erkennen zwischen der Amitose (im engeren Sinne) und dem, was wir heute lieber Kernfragmentierung nennen möchten. Rein etymologisch ist eine Kernfragmentierung natürlich ebenfalls eine „a-mitose", und beide Ausdrücke wurden seinerzeit denn auch als Synonyme gebraucht (s. z. B. W. FLEMMING, 1892, S. 44), während wir als Biologen heute danach trachten müssen, die beiden Kernteilungsprozesse auseinanderzuhalten.

Wir selbst schrieben dazu (O. BUCHER, 1947, S. 65): „Il me semble possible que l'amitose constitue un phénomène plus complexe que la lobulation nucléaire simple et qu'il existe entre ces deux processus des différences plus que quantitatives ... La lobulation peut conduire à la fragmentation du noyau en plusieurs morceaux de taille généralement différente." Andererseits betrachtete es F. WASSERMANN (1929, S. 576) als besonders schwerwiegend, „daß sich sichere Anhaltspunkte für eine «bloße Kernfragmentierung» überhaupt nicht gefunden haben".

L. GEITLER (1934, S. 115) wollte zwischen Amitose und Kernfragmentierung keine prinzipielle Verschiedenheit sehen, denn es „zerfällt bei der Amitose ein Kern ohne Ausbildung von Chromosomen unter Durchschnürung einfach in zwei Stücke oder im Fall der Fragmentation in mehrere Teile". Beides wären — vom Botaniker aus betrachtet — „abnorme Vorgänge, die sich nur in Zellen abspielen, welche keine «Zukunft» besitzen". J. KISSER (1922) war jedoch anderer Meinung, und schon lange vor ihm machten auch andere Botaniker einen Unterschied zwischen Fragmentation — Zerfall eines Kernes in Stücke — und amitotischer Kernteilung. KISSER selbst faßte den Begriff Fragmentation etwas weiter als „alle jene morphologischen Veränderungen am Kerne, die mit einem Zerfall in Teilstücke enden können, aber nicht Amitosen sind"; in allen diesen Fällen würde es sich um eine Zellschädigung handeln, die sich durch Veränderungen am Kerne kundgibt (Kernzerfall, Kernformänderungen).

Während bereits KISSER (l. c.) darauf hingewiesen hatte, daß Amitosen im Pflanzenreich selten seien, ging M. HARTMANN (1953, S. 335) noch einen Schritt weiter; bei einem großen Teil der bei höheren Tieren und Pflanzen beschriebenen Amitosen, so glaubte er, „handelt es sich aber gar nicht um Kernteilungen, sondern um Kernfragmentationen".

Dies trifft sicher in manchen Fällen zu, auch noch in der neuesten Literatur. So berichtete z. B. W. FINK (1954) über Beobachtungen an verschiedenen mit einem Chinonpräparat behandelten Geschwülsten (YOSHIDA-Sarkom der Ratte, EHRLICH-Ascitestumor der Maus, BROWN-PEARCE-Tumor des Kaninchens), in welchen sie neben nekrotischen Geschwulstzellen auch „abnorme amitotische Kernteilungen" mit „amitotischer Teilung des Kernes in ungleich große Stücke" feststellte. Hier müßte man aber von einer Kernfragmentierung sprechen. Derartige Veröffentlichungen haben dazu beigetragen, daß die Amitose bei nicht wenigen Forschern in Mißkredit geraten ist. Zurückhaltender war A. Atsumi, obschon auch er, wie schon oben zitiert (S. 28), Kerne mit Knospenbildung („bud-sprouting shape") unter den amitotischen Kernbildern („amitotic figures") anführte; eine Teilung solcher Kerne sah er bei seinen Lebendbeobachtungen nie.

Außer Amitosen, bei denen „der Kern durch Zerschnürung in zwei ungefähr gleich große Teile zerlegt wird" (A. Maximow 1908, S. 92) und „welche wirklich Kern- und Zellvermehrung bewirken" (W. Lipp 1952 a, S. 300), beobachteten die eben genannten Forscher in Mesenchymzellen der Leberanlage von Kaninchenembryonen (hier auch im Mesenchym andere Körperabschnitte) bzw. von Meerschweinchenembryonen Kernknospenbildung. Nach Maximow handelte es sich hierbei um „eine andere Form desselben Prozesses", während nach Lipp diese „morphologisch teilweise ähnlichen Vorgänge", welche „seltener anzutreffen sind und zur Ausstoßung eines Kernteiles führen", von den Amitosen zu trennen sind. Beide Autoren gaben im Prinzip die gleiche Beschreibung: In normal aussehenden Mesenchymzellen bilden die Kerne an irgendeiner Stelle der Oberfläche kleine Knospen, wobei nicht zu sagen ist, ob die Knospe „zuerst als eine Art Ausstülpung entsteht oder ob ein kleiner Teil des verlängerten Kernes durch eine zirkuläre Furche abgeschnürt wird. Die Knospe vergrößert sich allmählich, ihre Ansatzstelle an der Hauptmasse des Kernes bleibt aber immer sehr eng und kann sich schließlich zu einem ziemlich langen, fadenförmigen Stiel verlängern. Man bekommt den Eindruck, als ob der Inhalt des Kernes durch die unnachgiebige enge, eingeschnürte Stelle allmählich herausgepreßt wird, in die Knospe gelangt und sie immer mehr und mehr ausdehnt. Daraus resultieren die mannigfaltigsten Kernformen" (Maximow, l. c.; siehe auch Abb. 17). An großen Kernen können auch mehrere Knospen gleichzeitig auftreten. Der Vorgang führt schließlich zur Kernfragmentierung, indem die dünne Verbindungsbrücke mit dem Mutterkern verschwindet. Die kleinen abgeschnürten „Kernteile verfallen, wie es scheint, der Degeneration, und können im Protoplasma als kleine kugelige, mehr oder weniger stark färbbare Einschlüsse nachgewiesen werden" (Maximow, S. 94/95). Nach Lipp (l. c.) liegen sie als intensiv gefärbte freie Körperchen im Cytoplasma, doch dürften sie späterhin die Mesenchymzellen auch verlassen können. „Diese Befunde gewinnen heute besonders an Interesse, da die Inkonstanz der Chromosomenzahl in somatischen Zellen durch ausgedehnte Untersuchungen immer mehr belegt wird ..." (Lipp S. 301).

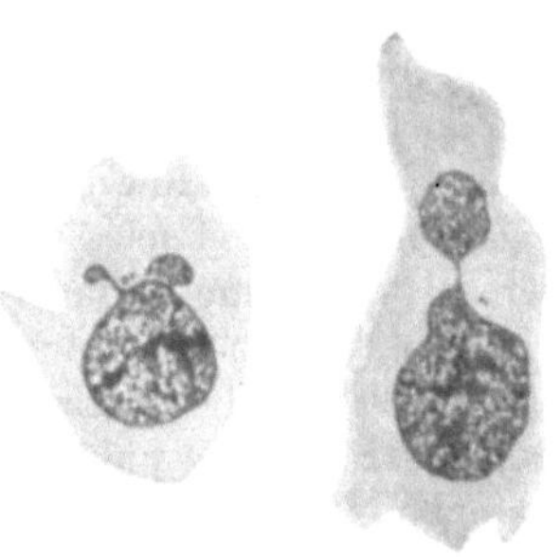

Abb. 17. Kernknospung in Mesenchymzellen von Kaninchenembryonen. Zeichnungen.
(Aus Maximow, 1908.)

Nach A. Maximow (1908, S. 94) liegen die Zentriolen „in diesen Fällen immer an dem dünnen Stiel, der die Kernknospe trägt. In den kleinsten Knospen fehlen die Nukleolen; in den größeren sind sie vorhanden". Eine ähnliche Meinungsäußerung fanden wir in einer Arbeit von W. Burkl (1949, S. 593). Bei W. Lipp (1952 a, S. 300) hatten die Knospen keine Kernstruktur; nach den Untersuchungen von A. Benning-

HOFF (1923) am lockeren Bindegewebe würden sie indessen „zunächst ihrem Bau nach vollkommen mit dem Kern übereinstimmen".

W. PFUHL und H. KÜHTZ (1939, S. 108) glaubten, daß die „Nebenkerne" immer auf eine pathologische Mitose mit Chromosomenversprengung zurückzuführen wären. „Als völlig abwegig ist die Annahme abzulehnen", so schrieben sie, „daß die Nebenkerne durch «amitotische Knospung» aus den Hauptkernen hervorgegangen sein könnten". Wenn das allenfalls auch für die betreffenden Versuche (Röntgenbestrahlung von Bindegewebezellen) der Fall sein mag — wir selbst haben diese Fragestellung nicht weiter verfolgt —, so dürften die beiden Autoren mit der Verallgemeinerung ihrer Ansicht doch zu weit gegangen sein; von einer „amitotischen" Knospung darf allerdings nicht gesprochen werden.

F. FEYRTER (1957, S. 53) bezeichnete als Kernknospung die Bildung „rundlicher oder nasenförmiger, in der Achse gelegener oder seitlicher Knospen und Sporne, die sich strecken und stielen können". Der weitere Verlauf kann dann, nach seinen Beobachtungen am Stroma der menschlichen Uteruskörper-Schleimhaut, verschieden sein: „In einem Teil der Fälle nimmt die Knospe offenbar an Größe zu, allem Anschein nach auf Kosten des Mutterkernes, bis Knospe und Mutterkern die gleiche Größe haben, so als ob die Hälfte der Kernmasse aus dem Mutterkern in die Knospe sich ergossen hätte. Auf diese Weise entsteht ein in der Mitte eingeschnürter oder hantelförmiger Kern, der sich völlig durchzuschnüren vermag." In analoger Weise äußerten sich ja auch schon A. MAXIMOW (l. c.), M. CLARA (1931, 1936), MACMAHON (1933) u. a., wobei allerdings noch hervorgehoben werden muß, daß die Auffassung aller dieser Forscher nur auf der mikroskopischen Untersuchung fixierter Präparate basiert, was natürlich eine gewisse Unsicherheit in sich birgt. In Lebendbeobachtungen an Gewebekulturen sind derartige Vorgänge unseres Wissens bisher nicht nachgewiesen worden.

Wenn man jedoch die eben gegebene Beschreibung der Größenzunahme der Knospe bis zur Volumengleichkeit mit dem Mutterkern als bewiesen betrachten will, dann ist die Hypothese zu prüfen, ob die Kernknospung in gewissen Fällen die Einleitung einer amitotischen Kernteilung darstellen könnte, wie F. FEYRTER (l. c.) meinte. Die direkte Kernteilung kann sich selbstverständlich ohne den Umweg über die Kernknospung abspielen.

Eine weitere Verlaufsmöglichkeit der Kernknospung ist nach F. FEYRTER die Karyonomie, auf welche wir im folgenden Kapitel zu sprechen kommen werden (S. 49).

Ganz ähnliche Bilder wie A. MAXIMOW (1908), „die an den Vorgang der Knospenbildung erinnern", hat M. CLARA (1931, S. 155 f.) in Leberpräparaten von Kaninchen angetroffen. „Ist die «Knospe» verhältnismäßig groß, so hat man mehr den Eindruck einer unsymmetrischen Kerneinschnürung; ist die «Knospe» dagegen klein, so ist man mehr geneigt, einen wirklichen Knospungsvorgang des Kernes anzunehmen". Auch CLARA (l. c.) war der Meinung, daß man diese beiden Erscheinungen im histologischen Schnitt nicht scharf voneinander trennen könne, „weil es sehr gut möglich ist, daß auch die kleinen Kernknospen durch Übernahme von Kernsubstanz aus dem Mutterkern allmählich an Größe zunehmen (ähnlich auch 1936, S. 227). Mit MAXIMOW (l. c., S. 94) hielt CLARA (1931, S. 156) dafür, daß zwischen Kernknospung und Kernfragmentierung alle möglichen Übergangsstadien bestehen, daß der Fragmentierungsprozeß, „bei dem es nicht zur Halbierung des Kernes in zwei gleiche Tochterhälften, sondern zur Bildung von verschieden großen Teilstücken kommt", also nichts Besonderes und scharf Abgegrenztes darstellt.

Aus den Arbeiten CLARAS glauben wir entnehmen zu können, daß er nicht nur an einen fließenden Übergang zwischen Kernknospung und Kernfragmentierung, sondern auch zwischen diesen Vorgängen und der Amitose dachte. So schrieb er in seiner Arbeit über die menschlichen Nebennierenmarkzellen (1936, S. 227): „Wie uns aber das Verhalten des Kernkörperchens zeigt, müssen wir auch für diese Kernknospungsbilder annehmen, daß auch ihnen ein amitotischer Teilungsvorgang zugrunde liegt, lediglich mit der Abweichung, daß eben bei ihnen nicht zwei gleich große, sondern zwei ungleich große Kernhälften abgeschnürt werden." Er kommt damit zum Begriff der „asymmetrischen Amitosen", den wir jedoch ablehnen möchten.

M. CLARA (1931, S. 156) hielt es ferner für möglich, „daß die ungleichen Teilstücke in der späteren Entwicklung durch ein entsprechend ausgleichendes Wachstum doch noch zu zwei gleich großen Kernen heranwachsen könnten", glaubte andererseits aber auch den Schluß ziehen zu dürfen, daß bei einem Teil der Zellen mit ungleichen Zellkernen der eine der beiden Kerne wieder aufgelöst wird.

Die Kernfragmentierung kann auch an mehreren Stellen des Kernes zur gleichen Zeit erfolgen, „so daß der Kern durch einen einzigen Teilungsakt in drei oder mehrere Tochterkerne zerlegt wird"; diese sind verschieden groß. In wieder anderen Fällen „verläuft die endgültige Zerlegung des Kernes sehr langsam oder bleibt überhaupt aus, so daß polymorphe gelappte Kerne entstehen" (M. CLARA, l. c.).

Hier muß auch noch die von H. BREIDER (1938, 1939) beschriebene „multiple Zerfallsteilung" erwähnt werden, die er in Makromelanophoren von Melanosarkomen von Fischen (Zahnkarpfenbastarden) beobachtet hat (siehe 1938, seine Abb. 30 und 31, S. 820/21). „Zu den Nukleolen tritt ein offenbar beliebiger Teil des Chromatins in enge Beziehung und schließt sich durch eine intranukleäre Kernwand, die aus der Kernsubstanz gebildet wird, von der übrigen Kernmasse ab ... Die Zahl der Tochterkerne hängt in einigen Fällen von der Anzahl der vorhandenen Nukleolen ab, in anderen Fällen braucht aber die Isolierung einer bestimmten Kernmasse nicht an das Vorhandensein eines Nucleolus gebunden zu sein. Dieser bildet sich vielmehr erst nach der Abgrenzung eines Kernbezirkes ..." Es ist nicht sicher nachgewiesen, „ob es bei der multiplen Zerfallsteilung der Makromelanophorenkerne überhaupt zur Trennung der Tochterkerne kommt, oder ob die Verteilung des Chromatins in Tochterkerne den Degenerationsbeginn des Mutterkernes darstellt ..." BREIDER hat jedoch den Eindruck, „daß es sich letzten Endes bei der multiplen Kernaufteilung um eine wirkliche Zerfallsteilung handelt, deren Elemente meist im Mutterkern noch ihre endgültige Auflösung erfahren. Nur in wenigen Fällen ist die Annahme berechtigt, daß die Kernderivate sich sondern und als Abkömmlinge des Makromelanophorenkernes erst noch eine gewisse Zeit funktions- und vermehrungsfähig sind, bis sie endgültig verschwinden" (1939, S. 98/100).

Etwas zumindest äußerlich Ähnliches hatte schon früher P. FLORENTIN (1929, S. 1029/30) gesehen im Epithel der durch Eserin- oder Pilocarpininjektion stimulierten Meerschweinchenschilddrüse. Es traten dort Riesenkerne auf, welche Knospen bildeten oder sich aufteilten, und zwar entstand zuerst eine maulbeerförmige Kernmasse, deren Teile sich dann allmählich mit einer Membran umgaben und zu freien Kernen wurden. Diese sahen wie die gewöhnlichen Schilddrüsenepithelkerne aus und blieben einige Zeit im ungeteilten Cytoplasma (Plasmodium), aus welchem dann später ein Follikel hervorging.

Schon C. C. MACKLIN versuchte, Amitose und Fragmentierung gegeneinander klar abzugrenzen; diese beiden Vorgänge sind oft miteinander verwechselt worden und, fügte MACKLIN (1916 a, S. 458) bei, „it is possible that it is this confusion which has accounted for certain well-known views which regard amitosis as an evidence of degeneration". Die Fragmentierung ihrerseits kommt unter pathologischen Bedingungen vor, wobei der Kern zuerst unregelmäßig geformt, dann gelappt wird und schließlich in eine Anzahl kleiner, oft nukleolenfreier Teile von verschiedener Form und Größe zerfällt, welche anscheinend nicht mehr wachsen können: „The nucleus is of irregular contour, multilobulated, and breaks up into a number of small, unequal-sized parts, which frequently do not contain nucleoli; the nuclear parts remain small, indicating that they have little or no power of growth, for the total volume of the nuclear substance does not seem to be increased following division" (MACKLIN 1916 b, S. 99). In solchen degenerierenden Zellen sind keine Mitosen mehr möglich, und es folgt auch keine Cytoplasmateilung.

Auf einfachsten Nenner gebracht, ist die Fragmentierung somit eine inäquale, häufig multiple Kernteilung („unequal multiple nuclear fission", MACKLIN 1916 b, S. 98), die degenerativen Charakter hat („a breaking up and degeneration of the nuclei", 1916 a, S. 458). Sie darf nicht als inegale, inäquale oder asymmetrische Amitose bezeichnet werden (z. B. G. ROUSSY und M. MOSINGER 1935, bzw. A. PISCHINGER 1954 b, H. GRAU 1954, und D. SINAPIUS 1958, bzw. M. CLARA 1936). Wahre Amitosen kommen nach C. C. MACKLIN in gesunden Zellen vor; ihre beiden Tochterkerne enthalten 1 bis 2 Nukleolen, sind annähernd gleich groß und regelmäßig geformt; sie dürfen nach G. TISCHLER (1921/22) nicht sofort degenerieren.

Das Resultat der Kernfragmentierung ist meistens eine Zelle mit mehreren, ungleich großen Teilkernen (C. C. MACKLIN, l. c.; R. A. LAMBERT 1913; M. CLARA 1931; W. SCHOPPER 1932; G. MAUER 1938; u. a.). Schwieriger ist die Differentialdiagnose Amitose/Fragmentierung zu stellen, wenn letztere nicht zur Bildung mehrerer Teilkerne, sondern zu einer Aufteilung des Kernes in nur zwei Fragmente führt, doch betonte auch F. WASSERMANN (1929, S. 576), nirgends den Nachweis einer „inäqualen" Amitose angetroffen zu haben (siehe auch Kapitel XI/1).

Nicht selten ist Kernknospung und -fragmentierung in Riesenzellen beobachtet worden (z. B. W. T. HOWARD und O. T. SCHULTZ 1911; P. FLORENTIN 1929). Es gibt aber auch vielkernige Riesenzellen, „die durch mehrere aufeinanderfolgende typische amitotische Teilungen der Zellkerne entstanden sind; in den letztgenannten Fällen sind die Kerne immer von gleicher Größe" (M. CLARA 1931, S. 157). Für weitere Einzelheiten siehe Seite 96 f.

B. ROMEIS (1926) beobachtete in Anuren-Epithelkörperchen neben Amitosen — bei welchen Kerne gleicher Größe und Struktur entstehen — gelegentliche Kernfragmentierung, die er wie folgt schilderte (S. 563/64): Es treten Einfaltungen in der Kernmembran auf, „die immer tiefer einschneiden und schließlich den Kernen eine unregelmäßige, ja oft bizarre Form verleihen. Gleichzeitig damit macht sich auch eine Veränderung der Kernstruktur bemerkbar, insofern sich das Chromatin in erhöhtem Maße an der Innenseite der Kernmembran niederschlägt. Im weiteren Verlaufe zerspaltet sich der Kern dann in mehrere unregelmäßig geformte Teilstücke, die im Gegensatz zu den bei normaler amitotischer Zellteilung entstehenden Tochterzellen von sehr verschiedener Größe sind. Auch sonst lassen sie Anzeichen degenerativen Charakters erkennen; so entbehren sie meist eines Kernkörperchens, ihre Kernstruktur ist nur unvollkommen entwickelt, die Kernwandhyperchromatose verstärkt. Durch weitere Zerspaltung dieser Kernfragmente entstehen dann immer kleinere Teile, die schließlich unter allmählicher Einschmelzung verschwinden".

Eine besondere Art der Kernfragmentierung — „Kernteilung durch Querbruch" — beschrieb A. J. LINZBACH (1947, S. 584/86) bei Herzmuskelhyperplasie, seltener bei einfacher Hypertrophie. Er bezeichnete diesen Vorgang als Kernfraktur oder Karyodiarhexis und definierte ihn als „eine einfache oder mehrfache Querfraktur eines hypertrophen Herzmuskelkernes mit Bildung zweier oder mehrerer lebensfähiger Kernfragmente, die als Einzelkerne funktionieren könne" (S. 585). Die im Gegensatz zu den abgerundeten amitotischen Tochterkernen kantigen, manchmal zackigen Bruchstücke liegen zunächst dicht beisammen, weichen in der Folge aber immer mehr auseinander, wobei zwischen ihnen ein Streifen von braunem Abnutzungspigment auftritt. Das Primäre ist die Entstehung von hypertrophen Kernen durch „Reproduktion des vorhandenen Kernmaterials durch Autokatalyse", in welchen mehrere Kerne präformiert sind; sekundär entstehen dann intravital durch Kernfraktur „Kernfragmente von der Größe normaler Herzmuskelkerne", doch sind sie nicht immer gleich groß (E. HENSCHEL 1951/52). Wir zweifeln allerdings daran, daß es sich hier um einen ganz physiologischen Vorgang handelt, wogegen auch das gleichzeitige Auftreten von Abnutzungspigment spricht.

Besonders eingehend befaßte sich A. BENNINGHOFF (1923) mit dem Problem der Kerndeformierungen in Bindegewebezellen von Feuersalamander, Säugetieren und Mensch. Einschnürungen, die bis zur Abtrennung von Kernteilen und Bildung von Nebenkernen führen konnten, waren in seinem Untersuchungsgut nicht selten (am häufigsten bei Salamander, Ratte und Maus), ohne daß es sich dabei um degenerative Veränderungen handelte. Auch im Bindegewebe des Menschen war, wenn auch viel seltener, ein gewisser Kernpolymorphismus anzutreffen (Abb. 18). „Jedenfalls läßt sich die wichtige Feststellung machen, daß die Fibroblastenkerne normalerweise einer Umwandlung fähig sind, die bis zu einer gewissen Stufe ein vergrößertes Abbild jenes typischen Vorgangs darstellt, durch den gelapptkernige Leukocyten bzw. leukocytoide Formen entstehen. Die Differenzierung hat zwar die Entwicklungsmöglichkeit zur Blutzelle beschränkt, aber nicht so vollständig unterdrückt, daß nicht Anläufe in dieser Richtung erkennbar blieben" (l. c., S. 591); am auffälligsten sind diese Verhältnisse bei den Amphibien.

Mit dem Studium der eben zitierten BENNINGHOFFschen Arbeit gelangt man einmal mehr zur Überzeugung, daß manche im Schrifttum erwähnten direkten Kernteilungen eben keine Amitosen (im engeren Sinne) sind, sondern bestimmte Formen des Kernpolymorphismus, welche ihrerseits einen bestimmten Funktionszustand der betreffenden Zellen zum Ausdruck bringen; BENNINGHOFF (1922, S. 68) sprach in diesem Zusammenhang von „Reaktionsamitosen" (s. S. 10). Der Amitose und den besprochenen Kernumformungen — wie Lappung, Fragmentierung usw. — gemeinsam ist die Vergrößerung der Kernoberfläche, wodurch, wohl infolge eines höheren Stoffwechselbedarfes, eine innigere Verbindung zwischen Kern und Plasma hergestellt wird (A. BENNINGHOFF, l. c., S. 603; W. und M. VON MÖLLENDORFF 1926, S. 596; W. VON MÖLLENDORFF 1940, S. 41). Auf den Zusammenhang zwi-

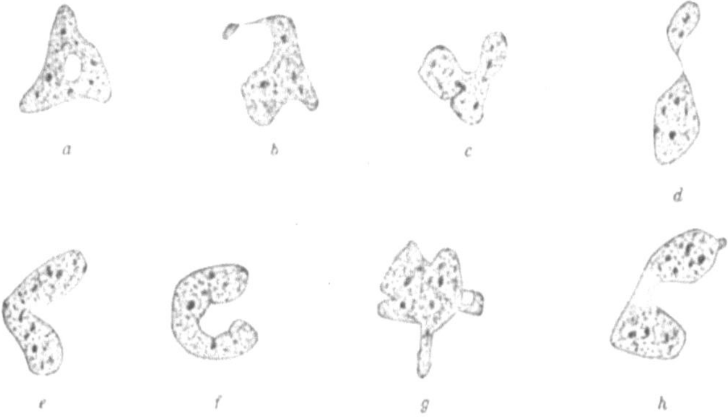

Abb. 18. Polymorphe Fibroblastenkerne aus lockerem faserigen Bindegewebe eines Menschen. Zeichnungen. Vergr. 820fach.
(Aus BENNINGHOFF, 1923.)

schen Kernknospung und Zellaktivität ist z. B. von W. T. HOWARD und O. T. SCHULTZ (1911, S. 63 ff.) sowie von P. FLORENTIN (1929, S. 1029/30) u. a. hingewiesen worden.

Nach A. BENNINGHOFF ist es keineswegs bewiesen, daß jedem solchen Erregungszustand der Zelltod folgen müsse. „Wenn nun auch absterbende Zellen solche Zerschnürungsvorgänge, die allerdings von pyknotischen Umsetzungen gefolgt sind, zeigen, so scheint mir das nur ein Zeichen dafür, daß sie nach einer intensiven Anstrengung zugrunde gegangen sind" (l. c., S. 603).

In anderen Fällen kann der Kernpolymorphismus aber auch die Folge weniger günstiger Lebensbedingungen sein; so ist es wohl kein Zufall, daß Polymorphiegrad und -häufigkeit im menschlichen Venenendothel mit dem Lebensalter zunimmt (D. SINAPIUS 1958, S. 620).

Während nun A. BENNNINGHOFF (1923) die Amitose als Spezialfall des Kernpolymorphismus betrachtete, ja sogar „jede Oberflächenvergrößerung des Kernes bei erhaltener «Ruhe»-Struktur" als Amitose (im weiteren Sinne) bezeichnen wollte (1922, S. 47), möchte F. FEYRTER (1957, S. 51 und 73) unter Kernpolymorphie gewisse Unregelmäßigkeiten der Kernform — „wie lappige Gestalt oder ein buckeliger Umriß" — zusammenfassen, die „Ausdruck einer besonderen Art funktioneller Belastung mit Oberflächenvergrößerung der Kerne" sind. Nicht hierher gehörten indessen die Kernbilder aus dem Formenkreis der amitotischen Kernteilung wie „nierenförmige, bohnenförmige, in der Mitte oder etwas außerhalb der Mitte tief eingeschnürte oder hantelförmige Kernformen". Bei schwerster funktioneller Belastung wäre die Kernpolymorphie, so wie er sie z. B. in der menschlichen Uterusschleimhaut in der zweiten Zyklushälfte und während der Gravidität vorfand, „mit den Zeichen drohenden, in Gang befindlichen oder vollzogenen Zusammenbruchs behaftet"; es waren auch Übergänge zu Pyknose und Karyorhexis zu sehen.

C. C. Macklin (1916), den wir oben schon ausführlich zitiert haben, hatte seine Versuche mit Gewebekulturen in vitro durchgeführt und ge-

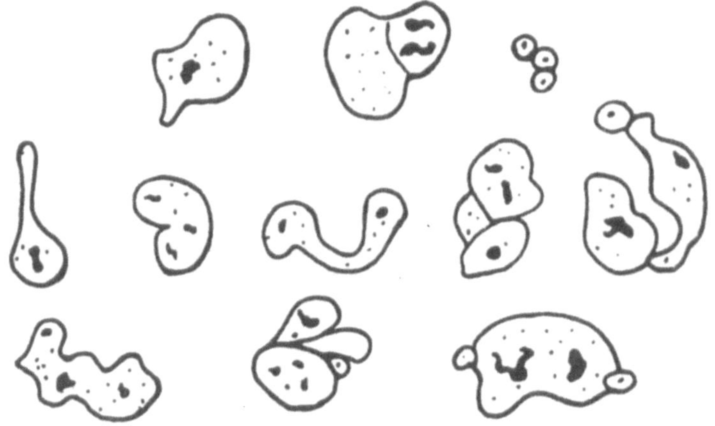

Abb. 19. Kernknospung und -fragmentierung in Chondrioblasten, die lange Zeit in vitro ohne Embryonalextrakt gezüchtet worden waren. Zeichnungen.
(Aus A. Fischer, 1930.)

lappte und fragmentierte Kerne in alten, d. h. einige Tage lang nicht umgepflanzten Deckglaskulturen gesehen. Entsprechende Beobachtungen liegen von mehreren anderen Autoren vor, so von W. H. Lewis (1922, 1927 a, 1947), A. Fischer (1930), A. M. Chlopkow (1931), N. G. Chlopin (1932) und J. A. Winnikow (1937), die alle auch auf die verschiedene Größe der Fragmente hinwiesen. Ferner wurden Knospungs- und Fragmentierungsvorgänge schon 1913 von R. A. Lambert in lebenden Maus- und Ratten-Sarkomkulturen festgestellt.

W. H. Lewis (1922, 1927 a) sah Kernfragmentierungen in älteren Mesenchym- und Endothelkulturen, die Degenerationszeichen aufwiesen. Eine Verwechslung mit der Amitose sollte nicht vorkommen, da bei der Fragmentierung eine ungleiche Teilung des Kernes in 2 bis 4 Fragmente erfolgt, deren Gesamtvolumen das eines gewöhnlichen Arbeitskernes nicht übersteigt. Nach W. H. Lewis (1947) beginnt die Fragmentierung oft an einem Ende oder an beiden Polen eines mehr oder weniger in die Länge gestreckten Kernes. A. Fischer (1930, S. 347) hat „solche lappigen Kerne mit vollständiger Abschnürung von kleinen Stückchen in Kulturen von verschiedenen mesenchymalen Zellen, Osteoblasten und Chondrioblasten, beobachtet, hauptsächlich, wenn sie lange Zeit hindurch unter Herabdrückung ihrer Proliferationsgeschwindigkeit gezüchtet worden waren" (Abb. 19). N. G. CHLOPIN fand 3 bis 4 Tage nach der letzten Umpflanzung in von menschlichen Embryonen stammenden Bindegewebekulturen außer Kernknospung und -fragmentierung auch die von A. BENNINGHOFF (1923) beschriebenen durchlöcherten, ringförmigen Kerne (Lochkerne); was das Verhalten der Nukleolen betrifft, so weicht seine Meinung von der der oben zitierten Forscher ab (1932, S. 40): „Wenn an der Kernoberfläche Knospungserscheinungen bemerkbar sind, sieht man oft ebenfalls die Kernkörperchen sich durchschnüren oder kleinere Teilchen von sich ablösen, welche in die Kernfragmente hinübertreten."

Es ist sicher unzulässig, in den geschilderten Fällen von Kernknospung und -fragmentierung von einer „amitotischen Durchschnürung der Kerne" zu sprechen. Die Beschreibung von z. B. J. A. WINNIKOW (1937, S. 66) — „Ein derartiger deformierter Kern wird später in zwei bis drei und mehrere Fragmente von verschiedener Form und Größe amitotisch durchgeschnürt" — entspricht eindeutig der der Kernfragmentierung, welch letztere er in während längerer Zeit nicht umgepflanzten Kulturen der Pars caeca retinae reichlich vorfand.

G. LEVI (1934, S. 313) hat mit Recht festgestellt, daß die Bildung zwei- und mehrkerniger Zellen durch Kernfragmentierung „immer als eine abnormale, von verschiedentlichen Ursachen abhängige Erscheinung betrachtet werden" muß. Wie manche andere Autoren, z. B. auch der Botaniker J. KISSER (1922), hat ebenfalls V. PATZELT (1945) darauf hingewiesen, daß schädigende Einflüsse, die degenerative Erscheinungen zur Folge haben, oft zu einer Knospenbildung mit anschließender Abschnürung oder zu einer Fragmentierung des Kernes in mehrere ungleiche Stücke führen. Wir wollen dies durch einige Beispiele belegen.

E. BARTA (1926) sah in seinen unter Sauerstoffmangel gezüchteten Kulturen gelappte Kerne auftreten, und die von H. B. DAWSON (1928) im luftdicht abgeschlossenen Plasmatropfen beobachteten Durchschnürungen kernhaltiger Amphibienerythrocyten gehören bestimmt auch in das Kapitel „pathologische Fragmentierung" (wofür auch die schließlich dazukommende Hämolyse spricht); mit Amitosen haben sie nichts zu tun. In gleichem Sinne sind wohl auch die von I. FAZZARI (1926) in Milzgewebekulturen beobachteten direkten Teilungen von Lymphocyten zu deuten. In Bindegewebekulturen trat Kernknospung, -lappung und -fragmentierung unter der Wirkung von cancerogenen Kohlenwasserstoffen (G. MAUER 1938) und von Colchicin (O. BUCHER 1939; siehe Abb. 20) auf, um nur zwei Beispiele aus dem reichhaltigen Schrifttum herauszugreifen. Aber auch durch Bestrahlung konnten jene Kernmodifikationen hervorgerufen werden, wie jüngst wieder POMERAT, KENT und LOGIE (1957) sowie E. WENDT (1959) gezeigt haben.

Ob solche stark geschädigte Zellen noch lange am Leben bleiben können, ist fraglich, wie auch G. MAUER (l. c.) betonte. Auch postmortal können noch Kernein- und -durchschnürungen entstehen (F. TH. MÜNZER 1925), wie wir auf Seite 24 erwähnt haben.

A. BENNINGHOFF hatte seinerzeit (1923) schon darauf hingewiesen, daß bei Zustandsänderungen der Zellen „physikalische Eigenschaften in bezug auf Quellung, Viskosität und Oberflächenspannung" eine Rolle spielen können. L. MONNÉ (1938) untersuchte dann lebende Speicheldrüsenzellen von *Helix lutescens* und *pomatia* sowie von *Tachea austriaca* in der Hämolymphe des betreffenden Tieres: Wenn er diese Zellen aber in eine stark hypotonische Lösung oder in destilliertes Wasser brachte, so deformierten sich die Kerne und fragmentierten sich in zwei oder mehrere Teile; diese experimentelle Fragmentierung soll durch die Herabsetzung der Oberflächenspannung zwischen Kern und Cytoplasma zustande kommen. Wir haben versucht, ein analoges Resultat bei Versuchen mit Gewebekulturen zu erhalten, was uns aber nicht gelang.

Zusammenfassend möchten wir aus den Erörterungen dieses Kapitels folgende Schlüsse ziehen:

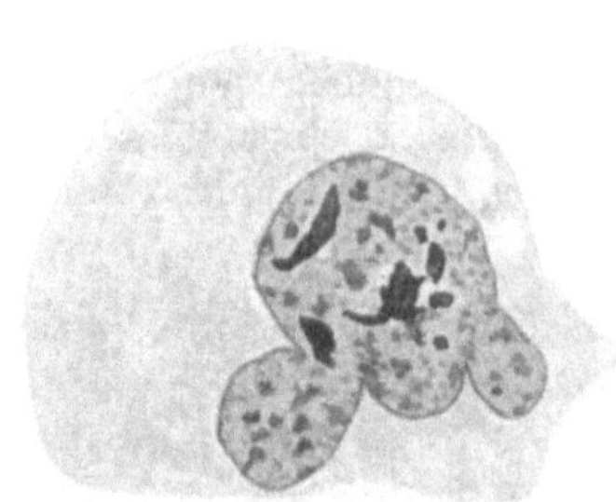
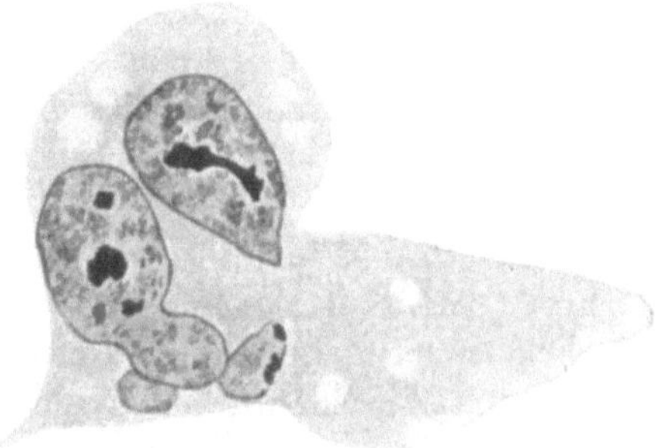

Abb. 20. Kernknospung und -fragmentierung in Bindegewebezellen (Deckglaskulturen von Kaninchen-Subcutangewebe, fixiert nach neunstündiger Einwirkung von Colchicin 1 : 20 Millionen). Zeichnungen. (Aus BUCHER, 1939.)

1. Zwischen den verschiedenen Zustandsformen des Kernpolymorphismus wie Kernknospung, -lappung, -fragmentierung usw. bestehen fließende Übergänge (A. MAXIMOW 1908; A. BENNINGHOFF 1922, 1923; M. CLARA 1931, 1936; O. BUCHER 1947; W. LIPP 1952 a; F. FEYRTER 1957).

2. Solchen Kernumformungen und der Amitose ist gemeinsam die Kernoberflächenvergrößerung; diese kann unter ungünstigen Lebensbedingungen und bei Störungen des Zellstoffwechsels sowie auch bei besonderer funktioneller Belastung notwendig werden (A. BENNINGHOFF 1922, 1923; W. VON MÖLLENDORFF 1940; M. CHÈVREMONT 1956; u. a.).

3. Während die Amitose normalerweise vorkommt, ist die Kernfragmentierung ein Vorgang, der unter pathologischen Bedingungen anzutreffen ist (C. C. MACKLIN 1916; J. KISSER 1922; W. H. LEWIS 1922, 1927; B. ROMEIS 1926; A. FISCHER 1930; G. LEVI 1934; G. MAUER 1938; A. J. LINZBACH 1947; O. BUCHER 1956). Die Fragmentierung braucht jedoch nicht immer unmittelbar vom Zelltod gefolgt zu sein (A. BENNINGHOFF 1923).

4. Bei der Fragmentierung entstehen zwei bis mehrere Teilkerne von ungleicher Größe und oft auch von verschiedener Struktur (A. MAXIMOW 1908; R. A. LAMBERT 1913; C. C. MACKLIN 1916; W. H. LEWIS 1922, 1927; B. ROMEIS 1926; A. FISCHER 1930; M. CLARA 1931, 1936; A. M. CHLOPKOW 1931; N. G. CHLOPIN 1932; G. MAUER 1938; V. PATZELT 1945; O. BUCHER 1947; E. RIES und M. GERSCH 1953). Über das Resultat der amitotischen Kernteilung siehe Kapitel XI.

VIII. Meroamitose, Karyonomie, Endocytogenese

In verschiedenen Veröffentlichungen beschrieb J. A. THOMAS (1935, 1937, 1938) eine besondere Form der direkten Teilung, die er zunächst in Epithelgewebekulturen (Dottersack von z. B. viertägigen Hühnerembryonen) beobachtet hatte und die er unter dem Namen „M e r o a m i t o s e" von der gewöhnlichen Form der Amitose abgrenzen wollte.

Nach der Schilderung von THOMAS wachsen die genannten Kulturen vor allem durch direkte Zellteilung, d. h. durch Amitose oder — viel häufiger —

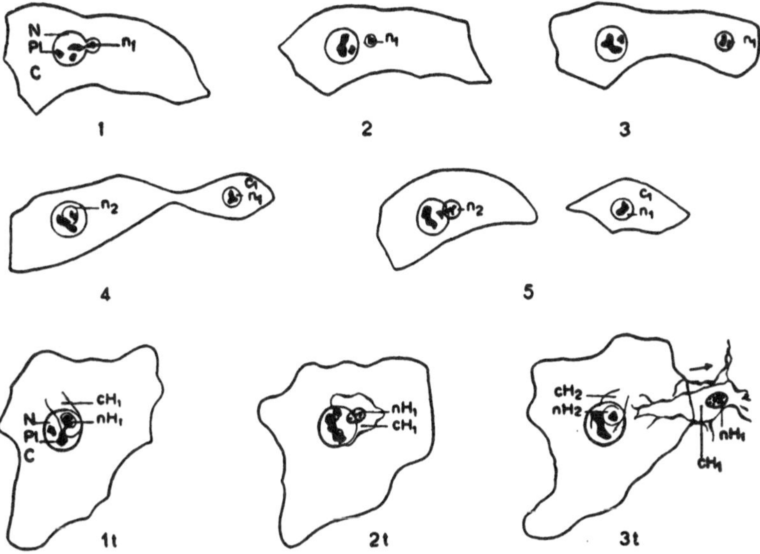

Abb. 21. Verschiedene Stadien der Meroamitose (Kultur von Dottersackepithelzellen, Hühnerembryo). *1* bis *5* = Vermehrungsmeroamitose; *1t* bis *3t* = Transformationsmeroamitose. *N* = Zellkern (*n* = Tochterkern), *C* = Cytoplasma (*c* = Cytoplasma der Tochterzelle), H_1 und H_2 = 1. bzw. 2. Histiocyt. Schematische Zeichnungen.

(Aus THOMAS, 1937.)

eben durch Meroamitose. Diese betrifft, wie der Name vermuten läßt, nur einen Teil des Kernes einer großen Mutterzelle (Abb. 21): Durch bruchsackartige Ausstülpung entsteht eine Art Knospe, die sich dann abschnürt („mérocaryodiérèse"), um einen kleinen chromatinarmen Tochterkern zu bilden; dieser bleibt im Cytoplasma, wo er wächst und sich verschieben kann. THOMAS wies darauf hin, daß dieser unter physiologischen Bedingungen vorkommende, normale Vorgang nicht mit der reaktionellen oder degenerativen Kernfragmentierung verwechselt werden dürfe. Wenn dann schließlich ein Teil des Cytoplasmas, der einen der rundlichen Tochterkerne enthält, von der Mutterzelle abgeschnürt wird („méroplasmodiérèse"), entsteht eine neue Dottersackepithelzelle. Diese zunächst kleine junge Tochterzelle wächst dann allmählich heran, um sich später ihrerseits zu teilen.

THOMAS sprach von einer V e r m e h r u n g s m e r o a m i t o s e („méroamitose multiplicatrice"), wenn die in beschriebener Weise aus äußerst inäqualen direkten Teilung hervorgegangenen Tochterzellen die spezifischen Eigenschaften der Mutterzelle beibehalten haben, von einer T r a n s f o rmationsmeroamitose („méroamitose transformatrice“), wenn die Tochterzellen nicht mehr die gleichen Eigenschaften haben wie die Mutterzellen. Dies ist z. B. der Fall, wenn aus den entodermalen Dottersackzellen Tochterzellen mit histiocytären Eigenschaften entstehen, welch letztere (Phagocytose, amöboide Beweglichkeit) nicht den Mutterzellen, sondern erst den neugebildeten Tochterzellen zukommen und diesen auch endgültig erhalten bleiben. Dieser Vermehrungs- und Umwandlungsprozess in Zellen mit neuen charakteristischen Eigenschaften schreitet dann, einmal ausgelöst, so lange fort, bis die Stammzellen aufgebraucht sind. Ebenfalls aus Fibrocyten (in embryonalen Hühnerherzkulturen) können, immer nach Thomas, unter bestimmten Bedingungen durch Transformationsmeroamitose Histiocyten entstehen, wobei sich die eben geschilderten inäqualen Teilungsvorgänge abspielen. Unterbrochen von einigen Ruheperioden würde dieser Bildungsprozeß in günstigen Fällen während mehrer Tage vor sich gehen, bis der Mutterfibrocyt vollständig aufgebraucht ist. Die neu entstandenen Zellen sollen sich später auch wieder mitotisch teilen können.

J. A. Thomas hat diese Vorgänge an lebenden Dottersackepithel- und Herzfibrocyten-Kulturen in vitro verfolgt, verschiedene Stadien gezeichnet und photographiert, teilweise anscheinend auch gefilmt. Wir haben jedoch in seinen Publikationen keine Photographien gefunden, welche die sogenannte Meroamitose in restlos überzeugender Weise illustriert hätten (eine persönliche Anfrage ist leider unbeantwortet geblieben). Andererseits berichtete bereits W. von Möllendorff (1928, S. 146) über Befunde, die allenfalls als „Transformationsamitose“ gedeutet werden könnten: „Die Umbildung des Fibrocyten in die Histiocytenform ist in der Regel von zahlreichen amitotischen Kernteilungen begleitet. Je nach den Umständen lösen sich kleinere oder größere Plasmamassen mit dem Kern aus dem Fibrocytenverband ab.“ Auch findet man in den Arbeiten von R. C. Parker (1932) und von F. Vaubel (1933) Zeichnungen, die man vielleicht als Meroamitosen interpretieren möchte. Vaubel (l. c., S. 76) beschrieb einen derartigen Vorgang wie folgt:

„A round bud-like swelling appeared in the region of a thin cell prolongation, and after a time separated itself from the mother cell as a small round element, containing a nucleus decidedly smaller than that of the original cell, as was best demonstrated in stained specimens. These small cells arose from amitotic divisions of the nucleus of the mother cells, which were then pinched off with a small amount of cytoplasm, while the original cell retained its form and often underwent a similar second division; but occasionally it became rounded and wandered through the medium.“

Ferner berichteten schon 1911 W. T. Howard und O. T. Schultz über ähnliche Beobachtungen (S. 66): „In such a cell and in multinucleated giant cells with all the cytoplasm in normal conditions, the cytoplasm about some of the nuclear buds may separate off from the mother cell and give rise to two or more cells — a very primitive type of cell division, somewhat analogous to the splitting off of separate cells from syncytia.“

Schließlich nahm W. Komocki (1938) für sich in Anspruch, schon lange vor Thomas einen solchen „Knospungsprozeß“ beschrieben zu haben bei der Entstehung der Bluttplättchen aus den Knochenmarkriesenzellen, und W. Lipp (1952 a, S. 299) glaubte, daß die von ihm beschriebenen Vorgänge (vgl. S. 38), die wir allerdings eher Knospungs- und Fragmentierungsprozesse als Amitosen nennen würden, mit der THOMASschen Meroamitose „identisch oder wenigstens wesensverwandt zu sein scheinen". Das Bedeutungsvolle an den Untersuchungen von THOMAS liegt nach A. PISCHINGER (1954a, S. 113) darin, daß er die von früheren Untersuchern aus Schnittpräparaten erschlossenen Vorgänge in lebenden Kulturen studiert hat.

Der Begriff „K a r y o n o m i e" — etymologisch abgeleitet von κάρυον = Kern und νομή = Verteilung — wurde 1951 von F. FEYRTER geprägt, jedoch erst in einer jüngst (1957) erschienenen Arbeit über das Stroma der menschlichen Corpus mucosa genauer erörtert.

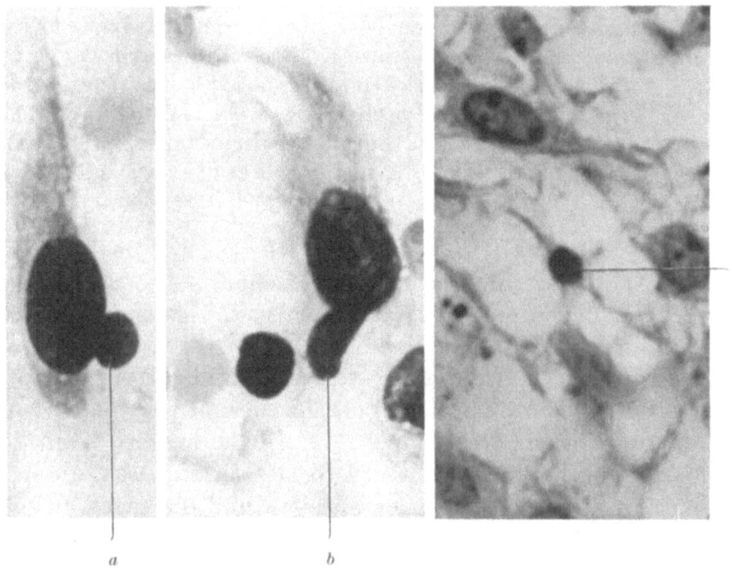

Abb. 22. Karyonomie im Stroma der menschlichen Uterusschleimhaut. *a* und *b* = Kernknospung in großen Reticulumzellen; *c* = Kernzwerg im Knotenpunkt des plasmatischen Netzwerkes. Photographien. Vergr. 1460fach. (Aus FEYRTER, 1957.)

In den Reticulumzellen der Uterusschleimhaut beobachtete FEYRTER, besonders bei Anwendung seiner Methode der „Einschlußfärbung nativer Gefrierschnitte", oft Fälle von Kernknospung. Diese soll, indem die Knospe an Größe zunimmt, wie auch A. MAXIMOW (1908) und M. CLARA (1931, 1936) vermutet haben, anscheinend in eine äquale Amitose übergehen können, führt jedoch nach F. FEYRTER (1957, S. 53 ff.) meistens zur Karyonomie, die er wie folgt beschrieb:

„Die Karyonomie beginnt an den Kernen der großen und kleinen Reticulumzellen in Form von Knospen und Spornen, ist aber gefolgt von Loslösung der Sporne und Knospen vom Mutterkern, solange sie noch klein sind. Solche abgelöste kleine Kerngebilde (Kernzwerge, Nebenkerne) können ... in Zellfortsätze verschoben erscheinen und schließlich an Knotenpunkte des zarten netzförmigen plasmatischen Syncytium zu liegen kommen, um hier mit ihrem sparsamen perinucleären Plasmafeld wie Zellzwerge anzumuten" (Abb. 22) ... „Ich habe den Vorgang als eine eigenartige Kernmassenverteilung über ein plasmatisches Syncytium empfunden und, wenig vorwegnehmend, als Karyonomie bezeichnet." Der Sinn dieses Vorganges ist vielleicht nicht immer der gleiche, könnte „unter anderem aber in einem Milieu mit mannigfacher wechselvoller Beanspruchung die gewollte Erzeugung unreifer pluripotenter Zellelemente sein, die in Abhängigkeit von der augenblicklichen Reizlage jeweils zu dieser, jeweils zu jener Aufgabe heranzureifen vermögen (vgl. PIRINGER, PISCHINGER)".

F. FEYRTER (l. c., S. 55/56) sagte selbst, daß die Karyonomie noch der Bestätigung bedarf. „Man begegnet nämlich den Bildern der Karyonomie wiederholt und gegebenenfalls recht reichlich in nativen Gefrierschnitten, selten hingegen in Häutchenpräparaten, in Paraffinschnitten zwar wiederholt, aber hier ist wie bekannt die Entscheidung, ob kleine Kerngebilde oder nur Anschnitte von Kernen vorliegen, auch in der Schnittreihe oftmals schwierig. Der Tatbestand der beschriebenen Karyonomie soll durch das Gesagte keineswegs an sich in Frage gestellt werden, denn wir verfügen über sichere solche Befunde; wohl aber ist zu klären, ob nicht das Bild einer Karyonomie infolge künstlicher Erzeugnisse im nativen Gefrierschnitt und im Paraffinschnitt häufiger auftritt, als es den natürlichen Verhältnissen entspricht."

A. PIRINGER-KUCHINKA (1951) fand eine Karyonomie im Knochenmark — besonders im pathologisch proliferierenden Mark — sozusagen auf Schritt und Tritt. „Die Bedeutung dieses Phänomens", so vermutete die eben genannte Autorin, „ist zweifellos mannigfaltig. So dürfte es dem Bedürfnis nach rascher Zellvermehrung und -vervielfältigung sicherlich besser entsprechen als dem komplizierten Vorgang der Mitose oder der massengleichen Amitose im engeren Sinne". ... „Vielleicht auch sind die kleinen Zellgebilde als undifferenzierte Reserveformen aufzufassen, die im Bedarfsfall zu funktionstüchtigen Zellen heranreifen und die sogar möglicherweise im gegebenen Fall, entsprechend einer transformatorischen Meroamitose, von ihren Mutterzellen verschieden sein können und dadurch die Anpassungsfähigkeit an unterschiedliche Anforderungen im Sinne einer adäquaten Reizbeantwortung unterstützen."

Wir haben uns gefragt, ob nicht gewisse Abbildungen in den VON MÖLLENDORFFschen Publikationen über das Bindegewebe Anklänge an die FEYRTERsche Karyonomie aufweisen (vgl. z. B. W. und M. VON MÖLLENDORFF 1926, S. 564, Abb. 28).

Während A. PIRINGER u. a. annahmen, daß die von THOMAS und von FEYRTER beschriebenen Vorgänge „wesensgleich oder zumindest wesensverwandt" seien, wollte F. FEYRTER die Meroamitose und die Karyonomie vorläufig nicht miteinander vermischen: „Neu ist in dem Begriff der Karyonomie die Verteilung amitotisch abgespornter kleiner Kernteile über ein netzförmiges plasmatisches Syncytium, und in dem Begriff der Meroamitose ist neu die an der lebenden Gewebskultur gewonnene Erkenntnis, daß die amitotische Absporнung kleiner Kerngebilde vom Kern der Mutterzelle mit nachfolgender Meroplasmodiärese zur Entwicklung lebensfähiger Tochterzellen zu führen vermag. In keiner Weise neu wäre die Beobachtung, daß sich in einer Zelle vom Kern ein Kernteil amitotisch absporнt, für sich allein" (l. c., S. 56). Es mag aufgefallen sein, daß FEYRTER das Wort „amitotisch" in einem viel weiteren Sinn gebraucht, indes wir uns bemüht haben, Abschnürung von Kernknospen (oder „Abspornung") und Kernamitose voneinander grundsätzlich zu unterscheiden.

Eine besondere Art der Zellvermehrung oder vielleicht besser der Zellverjüngung ist von R. COLLIN (1924 a und b) in der Hypophyse beobachtet und als Regenerationsamitose beschrieben worden; er hat dafür den Namen Endocytogenese vorgeschlagen („endocytogénèse" oder auch „cytogénèse endocellulaire" = „un mécanisme spécial d'amitose de régénération observable dans l'hypophyse humaine"). Er gab dafür folgende Definition (1924 b): „Ce phénomène consiste essentiellement dans la formation d'une cellule jeune (endocyte) au sein d'une cellule chromophile (exocyte) et dans la dégénérescence de ce qui reste de la cellule chromophile après la génèse de la cellule jeune."

Der Vorgang beginnt nach COLLIN durch eine „amitotische" Kernteilung

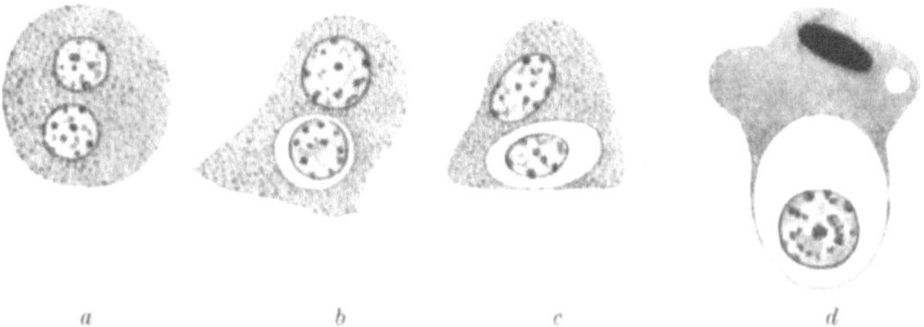

Abb. 23. Endocytogenese im Vorderlappen der menschlichen Hypophyse. Schematische Zeichnungen. (Aus ROMEIS, 1940 [nach COLLIN, 1924]).

durch Spaltung oder Durchschnürung, häufiger durch Knospung. So entsteht im typischen Fall eine zweikernige Zelle, deren Kerne nicht die gleiche Größe haben und von denen der eine allmählich zugrunde geht (Abb. 23); eine Cytoplasmateilung tritt nicht ein. Um den anderen Kern, welcher die Rolle eines Cytoblasten spielt, bildet sich ein schmaler, blasser Cytoplasmahof; dieser wird dann bald durch eine Membran von dem chromophilen, gekörnten Plasma der ihn umgebenden Mutterzelle (Exocyte) abgegrenzt. Die junge Zelle (Endocyte) vergrößert sich zunächst im Innern der Wirtszelle, verdrängt diese aber immer mehr, stülpt sich dann bruchsackartig vor und trennt sich schließlich von dem den zweiten Kern enthaltenden degenerierenden Cytoplasmarest. Auf diese Weise ist eine neue, chromophobe Zelle entstanden. Gelegentlich geht aber aus beiden Tochterkernen eine neue Zelle hervor, und in wieder anderen Fällen entstehen, nach vorausgegangener Hypertrophie von Kern und Zelleib, durch den Knospungsprozeß mehrere (3 bis 6) Kerne und dann auch mehrere Endocyten.

Es war zu erwarten, daß es an kritischen Einwänden gegen die COLLINsche Endocytogenese nicht fehlen würde (für Einzelheiten siehe B. ROMEIS, 1940, S. 145/66). B. ROMEIS (l. c.) selbst konnte jedoch die eben geschilderten Zellbilder in fast jeder menschlichen Hypophyse anscheinend ohne Schwierigkeit beobachten und damit den von R. COLLIN erstmals beschriebenen Vorgang bestätigen.

Auch P. FLORENTIN und D. PICARD (1936) sahen einen ähnlichen Teilungsprozeß, und zwar bei der Formung neuer LANGERHANSscher Inseln des Meerschweinchen-Pankreas (Abb. 24). Dabei könnte durch Endocytogenese aus einer exokrinen Drüsenzelle eine endokrine Zelle entstehen, wobei die Mutterzelle jedoch nicht zugrunde gehen würde.

Von diesem etwas überraschenden Verhalten, das an die Transformationsmeroamitose erinnert, gaben die beiden Forscher die folgende Beschreibung (l. c., S. 14/15): „... formation d'une cellule endocrine initiale au sein d'une cellule exocrine, par un mécanisme analogue à celui que R. COLLIN a décrit dans les cellules de la glande pituitaire sous le nom d'endocytogénèse. Après division amitotique du noyau, une auréole cytoplasmique claire se manifeste autour d'un des noyaux fils et une petite cellule de type langerhansien s'isole latéralement de la cellule exocrine qui l'a hébergée. A l'encontre de ce qui se produit dans l'hypophyse, la cellule mère ne dégénère pas et conserve ses caractères de cellule exocrine active.“

In analoger Weise schien sich I. TÖRÖ (1955, S. 1318) die Entstehung der Thymocyten aus den entodermalen Reticulumzellen des Thymus vorzustellen: „Il était observable dans les cultures vivantes que les thymocytes de génération récente se développent à l'intérieur des cellules réticulaires et qu'ils émigrent de ces dernières comme cellules libres résultant des processus de polymérisation qui s'opèrent à ce niveau.“

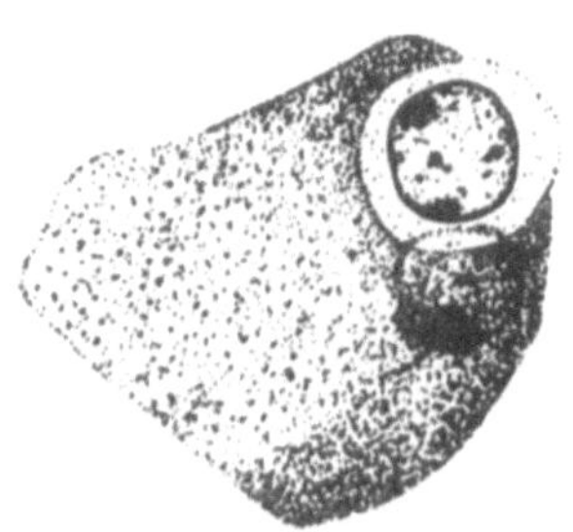

Abb. 24. Endocytogenese im Meerschweinchen-Pankreas (nach Insulin-Einspritzungen). Zeichnung. Vergr. 800fach.
(Aus FLORENTIN und PICARD, 1936.)

Die drei in diesem Kapitel beschriebenen Vorgänge — Meroamitose, Karyonomie und Endocytogenese — sind keine Amitosen (im engeren Sinne), stehen aber in naher Beziehung zum Amitoseproblem, weshalb sie hier besprochen werden mußten. Alle drei sind in der Weltliteratur bisher nur sehr selten zitiert, verdienen jedoch eine sorgfältige Nachprüfung, und es würde uns freuen, wenn unser Referat zu derartigen Untersuchungen anregen würde.

IX. Verlauf der Amitose

Schon H. E. ZIEGLER (1891) hatte darauf hingewiesen, „daß die Kerne, welche sich amitotisch teilen, stets durch besondere G r ö ß e ausgezeichnet sind“, was auch unseren Erfahrungen entspricht (O. BUCHER und R. GATTIKER 1954 a; O. BUCHER 1956) und von verschiedenen anderen Autoren, wie z. B. E. RIES und M. GERSCH (1953, S. 93) sowie D. SINAPIUS (1958, S. 586 ff.), bestätigt worden ist, worauf wir in einem späteren Kapitel (S. 77 und 113 ff.) noch zurückkommen werden.

Andererseits glaubte W. BURKL (1949, S. 597) „Amitosen nicht so selten bei Kernen zu sehen, die unter der Durchschnittsgröße liegen“, und W. und M. VON MÖLLENDORFF (1926, S. 596) fanden im Fibrocytennetz des lockeren Kaninchen-Bindegewebes „alle Übergänge von normalgroßen Kernen, Zerschnürungsformen aller Art zu der Ausbildung zweier nebeneinanderliegender kleiner Kerne“. Messungen sind von ihnen nicht durchgeführt worden, und zudem sind in der von ihnen als Beispiel zitierten Abbildung die eingeschnürten Kerne eindeutig größer als die runden. Ferner wäre erst zu beweisen, daß sich „normalgroße“ eingeschnürte Kerne auch wirklich teilen und nicht nur die Folge eines gewissen Kernpolymorphismus (siehe S. 42) sind, hat doch auch A. ATSUMI (1953) darauf hingewiesen, daß unter vier Gruppen von „amitotischen Kernveränderungen" nur in einer, in welcher die gemessenen Kerne denn auch signifikant größer waren, eine amitotische Kernteilung gesehen werden konnte. In ähnlicher Weise berichtete auch W. HOMANN (1955, S. 289), daß in den untersuchten Geschwülsten „alle Zellkerne, welche Zeichen amitotischer Teilungen aufweisen, ein wesentlich größeres Volumen besitzen". S. J. HOLMES (1914, S. 287) glaubte vor allem eine relative Zunahme von Kernmaterial festgestellt zu haben.

Eine weitere Frage ist die, ob Strukturveränderungen am Zellkern bei der Amitose vorkommen können und mit der gegebenen Definition vereinbar sind. Dazu schrieb F. WASSERMANN (1929, S. 569): „Schon bei der Festlegung des überlieferten Begriffs der Amitose wurde darauf hingewiesen, daß von FLEMMING keineswegs die unveränderte Erhaltung der Gerüststruktur bei der Kerndurchschnürung vorausgesetzt worden ist, sondern lediglich das Fehlen der Fadenmetamorphose des Kerns. Später hat man sich aber dabei beruhigt, daß die «Ruhe»-Struktur des Kerns erhalten bleibe und ihren etwaigen Veränderungen wurde nicht nachgeforscht." WASSERMANN wollte aber daran erinnern, „daß die Annahme, das Kerngerüst bleibe bei der Amitose unverändert, nicht über jeden Zweifel erhaben ist und daß es notwendig wäre, bei Amitosenstudien auf den Vergleich der Kerngerüste gerichtete Erhebungen mit den Mitteln unserer Technik anzustellen."

Diese Meinungsäußerung hat heute noch ihre Berechtigung, obwohl G. TISCHLER (1951, S. 353), GEITLER (1938) zitierend, forderte, „daß in allen unzweifelhaften Fällen wirklicher Amitose bewiesen werden müßte, ob gar keine Veränderungen eines sich teilenden Kernes gegenüber der Interphase vorhanden sind oder sich doch einige in bescheidenem Maße eingestellt haben". Auch nach M. HARTMANN (1953, S. 279) schnürt sich bei der Amitose der Kern durch, „ohne gegenüber dem Ruhezustand innere Veränderungen zu zeigen", und in diesem Sinne haben sich manche andere Forscher geäußert, so z. B. T. H. BAST (1921), L. POSKA-TEISS (1922), H. PETERSEN (1935), E. HINTZSCHE (1954), D. SINAPIUS (1958) u. a.; PH. STÖHR jr. (1951, S. 21) drückte sich sehr diplomatisch so aus, daß bei der Amitose weder am Kern noch am Plasma „auffallende Erscheinungen" wahrzunehmen seien, womit er auf alle Fälle Recht hat.

Einige wenige Autoren (E. GRYNFELTT 1931; A. DREYFUS 1932; W. BURKL 1949) haben Amitosen mit Veränderung der Chromatinstruktur beschrieben, doch möchten wir — insbesondere seit wir die schon oben erwähnten Befunde von J. W. WILSON und E. H. LEDUC (1950; siehe S. 29 und Abb. 9) kennen — nicht dafür garantieren, daß es sich in allen jenen Fällen wirklich um typische Amitosen gehandelt hat. Aus dem gleichen Grunde wagten wir auch nicht zu entscheiden, ob die TISCHLERsche Forderung voll und ganz gerechtfertigt oder vielleicht doch etwas zu puristisch ist. Diese Fragestellung sollte, wie schon F. WASSERMANN anregte, näher untersucht werden.

Am eingehendsten hat sich W. BURKL (l. c., S. 595) in seiner Amitosearbeit zu diesem Thema geäußert. Er fand wesentliche Verschiebungen in der Verteilung des Chromatins und unterschied nach dessen Verhalten zwei Typen: „Einmal, und zwar seltener, ist das Chromatin in der Gegend der Einschnürungsstelle konzentriert und an den Polen scheinen die Kerne frei davon zu sein. Im anderen Fall, und zwar bei der Mehrzahl, zeigt sich bei der Einschnürungsstelle eine helle, anfangs breite, den Kern bis zum Rand einnehmende Zone, die, wie spätere Stadien zeigen, mit dem Auseinanderrücken der beiden Kernsegmente schmäler und länger wird. ... Das Ganze macht den Eindruck, als würde die chromatische Substanz nach den Polen zu abwandern."

E. Grynfeltt (l. c.) diagnostizierte in der Keimschicht des geschichteten Plattenepithels von Meerschweinchen und Kaninchen Amitosen mit unregelmäßigen Chromatinschollen, die sich an den Nucleolus und vor allem an die Kernmembran angelegt hatten, womit die Kerne im ganzen eher hell erschienen. A. Dreyfus (l. c.) beschrieb in den Eifollikelzellen von *Gryllus assimilis* Amitosen mit vorausgehender Nukleolenteilung und besonderer Chromatinverdichtung („une condensation de la chromatine qui n'est pas observable dans les amitoses ordinaires"). Alle diese Befunde sind jedoch mit Vorbehalt aufzunehmen.

Eine ganze Reihe von Arbeiten befaßt sich unter anderem auch mit dem Verhalten der Nukleolen im Verlaufe der amitotischen Kernteilung, und die meisten Lehrbücher erwähnen selbst dann, wenn der Beschreibung der Amitose nur wenig Platz eingeräumt wird, daß der Kernteilung gewöhnlich eine Teilung des Kernkörperchens vorangehe (W. von Möllendorff 1940; V. Patzelt 1945; Ph. Stöhr jr. 1951; E. Ries und M. Gersch 1953; M. Hartmann 1953; G. Levi 1954; W. Bargmann 1956; O. Bucher 1956; M. Chèvremont 1956; J. Verne 1956).

In den ersten Jahrzehnten der Amitoseforschung hat die Nukleolenfrage allerdings nur wenig Beachtung gefunden. Nachdem schon W. von Wasielewski (1903) auf die Nukleolenteilung hingewiesen hatte, schrieb dann 1908 J. Th. Patterson, daß der Kernteilung meist eine Teilung der Nukleolen vorausgehe, aber anscheinend nicht immer, während A. Maximow „meistens keine richtige Teilung und Zerschnürung der letzteren beobachten" konnte. Auch M. Nowikoff (1908, 1910), der die Rolle der Kernkörperchen in der Amitose mit größter Skepsis betrachtete, kam zum Schluß, daß „eine Verdopplung des Nucleolus nicht als erstes Kennzeichen einer bevorstehenden Amitose betrachtet werden" dürfe (1910, S. 370) und daß die Vermehrung der Kernkörperchen in keinem Zusammenhang mit der direkten Kernteilung sei. Seine ablehnende Haltung wird jedoch durch die von ihm veröffentlichten Bilder (siehe unsere Abb. 25) keineswegs gestützt. Dies wurde auch von F. Wassermann festgestellt, der dafür folgende Beschreibung gab (l. c., S. 570): „Mit der Formveränderung des Kerns beginnt auch der Nucleolus hantelförmig zu werden, so daß seine Veränderung mit der des ganzen Kernes mindestens zusammenfällt. Er ist dabei so in die Kernmitte eingestellt, daß die Lage der Schnürfurche auch seiner zirkulären Einschnürung entspricht. Eine direkte Wirkung der Kerneinschnürung auf den Nucleolus wird man jedoch schwerlich annehmen dürfen, denn die Eindellung der Kernoberfläche ist zu dieser Zeit manchmal noch ganz seicht. Hier müssen schon andere mechanische Bedingungen vorliegen, die den Nucleolus in seine Stellung bringen und ihn darin festhalten und die endlich seine Formveränderung bewirken."

Eine andere Frage wäre die, ob, umgekehrt, das Verhalten des Nucleolus die Kerneinschnürung beeinflussen könnte. In diesem Sinne könnte allenfalls folgende Beobachtung von W. HOMANN an Carcinomzellen gedeutet werden (vgl. Abb. 26): „Häufig aber legt sich der Nucleolus vor seiner Zweiteilung einer Stelle der Kernperipherie an. Zu dem Zeitpunkt, da er sich zu teilen beginnt, fängt die Kernwand

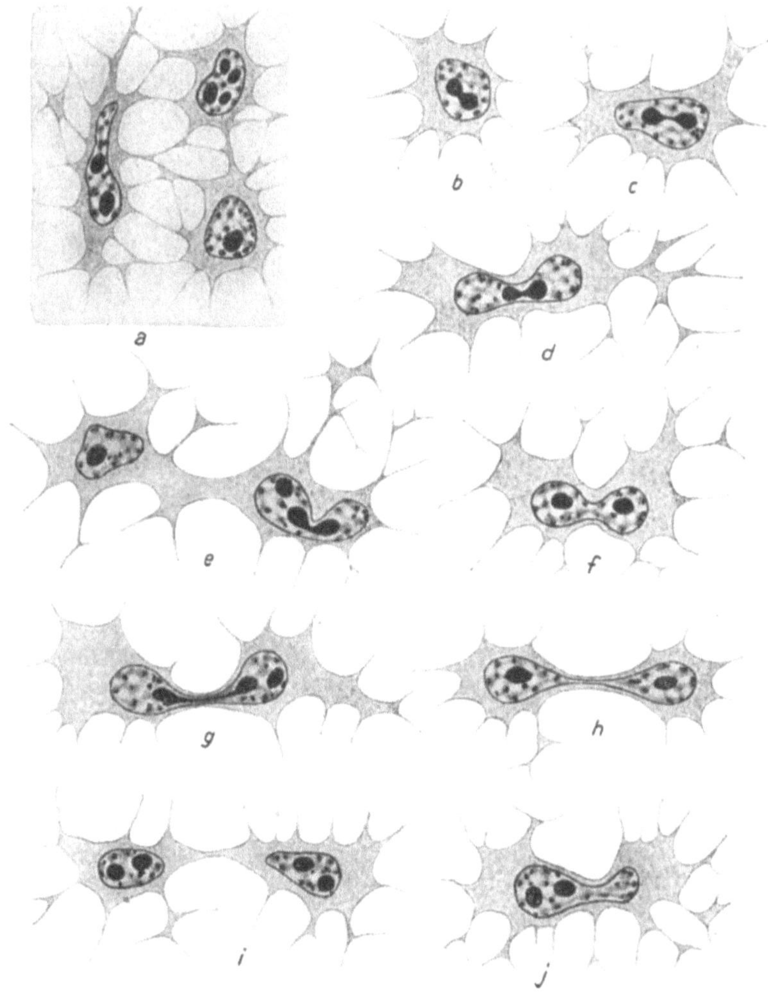

Abb. 25*a*—*j*. Amitosen aus Sehne einer neugeborenen Maus. Zeichnungen. Vergr. etwa 1200fach. (Aus NOWIKOFF, 1910.)

in seinem Bereich an, sich einzudellen. Mit fortschreitender Nucleolusteilung vertieft sich die Eindellung trichterförmig, bis sie die gegenüberliegende Kernwand erreicht und damit die Zweiteilung des Kernes vollendet. Mitunter bilden sich auch von dem sich teilenden oder geteilten Nucleolus, während er der Kernwand noch anliegt, derbe Chromatinbänder zum gegenüberliegenden Abschnitt der Kernmembran und formen so die Bahn, an der entlang die Zweiteilung des Kernes erfolgt" (1955, S. 284).

C. C. MACKLIN (1916 b) und W. NAKAHARA (1918) äußerten sich in dem Sinne, daß eine Nucleolenteilung zur Einleitung oder Durchführung der direkten Kernteilung nicht notwendig sei, bzw. daß eine Teilung und gleichmäßige Verteilung des Nucleolus auf die Tochterkerne sogar ein seltener Fall wäre. N. FLEROFF (1929) behauptete, wohl Amitosen von Knorpelzellen, dabei jedoch nie eine Kernkörperteilung gesehen zu haben. Aus etwa der gleichen Zeitspanne stammen jedoch auch Mitteilungen, welche der Nukleolenteilung eine wichtige Bedeutung bei der Amitose zuschreiben, so von E. UHLENHUTH (1917), A. V. RUMJANTZEW (1928) und O. KAPEL (1929), die alle drei mit Gewebekulturen gearbeitet hatten, sowie von A. NAVILLE (1922) und von L. POSKA-TEISS (1922) auf Grund von Untersuchungen an Anuren-Muskulatur bzw. am Mesothel des Katzenepikards.

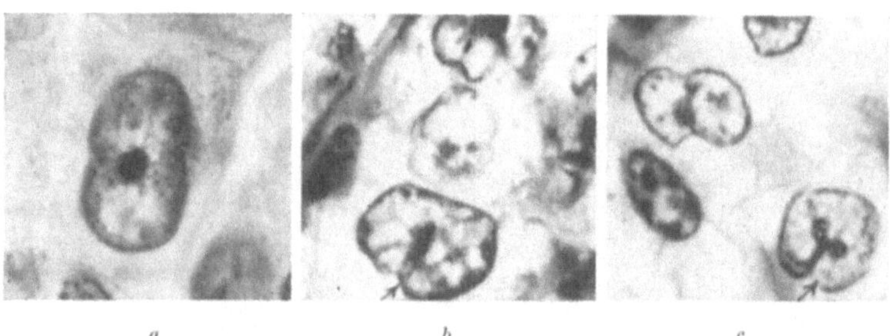

Abb. 26 *a*—*c*. Kernamitosen aus menschlichen Carcinomen. *a* = Beginn der Kerneinschnürung, *b* = trichterförmige Einstülpung der Kernwand, *c* = zweigeteilter Nucleolus und trichterförmige Einstülpung der Kernwand. Photographien.
(Aus HOMANN, 1955.)

Während es O. KAPEL (l. c., S. 117) gerechtfertigt erschien, „die Amitose als direkte Kernteilung mit vorheriger Teilung des Nucleolus zu bezeichnen", fand A. NAVILLE (l. c.) außer dem Typus der Amitose mit vorausgehender Nukleolenteilung allerdings auch Amitosen, bei welchen kein Kernkörperchen zu sehen war. Es ist aber daran zu erinnern, daß der Ausbildungsgrad des Nucleolus überhaupt, auch ohne Beziehung zur direkten Kernteilung, stark von der Aktivität des (Eiweiß-) Stoffwechsels abhängig ist und deshalb je nach Art und Funktionszustand der Zelle verschieden groß sein kann. Damit könnten vielleicht einige der Widersprüche im oben zitierten Schrifttum erklärt werden.

Auch in neueren Arbeiten, die sich mit der amitotischen Kernteilung befassen, ist sehr häufig eine damit in Zusammenhang stehende Nukleolenteilung erwähnt, wobei nun verschiedene Varianten in bezug auf deren zeitliches Auftreten bestehen. Einige Autoren, so z. B. E. GRYNFELTT (1931, 1932), F. KÖRNER (1935), Z. S. KATZNELSON (1936), I. FISCHER (1936), I. G. WEED (1937) und W. BURKL (1940), nahmen an, daß die Amitose durch eine Teilung des Kernkörperchens eingeleitet wird; andere, wie z. B. M. CLARA (1931, 1936) und E. RIES (1932), beobachteten, daß Kern- und Nukleolenteilung mehr oder weniger gleichzeitig vor sich geht; wieder andere (H. BREIDER 1938, 1939; W. HOMANN 1955) haben beides gesehen.

Nach der üblichen Beschreibung der Kernkörperchenteilung streckt sich der Nucleolus in die Länge, wird dann durch fortschreitende Einschnürung allmählich hantelförmig und schließlich in zwei Hälften geteilt (Abb. 25,

33 *a—c*, 48). L. Poska-Teiss (l. c., S. 7) hat jedoch noch eine ander Teilungsart festgestellt, „wobei das Kernkörperchen stäbchenförmig wird, sich aber nicht in der Mitte verengt, sondern seine Masse sammelt sich zu seinen Enden hin". Der mittlere Teil wird dadurch aufgehellt, wie auch von A. Naville angegeben worden ist. In lebenden Gewebekulturen (Abb. 27) konnten wir selbst nur die erstgenannte Teilungsart finden, d. h. „alle Abstufungen von runden über längliche, stundenglasförmige bis ganz getrennte Nukleolen wahrnehmen", wie seinerzeit O. Kapel (l. c., S. 116) schrieb.

Verschiedene Forscher erwähnten, daß das Nukleolenmaterial mehr oder weniger gleichmäßig auf die Tochterkerne aufgeteilt würde (M. Clara 1931,

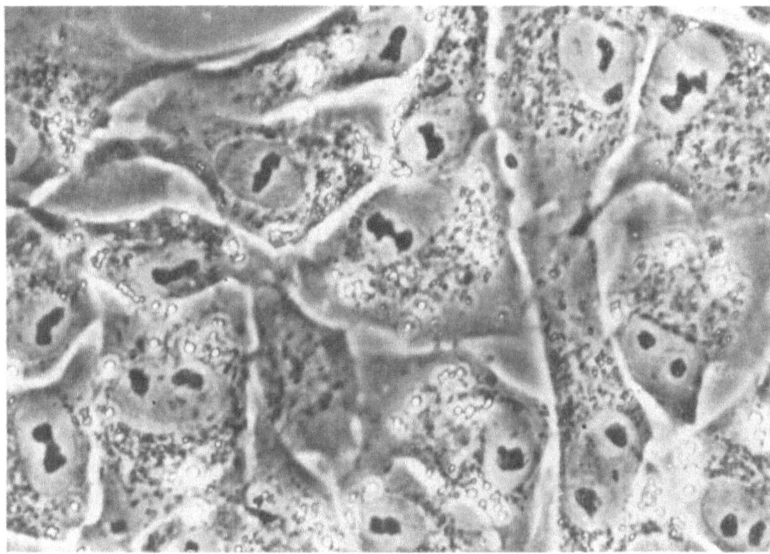

Abb. 27. Nucleolenteilung in lebenden Bindegewebezellen (Deckglaskultur, Herzexplantat aus elftägigem Hühnerembryo, 3½ Tage in vitro: 2 bei Körpertemperatur, dann 1½ bei Zimmertemperatur). Photographie im Phasenkontrastmikroskop. Vergr. 1000fach.
(Origina .)

S. 153, und 1936, S. 228; Ph. Stöhr jr. 1934, S. 529; P. Dittus 1941, S. 53; E. Ries und M. Gersch 1953, S. 95; N. van Phan und H. David 1958, S. 657), und wir selbst (O. Bucher 1947, S. 63) haben seinerzeit auf die in amitotischen Kernen oft auffällige Symmetrie der Nukleolarsubstanz hingewiesen (siehe auch Abb. 12, S. 32, ferner die Abb. 6 von E. Wendt 1959, S. 683).

Im Gegensatz zu unserer eben erwähnten Beobachtung an Bindegewebekulturen, von welcher wir vorsichtigerweise schon damals sagten, daß sie nicht verallgemeinert werden dürfe, steht die Angabe von E. Hintzsche (1954, S. 539), dem in „Kerneinschnürungen, wie man sie unter der Bezeichnung der amitotischen Kernteilung beschreibt, ... die beträchtlichen Differenzen in Lage, Größe und Form des oder der Kernkörperchen" aufgefallen sind (im Reizleitungssystem des Kalbes).

Auf das von A. Naville (l. c.) sowie auch von H. Breider (1939) angeführte verschiedene Verhalten von „basophiler und acidophiler Substanz" bei der Nukleolenteilung wollen wir hier nicht eintreten, da ihm nach unseren heutigen Kenntnissen der Ultrastruktur der Kernkörperchen wohl kaum eine grundsätzliche Bedeutung zukommt.

M. CLARA (1931, S. 153) hat seinerzeit expressis verbis hervorgehoben, daß in allen Fällen von amitotischen Einschnürungen „das Kernkörperchen im Verlaufe der Einschnürung ebenfalls gespalten wird, und dessen Teilstücke gleichmäßig auf die Tochterkerne verteilt werden. Die Teilung des Nucleolus ist daher ein konstanter Vorgang bei der typischen Kernamitose". Aus den bisherigen Ausführungen können wir jedoch entnehmen, daß diese Meinung nicht allgemein geteilt wird, und auch G. LEVI (1954, S. 211) erklärte, mit Bezugnahme auf CL. REGAUD (1900), „Il nucleolo nell'amitosi si divide in due metà, oppure rimane indiviso ed è trasmesso ad una sola delle unità nucleari". Ähnliche Angaben fanden sich ja auch bei M. NOWIKOFF (1910), die aber nach F. WASSERMANN nicht beweisend sind. Dieses Teilproblem sollte unbedingt noch weiter bearbeitet werden. Nach Untersuchungen an Gewebekulturen hatten wir selbst tatsächlich vielfach den Eindruck, daß zur amitotischen Kernteilung auch eine Nukleolenteilung gehört; diese kann eventuell schon vor Beobachtungsbeginn abgeschlossen sein, und wir sehen in diesem Fall dann nur die Aufteilung des vorhandenen Kernkörperchenmaterials auf die beiden Tochterkerne. Wenn sich diese Auffassung von der „Nukleolenteilung als konstanter Vorgang bei der Amitose" erhärten ließe, könnten wir die Definition der direkten Kernteilung in einem weiteren Punkt ergänzen.

Auf keinen Fall dürfen wir jedoch die Sachlage umkehren und auf Grund einer Nukleolenteilung eine Amitose diagnostizieren, denn eine Kernkörperchenteilung kann auch ohne gleichzeitige oder in absehbarer Zeit nachfolgende Kernteilung zustande kommen, wie in lebenden Gewebekulturen ohne weiteres festgestellt werden kann (siehe auch O. BUCHER 1958a, ferner Abb. 27). Wir können uns hier ganz den Ausführungen von F. WASSERMANN (1929, S. 570) anschließen, der schrieb: „Daß auf die Teilung des Nucleolus eine Kernteilung nicht folgen muß, ist nach den vielfältigen Erfahrungen über die Vermehrung der Nukleolen ohne jeden Zusammenhang mit Amitose wohl selbstverständlich, beweist aber nichts gegen die Möglichkeit, daß dieser Teilungsakt nicht doch in Verbindung mit der Kernzerschnürung eine besondere Bedeutung haben kann". WASSERMANN (l. c., S. 577) glaubte sogar annehmen zu dürfen, „daß Teilung des Kernkörperchens und Veränderungen seiner Struktur, die damit einhergehen, wahrscheinlich für Vorgänge im Kern während der Amitose sprechen, die wir noch nicht kennen". Leider hat uns die Amitoseforschung der vergangenen drei Jahrzehnte auch diesbezüglich keine weitere Aufklärung gebracht.

Wenn wir nun daran gehen, den formalen Ablauf der amitotischen Kernteilung selbst zu beschreiben, so werden wir uns einmal mehr bewußt, wie wenig wir immer noch vom eigentlichen Wesen dieses Vorgangs wissen und wie wenig gut er, z. B. im Vergleich mit der Mitose, charakterisiert ist. So war denn zu erwarten, daß in der Literatur verschiedene „Verlaufstypen" und „Modifikationen" der Amitose beschrieben sind, worüber im folgenden kurz referiert sei.

W. VON WASIELEWSKI (1903, S. 400—402) unterschied — wie vor ihm schon andere Autoren — zwei Modifikationen, denen er eigene Namen gab. Die erste „beginnt nach Teilung des Nucleolus mit einer Anhäufung der Kernsubstanz an zwei einander gegenüberliegenden Seiten des Kernes, gleichzeitig entfernen sich diese Partien voneinander, so daß der Kern zu einem allgemein als hantelförmig bezeichneten Gebilde sich umwandelt. Indem die Verbindungsbrücke immer schmäler wird, reißt sie endlich durch und die Tochterkerne sind isoliert." Er nannte diese Teilungsart (siehe Abb. 25, 28 *a*, 32, 33 *f* u. *g*), die er selbst nicht gesehen, sondern nur auf Grund älterer Veröffentlichungen geschildert hat, „D i a s p a s e" oder — vom Latein abgeleitet — „D i s t r a k t i o n" des Kernes. Die zweite Modifikation beginnt auch mit der Teilung des Nucleolus. „Der Kern, der inzwischen etwas gestreckte Form angenommen hat, schnürt sich ungefähr senkrecht zu seiner Längsachse, die zugleich etwa der Verbindungslinie der beiden Nukleolen entspricht, durch. Die entstehenden Teilstücke sind meist gleich groß." Diese Teilungsart, die von WASIELEWSKI in botanischen Zellen selbst beobachtet hat, bezeichnete er als „D i a t m e s e" oder „D i s s e k t i o n" des Kernes (siehe Abb. 26, 28 *c*, 29, 33 *e*).

Beide Verlaufstypen sind schon von H. P. JOHNSON (1892) beschrieben und auch abgebildet worden, jedoch ohne daß der Unterschied besonders hervorgehoben worden wäre. Dieses hatte jedoch, bereits ein Jahr früher, O. VOM RATH (1891, S. 356) getan: „Bei *Astacus* erfolgt nun die Kernzerschnürung keineswegs in der gewöhnlichen Weise, daß sich der Kern hantelförmig einschnürt und sich dann die beiden Tochterstücke voneinander trennen, vielmehr scheint es, daß ein scharfes Einschlagen der Kernmembran, einem Schnitt vergleichbar, an einer Seite beginnt und sich schnell bis auf die entgegengesetzte Seite erstreckt. Nach der Trennung bleiben die Teilstücke meist dicht nebeneinander mit parallelen Trennungsflächen liegen."

W. VON WASIELEWSKI glaubte, daß man vielleicht vier Stationen auf dem Wege von der einfachsten zur kompliziertesten Kernteilungsform festlegen könnte, nämlich Diatmese, Diaspase, Hemimitose (mit Chromosomenbildung und hantelförmiger Ausziehung des Kernes) und Mitose. Nach unseren früheren Ausführungen (s. Kapitel VI) müssen wir jedoch annehmen, daß es sich bei der „Hemimitose" — und wohl auch bei manchen Fällen von „Diaspase" — um Pseudoamitosen (Pyknomitosen) handelt.

J. TH. PATTERSON (1908) sah, im Blastoderm des Taubeneis, anscheinend ebenfalls zwei Typen von Amitosen. Der erste Typ, der im gleichen Jahr von W. S. MARSHALL (1908) auch in den MALPIGHIschen Kanälchen der Gespensterheuschrecke festgestellt wurde, entsprach dem Prinzip der Distraktion, wobei als Variante die Einschnürung nur von der einen Seite her erfolgen konnte. In anderen Fällen wurde quer durch den Kern eine Scheidewand gebildet, die sich dann bei der Teilung aufspaltete („a nuclear plate is laid down across the nucleus, and division consists in a splitting of this plate", l. c. S. 118). Schließlich wurden im gleichen Jahr die beiden Teilungsarten — durch Dissektion bzw. durch Distraktion — auch von A. MAXIMOW (in Mesenchymzellen von Kaninchenembryonen) und von M. NOWIKOFF beobachtet.

A. MAXIMOW (1908, S. 92) gab davon folgende Schilderung: „Der beschriebene Zerschnürungsprozeß kann in vielen Fällen äußerlich einen anderen Charakter erhalten, wenn der Kern sich in die Länge zieht und man statt einer tief einschneidenden schmalen Spalte einen langen, sich allmählich verjüngenden Abschnitt in der Mitte des Kernes bekommt." Auf die Frage der von Maximow angetönten dritten Teilungsmöglichkeit (amitotische Kernteilung eingeleitet durch Knospung?) werden wir unten noch zurückkommen.

M. Nowikoff (1908) erwähnte wohl, die beiden Teilungsarten im Knorpel gesehen zu haben, doch geht aus den von ihm selbst zitierten Abbildungen kein prinzipieller Unterschied hervor. Die Teilung durch Distraktion fände man gewöhnlich an der Oberfläche des Knorpels und im Perichondrium, die durch Dissektion im Innern des Knorpels. Nur der erste Teilungsmodus, den er (M. Nowikoff 1910) auch in Knochen und Sehne fand, könnte durch mechanische Dehnung erklärt werden.

T. H. Bast (1921) unterschied sogar drei Typen von Amitosen und dazu die Zellfragmentierung, welch letztere durch äußere mechanische Einflüsse bedingt wäre. Diese Einteilung (Abb. 28) brachte jedoch keine neuen Tatsachen: Beim ersten Typ, welcher der Teilung durch Distraktion entspricht, wurde der Kern hantelförmig ausgezogen; beim zweiten Typ erfolgte die Einschnürung, wie A. Maximow (1908, S. 91; 1925, S. 834) und J. Th. Paterson (1908, S. 118) ebenfalls beobachtet hatten, von der einen Seite her, wodurch der Kern nieren- und sogar hufeisenförmig wurde; beim dritten Typ erschien, wie schon Patterson (l. c.) und E. Uhlenhuth (1917; siehe auch Abb. 29 und 41) angegeben hatten, in der späteren Trennungsebene eine membranartige Struktur. Die ersten beiden Fälle hat Bast in Osteocyten von jungen Ratten und auch von Hund und Kaninchen gefunden, den dritten Fall in glatten Muskelzellen aus einem schwangeren menschlichen Uterus.

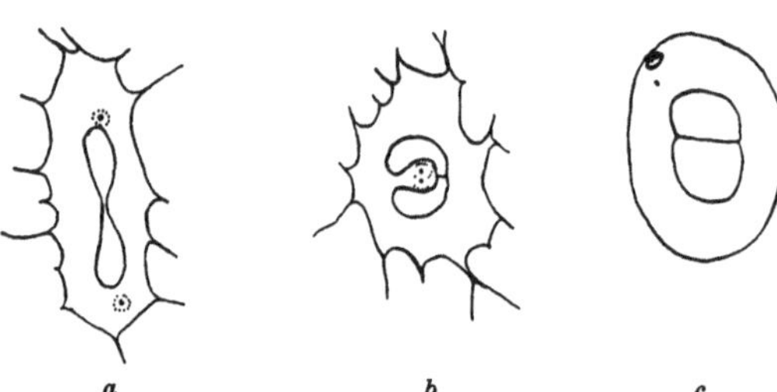

Abb. 28 *a—c*. Schematische Zeichnungen verschiedener Amitosetypen (siehe Text). (Aus Bast, 1921.)

Es mag hier gleich ergänzend beigefügt werden, daß Ph. Stöhr jr. (1934, S. 527/28) bei amitotisch eingeschnürten Kernen von glatten Muskelfasern eine spiralige Drehung der verengten Kernpartie angetroffen hat (siehe Abb. 51, S. 111).

Als F. Wassermann (1929) bei der oben geschilderten Sachlage seinen Handbuchbeitrag schrieb, unterschied er bereits sechs Ablaufstypen, die allerdings zum Teil nicht grundsätzlich verschieden waren, wobei ihm sogar entgangen war, daß B. Romeis (1926) in seiner Studie über die Epithelkörper der Amphibien noch einen weiteren Teilungsmodus der Amitose geschildert hatte (l. c. S. 563): Diese vollzieht sich „entweder in der bekannten Weise der quer zur Längsachse des Kernes erfolgenden Durchschnürung oder aber durch Längsspaltung des Kernes, wobei zwei längsgestreckte, parallel aneinanderliegende Tochterkerne entstehen, die sich völlig gleichen. Infolgedessen lassen sich die zusammengehörenden Kerne auch später noch, wenn sie schon etwas auseinandergerückt sind und durch eine mehr oder weniger deutliche Zellgrenze geschieden werden, an ihrer übereinstimmenden Lagerung, ihrer gleichen Größe und Struktur längere Zeit erkennen".

Die Befunde von Romeis sind bisher durch keine anderen Untersuchungen bestätigt worden. Wohl erwähnten auch F. Körner (1935, S. 459) und H. Nieth (1949, S. 627) im menschlichen Herzmuskel, M. Robledo (1956, S. 1229) im regenerierenden Rattenmyokard, ab und zu vorkommende „Bilder, die auf eine Längsspaltung des Kernes schließen lassen" (Körner, l. c.). Diese Deutung ist jedoch mit Vorsicht aufzunehmen, denn, wie letzterer selbst ehrlich zugab, solche „Bilder besitzen natürlich nur wenig Beweiskraft für eine Längsspaltung des Kernes, da es sich bei so seichten Dellen gut um eine vorübergehende Erscheinung ... handeln kann". Ferner sind auch mechanisch bedingte Einschnürungen in Betracht zu ziehen (W. P. Karpoff 1904; A. Benninghoff 1923; ferner A. J. Linzbach 1947, S. 583; E. Henschel

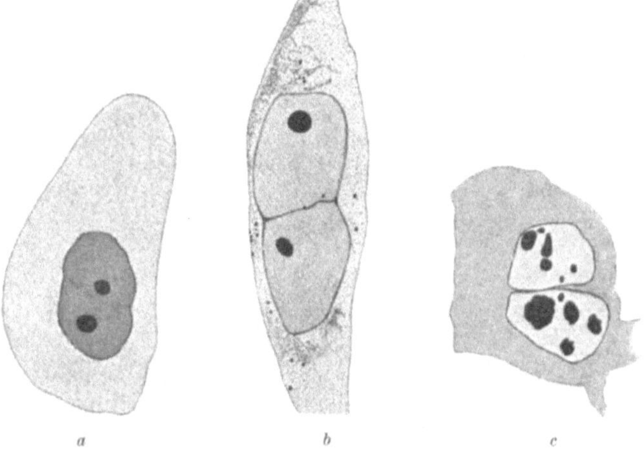

Abb. 29*a*—*c*. Kernamitosen in Epithelzellen (1 bis 3 Tage alte Frosch-Hautkulturen in vitro). Bildung einer Scheidewand.
(Aus Uhlenhuth, 1917.)

1951/52, S. 290; siehe auch Abb. 5, S. 24), besonders „da diese Kerne stets an einer Verzweigungsstelle der Herzmuskelfaser liegen" (Körner, l. c., S. 468). Das gleiche wäre auch über die Angaben von I. Törö (1937) zu sagen, der im Mäuseherzen neben amitotischen Quer- auch einige wenige Längsteilungen festgestellt zu haben glaubte.

Wie wir schon oben (S. 38 f.) ausgeführt haben, ist von einigen Forschern die Ansicht vertreten worden (vgl. A. Maximow 1908, S. 92; M. Clara 1931, S. 156, und 1936, S. 227; H. E. MacMahon 1933, S. 436; F. Feyrter 1957, S. 53), daß die amitotische Kernteilung mit einer Kernknospung beginnen könnte. Indem dann die Knospe auf Kosten des Mutterkernes zunähme, würde ein in der Mitte eingedellter Kern entstehen, der sich schließlich durchschnürte. Die bisher an fixierten Präparaten vorliegenden Beobachtungen gestatten unseres Erachtens jedoch nicht, den Schluß zu ziehen: „Dergestalt betrachtet stellt die Kernknospung nur die Einleitung einer äqualen amitotischen Kernteilung dar", die sich aber auch ohne den Umweg über die Knospenbildung vollziehen kann (F. Feyrter, l. c.).

Bevor wir noch weitere Autoren zitieren, wollen wir versuchen, die bisher erwähnten Verlaufstypen der Amitose kritisch zu ordnen. Dabei möchten wir die beiden letzten Fälle (Längsspaltung und Knospung) gleich weglassen, da bisher nicht hinreichend bewiesen ist, daß es sich bei diesen Vorgängen wirklich um Amitosen (im engeren Sinne) handelt. Außerdem sollen die Teilung durch Einschnürung (Dissektion) und die durch Bildung einer

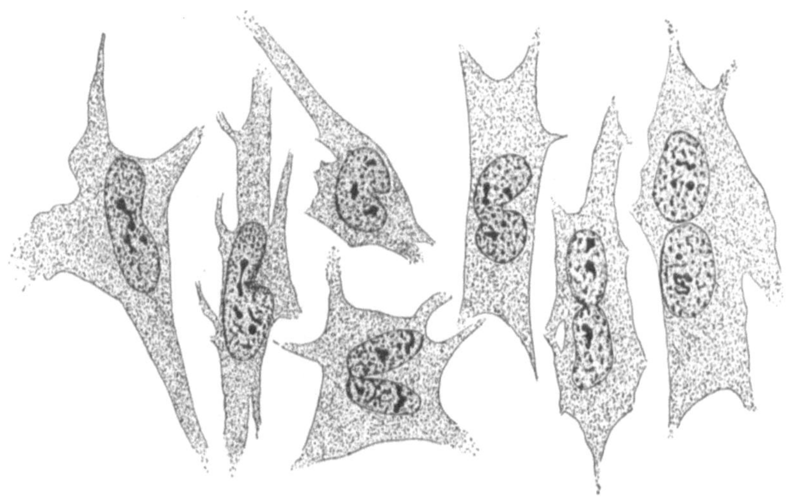

Abb. 30. Amitotische Kernteilungsbilder aus fixierten Bindegewebekulturen (Deckglaskulturen von Kaninchen-Subcutangewebe). Zeichnungen. Vergr. 1000fach.
(Aus BUCHER, 1956.)

Scheidewand zusammengefaßt werden, denn aus keiner der uns vorliegenden Arbeiten (J. TH. PATTERSON, E. UHLENHUTH, T. H. BAST, WERMEL und IGNATJEWA, F. KÖRNER, Z. S. KATZNELSON), die eine solche Trennungswand

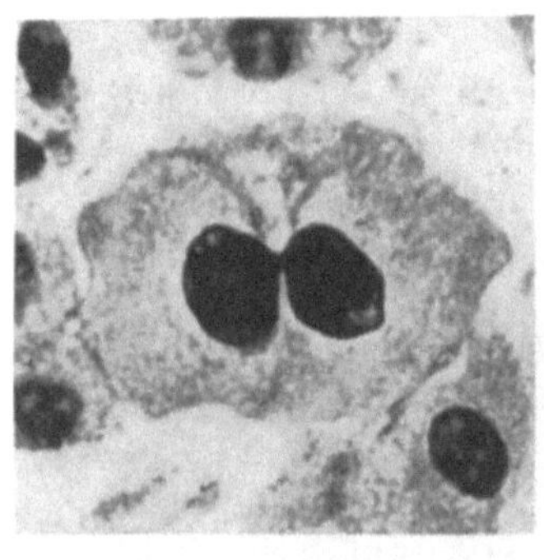

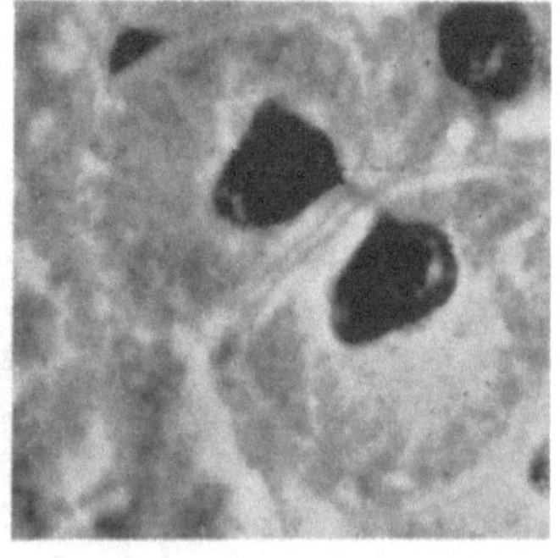

a b

Abb. 31 *a* und *b*. „Amitotische" Zellteilungen von Leberzellen (Mensch bzw. Maus), vorgetäuscht durch Pseudoamitosen. Photographien. Vergr. etwa 800fach. — *a* = nach MACMAHON (1933): „amitotische Kernteilung mit gleichzeitiger Teilung des Cytoplasmas"; *b* = nach WILSON und LEDUC (1950): Pseudoamitose in später Telophase.

erwähnen, geht mit Sicherheit hervor, daß diese nicht durch Einschnürung oder Einstülpung der Kernmembran entstanden sein könnte. Der Eindruck einer Scheidewand ergibt sich leicht dann, wenn die beiden Tochterkerne eng aneinander liegen, wie das z. B. in der Skelettmuskulatur (Z. S. KATZNELSON 1936, S. 435, Abb. 5) und in der Gewebekultur häufig zu beobachten ist (C. C. MACKLIN 1916; W. H. LEWIS 1927, 1947; WERMEL und IGNATJEWA 1933; O. BUCHER 1958 a).

Die Einschnürung kann am ganzen Kernumfang gleichmäßig erfolgen oder oft auch nur asymmetrisch vor sich gehen (Abb. 30), „indem von der einen Seite her eine anfangs seichte, dann sich mehr und mehr vertiefende Einschnürung erfolgt und die Falte schließlich die gegenüberliegende Kernwand erreicht" (F. WASSERMANN 1929, S. 566; ferner z. B. A. MAXIMOW; J. TH. PATTERSON; C. C. MACKLIN; T. H. BAST; M. CLARA 1931, 1936; P. DITTUS 1941; W. H. LEWIS 1947; O. BUCHER 1947, 1958 a). Beide sind unseres Erachtens nur Varianten des grundsätzlich gleichen Vorganges.

So bleiben nun noch die amitotische Kernteilung durch Dissektion und die durch Distraktion zu diskutieren. Dazu äußerte schon M. NOVIKOFF (1908, S. 232): „Man findet aber außerdem so zahlreiche Übergangsstufen zwischen beiden Formen, daß ich es kaum für berechtigt halte, sie als zwei verschiedenartige Prozesse zu unterscheiden", und C. C. MACKLIN (1916 b, S. 85) schrieb über seine mit lebendem Gewebe gemachten Erfahrungen: „The only type of nuclear fission which I have observed in tissue cultures is that which occurs, apparently, by constriction." A. BENNINGHOFF (1922, S. 46) hat im Bindegewebe häufiger die „Dissektion" als die „Distraktion" gesehen, W. PFUHL (1938, S. 109) nie sanduhr- oder hantelförmige amitotische Kerne festgestellt; die lang ausgezogenen Kerneinschnürungen wären in der Regel verkannte Pyknomitosen (siehe auch Abb. 13—16) oder einfache polymorphe Oberflächenvergrößerung des Kernes. Wir sind überzeugt, daß diese Interpretation von PFUHL für manche Fälle zutreffend ist. Das wird uns schon ohne weiteres klar, wenn wir z. B. eine von H. E. MACMAHON (1933, S. 437) beschriebene „amitotische" Zellteilung mit einer Pseudoamitose vergleichen, wie sie J. W. WILSON und E. H. LEDUC (1950) in der Leber von mit Tetrachlorkohlenstoff behandelten Mäusen gezeigt haben (vgl. unsere Abb. 31 a und *b*).

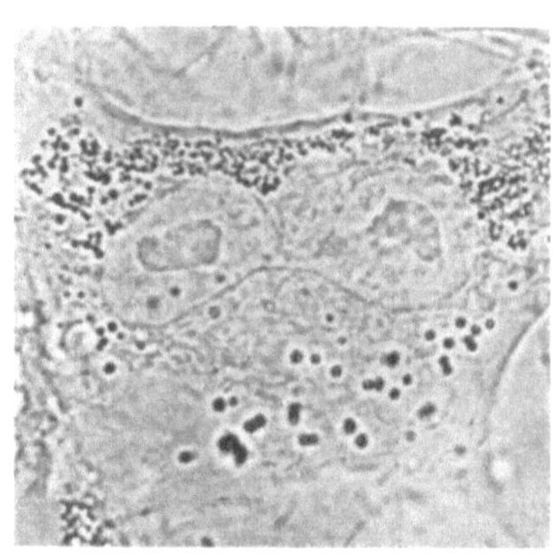

Abb. 32. Amitotisch eingeschnürter Kern in lebender Bindegewebezelle (Ratten-Fibroblastenkultur, 55 Tage in „roller-tube", dann 2 Tage Deckglaskultur). Photographie. Vergr. 1100fach. (Aus W. H. LEWIS, 1947.)

Andererseits ist die amitotische Kernteilung durch „Distraktion" eben doch gesehen und auch photographiert worden (Abb. 32), und zwar auch in der lebenden Gewebekultur (W. H. LEWIS 1947; G. O. GEY, F. B. BANG und M. K. GEY[2] 1954). LEWIS hat in Fibroblastenkulturen beide Modifikationen beobachtet und dafür folgende Beschreibung gegeben (l. c., S. 438): „The two parts are sometimes widely separated except for a connecting strand. ... Sometimes the two parts are closely pressed together and more

[2] Ihre Abb. 19—22 sind aus technischen Gründen leider nicht reproduzierbar und müssen in der Originalpublikation eingesehen werden.

or less flattened against each other and it may be impossible to determine if division is complete."

Über die Hypothese LEWIS' vom Mechanismus der Amitose und der Entstehung der einen oder anderen Verlaufsform werden wir im folgenden Kapitel (S. 71) noch berichten.

Eine andere Frage ist die, ob wir auf dem Vorkommen von zwei verschiedenen Ablaufstypen der Amitose besonders insistieren und sogar in den Histologielehrbüchern darauf eintreten wollen, wie das 1956 z. B. J. VERNE und M. CHÈVREMONT getan haben („division par étranglement" und „division par clivage", entsprechend der „Distraktion" bzw. der „Dissektion"). Wir glauben nicht, daß das notwendig ist, da zwischen beiden nur graduelle

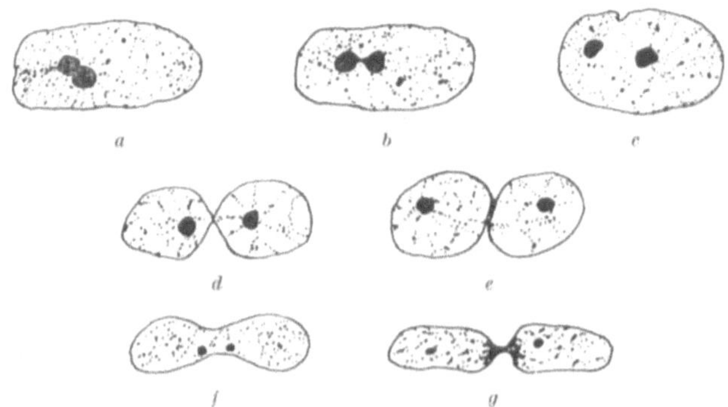

Abb. 33 *a*—*g*. Amitotische Teilungsbilder von Herzmuskelkernen des Menschen (*a*—*e*) und des Meerschweinchens (*f* und *g*). *a*—*c* = Teilung des Nucleolus, *d* und *e* = Teilung durch „Dissektion", *f* und *g* = Teilung durch „Distraktion".
(Aus KÖRNER, 1935.)

Unterschiede bestehen und alle möglichen Übergangsstufen bestehen. Dies geht auch aus den Untersuchungen von F. KÖRNER (l. c.) an Herzmuskelkernen von Mensch, Kaninchen und Meerschweinchen hervor (Abb. 33).

Wir sind geneigt anzunehmen, daß die amitotische Kernteilung in den meisten Fällen immer noch so verlaufen wird, wie sie schon vor mehr als 40 Jahren von C. C. MACKLIN auf Grund seiner Beobachtungen an lebenden Zellen beschrieben worden ist und wie durch sinnvolles Aneinanderreihen von fixierten Zustandsbildern mit der nötigen Vorsicht rekonstruiert werden kann (siehe dazu auch Kapitel V): Gewöhnlich streckt sich der Kern zunächst in die Länge; dann schneidet, meistens senkrecht zur Längsachse, eine Furche ein, bald nur von der einen Seite her, bald ringsherum gleichzeitig und gleichmäßig. Die einschneidende Furche kann außerordentlich eng sein, und die zukünftigen Tochterkerne sind dann dicht aneinander gedrängt (womit der Eindruck der „Dissektion", der „division par clivage" entsteht); in anderen Fällen kann die Furche weiter, keilförmig sein, und damit wird der Kern vorübergehend nierenförmig oder sogar sanduhrförmig (was dann mehr oder weniger der „Distraktion", der „division par étranglement" oder „par étirement" entspricht); die „hantelförmige" Ausziehung des Kernes ist ein Ausnahmefall (Abb. 25 *h*, 34 *b*). Mit dem Fortschreiten der Einschnürung wird die karyoplasmatische Verbindungsbrücke immer schmäler, und schließlich erfolgt die Trennung der zwei Tochterkerne. Manchmal, besonders im Falle der „Dissektion", ist recht schwierig festzustellen, ob die Durchschnürung schon vollständig ist oder nicht.

Das Verhalten der Nekleolen haben wir schon oben (S. 54 ff.) besprochen, auf das der Zentriolen und Mitochondrien werden wir unten gleich eingehen. Die Frage, ob die amitotische Kernteilung auch von einer Cytoplasmateilung gefolgt sei, werden wir uns später stellen (S. 81 ff.). Im übrigen ist es vielleicht nicht überflüssig, einmal mehr darauf hinzuweisen, daß nicht jede beliebige Kerneinschnürung als Amitosestadium zu werten ist (siehe Kapitel V und VII).

Gleichzeitigen „amitotischen" Teilungen in mehrere Tochterkerne, wie sie z. B. auch in den Histologiebüchern von H. Petersen (1935) und G. Levi (1954) erwähnt sind, stehen wir skeptisch gegenüber, doch könnte allenfalls die quergestreifte Muskulatur eine Sonderstellung einnehmen. H. Breider (1938, 1939) hat in Fisch-Melanophoren Mehrfachteilungen, bei welchen meist ungleiche Kernteile entstanden, festgestellt und angenommen, daß es sich wahrscheinlich um Degenerationserscheinungen handelt. Analoge Beobachtungen wurden in Gewebekulturen (siehe z. B. W. H. Lewis 1922, S. 45; N. G. Chlopin 1934, S. 107), dann aber auch an Carcinomzellen gemacht (S. Kawanago 1940, S. 42; W. Homann 1955, S. 285); das Resultat solcher „amitotischer Durchschnürungsvorgänge zu gleicher oder doch annähernd gleicher Zeit" waren jedoch oft „sehr bizzare Kernformen" (Homann). Neuerdings beschrieb D. Sinapius (1958, S. 584) stufenweise ablaufende direkte Teilungsvorgänge an endothelialen Riesenkernen: „Bevor die Abschnürung vollendet ist, sind die markierten Tochterkerne aber bereits wieder nierenförmig eingebogen, befinden sich also im Vorstadium einer neuen Teilung." Auch in diesem Fall wären „symmetrische Durchschnürungen in Teile annähernd gleicher Form und Größe" eine Ausnahme (l. c., S. 587).

Der Vollständigkeit halber erwähnen wir noch, daß E. Grynfeltt (1931, 1932) drei Phasen — Protophase, Mesophase und Telicophase — im Ablauf der amitotischen Kernteilung unterschieden hat. In der Protophase verlängert sich der Nucleolus (der Hauptnucleolus, wenn mehrere Kernkörperchen vorhanden sind), und er erfährt eine äquatorielle Einschnürung. Ferner sollen gewisse Änderungen der Chromatinstruktur (Chromatinverschiebung gegen die Kernmembran) zu beobachten sein. In der Mesophase erfolgt die Kerndurchschnürung durch Invagination der Kernmembran; in der Telicophase liegen die zwei Tochterkerne zunächst noch eng beieinander, und dann soll mit dem Auseinanderrücken der Kerne mitunter auch im Cytoplasma eine Trennungswand erscheinen. Zweikernige Zellen wären nach Grynfeltt nichts anderes als in der Telicophase steckengebliebene Amitosen, was allerdings häufiger der Fall ist als die Vollendung der Zellteilung.

Obschon die Frage nach einer eventuellen Beteiligung der Zentriolen am amitotischen Teilungsvorgang bereits 1891 von W. Flemming aufgeworfen worden ist, haben sich bis heute nur wenige Forscher mit diesem Problem befaßt. Insbesondere in der seit dem Erscheinen des Wassermannschen Handbuchartikels (der die ältere Literatur auf S. 572—575 ausführlich referiert) vergangenen Zeit sind unseres Wissens keine Neuentdeckungen gemacht worden über die Beteiligung des Cytocentrums an der Amitose, die „jedenfalls für viele Fälle wahrscheinlich gemacht worden ist" (l. c., S. 578). So ist auch heute noch in dieser Frage, wie in manchen anderen auf dem Gebiet der Amitose, kein abschließendes Urteil möglich.

Schon W. Flemming (1891, 1892) hat sich gefragt, ob sich das Zentrosom bei der amitotischen Kernteilung auch teilen würde, und ist zu einer negativen Antwort gekommen. Ob das Zentrosom, obschon es sich nicht teilt, doch irgendeinen Einfluß auf die direkte Kernteilung haben könnte, mußte er unbeantwortet lassen. Damit haben wir die Problemstellung, die auch heute noch einer eingehenden Bearbeitung harrt.

Ferner hat Flemming auch auf die Lagebeziehung zwischen dem Zentrosom und dem Ort der Kerneinschnürung hingewiesen; dieses liegt „eben nicht einer beliebigen Stelle der Kernmasse benachbart, sondern gerade an den Abschnürungsbrücken" (1891, S. 285). Einzelheiten über das diesbezügliche Schrifttum aus dem letzten Jahrhundert müssen in seinem Übersichtsreferat aus dem Jahre 1892 (S. 73—75) nachgelesen werden.

F. Wassermann konnte sich auf eine Reihe von Beobachtungen stützen, als er darauf hinwies, daß das, was eine Berücksichtigung des Cytozentrums bei der Amitose nahelegt, seine in vielen Fällen wiederkehrende typische Lage zum Kern während seiner Einschnürung ist. In der Tat hat neben Flemming und verschiedenen anderen älteren Autoren auch A. Maximow (1908, S. 91/92) festgestellt, daß das Zentriolenpaar immer neben der Kernmembran liege und zwar, entsprechend der den Kern zerteilenden Furche, in der Teilungsebene. „Wenn die Furche einseitig ist, so liegen die Zentriolen meistens auch an dieser Seite und rücken dann bei der Vertiefung der Membranfalte tief in dieselbe hinein" (Abb. 34); als Ausnahme von dieser Regel könnten die Zentriolen aber auch an der der Furche entgegengesetzten Seite sich befinden. C. C. Macklin (1916 a, S. 455; 1916 b, S. 86/87; siehe auch unsere Abb. 1, S. 16) wollte sogar in lebenden Zellen in vitro eine charakteristische Lagebeziehung nicht nur des Zentrosoms zur Einschnürung erkannt haben („is found commonly in the invagination of the nucleus"), sondern auch der Mitochondrien („since they are typically found between the nuclear parts when these are separated to any extent, and a strand of mitochondria may even be seen lying across the constricted isthmus of the nucleus, when this has not become completely divided"). Die Lagerung dieser beiden Zellorganellen sollte nach Macklin ohne Zweifel eine Bedeutung haben für die Kernteilung. Andere Forscher jedoch, wie z. B. M. Nowikoff (1910, S. 372), W. Nakahara (1918, S. 494) und N. Fleroff (1929, S. 270), glaubten nicht, daß die Zentriolen im amitotischen Teilungsprozeß eine wichtige, aktive Rolle spielen würden.

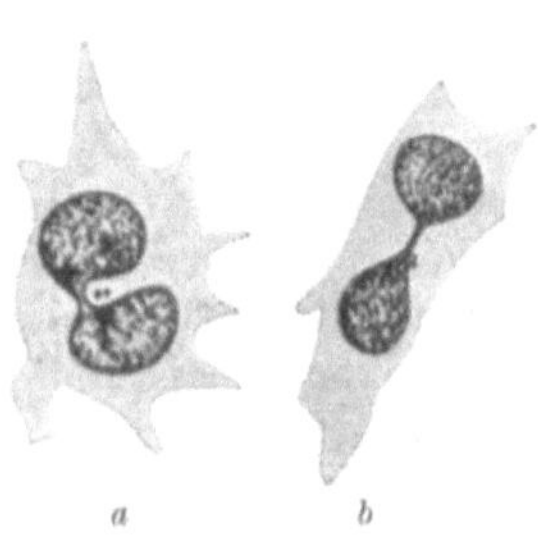

Abb. 34 *a* und *b*. Amitotische Kernteilungsbilder in Mesenchymzellen eines Kaninchenembryos. Verhalten der Zentriolen (siehe Text). Zeichnungen. (Aus Maximow, 1908.)

Auf Grund des verschiedenen Verhaltens der Zentriolen hat T. H. Bast (1921), wie schon oben kurz erwähnt (S. 60; siehe auch Abb. 28), drei Verlaufstypen der Amitose zu unterscheiden versucht. Bei seinem ersten Typ befinden sich die Zentriolen an den beiden Polen des hantelförmig ausgezogenen Kernes, beim zweiten in der Mitte an der konkaven Seite eines hufeisenförmigen Kernes. Die Zentriolen würden eine aktive Rolle spielen bei der Entstehung der verschiedenen Amitosetypen („... they are determined by the activity and position of the centrosomes", l. c., S. 336). Im dritten Typ, wo die beiden Kernhälften eng aneinandergelagert bleiben und die Trennung durch eine membranartige Struktur erfolgt, wären die Zentriolen am Teilungsvorgang jedoch gar nicht beteiligt; sie könnten vorhanden sein oder auch nicht.

Der zweite Typ von BAST (Abb. 28 *b*) entspricht der auch von MAXIMOW gegebenen Beschreibung (Abb. 34 *a*). Das gleiche wäre, was den Kern betrifft, auch vom ersten Typ zu sagen (Abb. 28 *a* bzw. Abb. 34 *b*); indessen widersprechen sich die beiden Untersucher in bezug auf das Verhalten der Zentriolen. BAST glaubte hier eine Polstellung der Zentriolen festgestellt zu haben, und diese wäre für die Teilung durch „Distraktion" charakteristisch. Diese Befunde, an denen auch WASSERMANN zweifelte, sind bis jetzt jedoch nicht bestätigt worden.

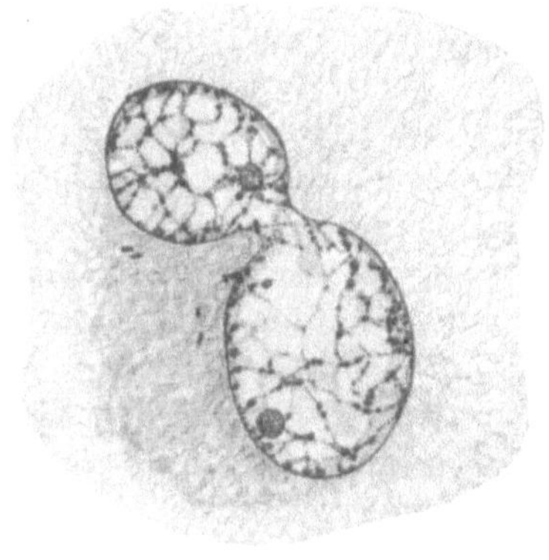

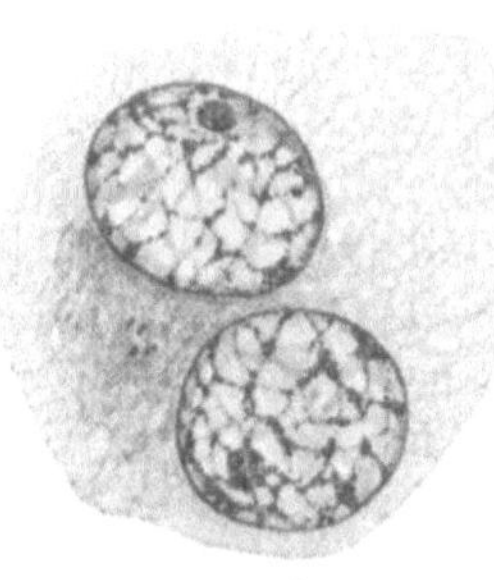

Abb. 35 *a* und *b*. Amitotische Kernteilungsbilder in Nebennierenmarkzellen eines erwachsenen Menschen. Verhalten der Zentriolen (siehe Text). Zeichnungen.
(Aus CLARA, 1936.)

Wie W. SCHOPPER (1932, S. 512) in amitotisch eingeschnürten Kernen von fixierten Serosadeckzellen in vitro, hat M. CLARA (1936, S. 229 ff.) in Nebennierenmarkzellen „als bevorzugte Lagerung der Zentriolen den Bereich der Kerneinschnürung («Kernhilus») ermittelt; diese Lage ist schon frühzeitig zu erkennen und wird während des ganzen Kernteilungsvorganges mehr oder weniger deutlich beibehalten. In späteren Stadien der Kerndurchschnürung konnte ich indessen nicht selten ein Auseinanderweichen der inzwischen ebenfalls verdoppelten Zentriolen beobachten, so daß jeder Kernhälfte deutlich ein Zentriolenpaar zugeteilt erscheint" (Abb. 35). Diese Verdopplung fand sich aber nicht bei jeder Amitose, sondern nur bei der Teilung von besonders großen Kernen.

CLARA (l. c., S. 231) stellte sich vor, das die Zentriolen beim Wachstum der Zelle zunächst eine Größenzunahme („Endoschisis") erfahren, die aber wegen der Kleinheit der Zentren wohl nicht mit Sicherheit erfaßt werden kann. „Erst wenn die Zelle eine bestimmte Größe erreicht hat, erweisen auch die Zentren ihre Teilkörpernatur, indem sie sich nunmehr verdoppeln, so daß wir in diesen Zellen dann vier Zentriolen beobachten können." Nach dieser Hypothese bestände insofern eine gewisse Parallelität im Verhalten von Kern und Cytozentrum, als dem Kernwachstum durch Endoschisis eine Verdopplung der Zentriolenmasse, der Kernteilung durch Phänoschisis eine Verdopplung der Zentriolenzahl entsprechen würde.

Die Theorie der Verdopplung des Zentriols (oder Diplosoms) bei der amitotischen Kernteilung steht in Opposition zur Angabe verschiedener Autoren (C. C. Macklin 1916; W. H. Lewis 1927; L. Bucciante 1929; A. Fischer 1930; u. a.), nach welchen in amitotisch entstandenen zweikernigen Zellen nur ein Zentriol (bzw. Diplosom) vorhanden ist. Somit ergibt sich abermals eine Fragestellung, die der weiteren Aufklärung bedarf. Dazu bleibt uns immer noch die Hauptfrage, ob die in manchen Fällen festgestellte räumliche Beziehung des Zentrosoms zum sich einschnürenden Kern für den Teilungsvorgang eine kausale Bedeutung habe.

Praktisch nichts wissen wir ferner vom Verhalten des Golgi-Apparates während der Amitose (trotz einer diesbezüglichen Veröffentlichung von R. J. Ludford 1922), und über das der Mitochondrien haben wir im Schrifttum nur die oben (S. 66) wiedergegebene Bemerkung von Macklin gefunden, welche jedoch nicht durch systematische Untersuchungen gestützt ist.

Was nun das Cytoplasma betrifft, so fallen hier bei der amitotischen Kernteilung keine Strukturveränderungen auf. Die Lehrbuchmeinung ist bekanntlich die, daß spezifische Plasmastrukturen, welche bei der Mitose im allgemeinen eine Rückbildung erfahren, bei der direkten Kernteilung erhalten bleiben. Eine gewisse Berechtigung möchten wir jedoch der folgenden Bemerkung von G. Wetzel (1932, S. 35) nicht absprechen: „Man darf nicht annehmen, daß eine amitotische Kernteilung sich auf den Kern allein beschränkt. Gibt man ihre Vollwertigkeit zu, so muß sie auch chemisch und kolloidchemisch verändernd auf das umgebende Gebiet des Zelleibes übergreifen ..." Für nicht bewiesen halten wir jedoch die Fortsetzung des zitierten Satzes, die besagt, daß diese Teile unter Auflösung von Differenzierungen in einen ursprünglichen Zustand zurückgeführt werden müßten, und falsch ist schließlich die Folgerung, daß deshalb z. B. in Nervenzellen keine Amitosen möglich wären (vgl. S. 100). Viele Forscher sehen die Bedeutung der Amitose ja gerade darin, daß die Teilung mit erhaltener Kernstruktur ablaufen kann, „während das übrige Getriebe der Zelle weitergeht" (A. Benninghoff 1922, S. 63).

X. Teilungsdauer und Teilungsursachen

Die spärlichen Äußerungen über die Teilungsdauer weichen außerordentlich stark voneinander ab. W. und M. von Möllendorff (1926, S. 560) berichteten über ihre Untersuchungen an kultivierten Bauchhöhlenexsudatzellen von Kaninchen (3—4 Tage nach intraperitonealer Terpentininjektion): „In einem Fall haben wir die Zerschnürung eines Kernes unmittelbar unter dem Mikroskop beobachtet und dabei festgestellt, daß dieselbe in 10 Minuten vollendet war." Damit würde die Angabe von V. Patzelt (1926, S. 421) übereinstimmen, „daß die direkte Kernzerschnürung noch viel rascher als die Karyokinese vor sich gehen dürfte". In der sich entwickelnden Skelettmuskulatur (Hühnerembryo) soll sie ebenfalls sehr rasch vor sich gehen (I. G. Weed 1937, S. 524). Andererseits sprechen die Befunde von D. Sina-

PIUS (1958, S. 609) dafür, „daß direkte Teilungen wesentlich langsamer verlaufen als Mitosen."

In Gewebekulturen von Skelettmuskelfasern benötigte, nach M. CHÈVREMONT (1956, S. 198), die amitotische Kernteilung 1½—2 Stunden bei einer Temperatur von 38,5°, während sie in einer Knorpelzelle eines ebenfalls in vitro gezüchteten menschlichen Chondrosarkoms etwa zwei Wochen dauerte (G. O. GEY, F. B. BANG und M. K. GEY 1954, S. 990/91). V. BISCEGLIE und A. JUHÁSZ-SCHÄFFER (1928, S. 188) berichten nur, daß die direkte Teilung „langsam vor sich geht".

Wer selbst experimentell versucht hat, sich von der Dauer der Amitose eine Meinung zu bilden, wird die enormen Unterschiede unter den im Schrifttum enthaltenen diesbezüglichen Angaben begreifen. Es ist in der Tat außerordentlich schwer, eine Zeitdauer anzugeben, da der Teilungsbeginn in der Regel nicht genau definiert ist. Schon C. C. MACKLIN (1916) und W. H. LEWIS (1927) haben, wie wir selbst (O. BUCHER 1958 a), bei Untersuchungen an lebenden Gewebekulturen festgestellt, daß „amitotisch" eingeschnürte Kerne lange Zeit in diesem Zustand verharren oder auch sich wieder abrunden, neuerdings einschnüren, abrunden und wieder einschnüren können; diese Vorgänge können sich über Tage hin erstrecken. Nicht selten hat man, wie wir uns ausdrückten (l. c., S. 102), „den Eindruck eines hin- und herwogenden Kampfes zweier Parteien, von denen die eine für die vollständige Kerndurchschnürung und die andere dagegen ist". Wenn jedoch die Konstriktion einen bestimmten kritischen Punkt passiert hat, dann wird nach MACKLIN die Teilung rasch zu Ende geführt; dies haben wir in Bindegewebekulturen auch gesehen. Wann aber beginnt in einem solchen Fall die Amitose? Doch kaum mit dem ersten Auftreten einer Einschnürung, da ja längst nicht alle polymorphen Kerne Amitosestadien repräsentieren. Im Gegensatz zur Mitose ist die Festlegung des Amitosebeginnes daher eine Ermessensfrage, und somit wissen wir zur Zeit nicht, wie sich die Amitosendauer genau bestimmen ließe. Es ist indessen möglich, daß die Verhältnisse bei den Skelettmuskelkernen etwas einfacher sind.

Wenn wir die amitotische Kernteilung nicht erst beim „kritischen Punkt" beginnen lassen, so dauert sie eindeutig länger als die Mitose. In diesem Punkt stimmen unsere eigenen Erfahrungen mit denen von C. C. MACKLIN und von M. CHÈVREMONT überein. Es ist zudem sehr wohl denkbar, daß im einzelnen je nach dem betrachteten Gewebe und dessen Funktionszustand ganz wesentliche Unterschiede in der Ablaufsdauer bestehen können. Systematische Untersuchungen sind darüber bisher noch nicht durchgeführt worden.

Einer Nachprüfung wert erscheinen uns auch die Befunde von F. E. V. SMITH (1923), der in Pilzhyphen von *Saprolegnia* einen Tagesrhythmus der amitotischen Teilungen festgestellt zu haben glaubte; die meisten Amitosen fanden angeblich zwischen 10 Uhr nachts und 2 Uhr morgens statt. M. STAEMMLER (1928 a, S. 561) dachte ebenfalls, daß für die großen Häufigkeitsunterschiede der doppelkernigen Zellen und der Kernamitosen in verschiedenen Präparaten „gewisse periodische oder rhythmische Kernteilungswellen" verantwortlich sein könnten. Nach S. OMOCHI, T. NAGATA und

S. MOMOZÉ (1957, S. 422) würde die Zahl der durch amitotische Kernteilung entstandenen zweikernigen Leberzellen von Albinoratten nachts zunehmen und am Morgen durch Kernverschmelzung wieder abnehmen, und I. FUJIWARA (1957, S. 488) beschrieb zwei tägliche Häufigkeitsmaxima der Amitosen im Übergangsepithel der Rattenharnblase.

Auch über die Teilungsursachen können wir keine bestimmten Angaben machen. Die verschiedenen Meinungsäußerungen, welche wir nachfolgend kurz referieren wollen, haben den Wert von Arbeitshypothesen, deren Kenntnis für das weitere Studium des Problems von Interesse sein kann.

Bei der Bedeutung, welche den Zentriolen bei der Mitose zukommt, lag es auf der Hand, nach ihrer Rolle bei der Amitose zu forschen. Wir haben über ihre gelegentlich festgestellte, offenbar charakteristische Lagebeziehung zum amitotischen Kern im vorigen Kapitel bereits berichtet (S. 65 ff.).

C. C. MACKLIN meinte, daß Zentrosomen und Mitochondrien möglicherweise einen mechanischen Einfluß auf den Kern haben könnten: „It is possible that, through this mechanical influence of the centrosphere upon the adjacent nuclear membrane, the constriction of the latter is favored and the nucleus ultimately divided, and it is easy to conceive how the mitochondria may assist in this nuclear separation through their own movements..." (1916 b, S. 86/87). Etwas weiter unten schwächte er diese Auffassung allerdings stark ab, indem er beifügte, daß die beschriebene Lagebeziehung auch zufällig und ohne Bedeutung für die Kernteilung sein könnte.

Wir haben schon im V. Kapitel darüber berichtet, daß durch äußere mechanische Einwirkungen die verschiedensten Formen von amitoseähnlichen Kerndeformierungen entstehen können und in diesem Zusammenhang S. 25 A. BENNINGHOFF (1923) und N. FLEROFF (1929) erwähnt. Schon früher hatte A. MAXIMOW (1908, S. 97) daran gedacht, daß vielleicht als ursächliche Momente auch für die Amitose rein mechanische Einflüsse, wie Dehnung des Gewebes und dergleichen in Betracht kommen; „daran könnte man z. B. denken, wenn man die Amitose im Mesenchym auftreten sieht, welches die sich rasch vergrößernde Leberanlage an der Peripherie umhüllt". Im Anschluß daran hat dann M. NOWIKOFF (1910, S. 368) die Theorie aufgestellt, daß eine mechanische Ausdehnung des Zelleibes und dementsprechend des Kernes von z. B. Knorpel-, Perichondrium-, Knochen- und Sehnenzellen zu einer Beschleunigung der Zell- oder wenigstens Kernvermehrung führte, und geschrieben: „Die Amitose kann man hier als eine mechanische Ausdehnung bzw. als eine Zerreißung der Mutterzelle in zwei Tochterzellen auffassen." Eine solche Spekulation ist eindeutig abzulehnen. Wir könnten uns höchstens vorstellen, daß derartige mechanische Faktoren allenfalls in der Lage wären, den Verlaufstyp der Amitose — „Dissektion" oder „Distraktion" — zu beeinflussen.

Verschiedene weitere physikalische Faktoren sind als kausale Momente für die Auslösung von amitotischen Teilungen in Betracht gezogen worden. J. ZWEIBAUM und M. SZEJNMAN (1936, S. 124/25) sprachen von der engen Beziehung einer Viskositätserhöhung des Cytoplasmas zum Auftreten von zweikernigen Zellen und Amitosen (siehe auch S. 105), und R. ALTSCHUL

(1947, 1948) wollte Kernvergrößerung und amitotische Teilung im experimentell geschädigten Skelettmuskel auf eine extranukleäre Druckabnahme zurückführen. G. Ivanovics und R. R. Hyde (1936), die mit virusinfizierten Kaninchenhodenkulturen gearbeitet hatten, wobei mit der Bildung der Kerneinschlußkörper Störungen in der Elektrolytverteilung auftraten, vermuteten damit zusammenhängende osmotische Störungen (siehe dazu auch L. Monné, zit. S. 46), und der Botaniker E. Küster (1951, S. 263) meinte, daß „der amitotische Zerfall der Kerne" durch ihre Oberflächenspannungsverhältnisse bestimmt würde. In gleicher Richtung deutete auch die folgende Hypothese von W. H. Lewis (1947).

W. H. Lewis (l. c., S. 440 und 443): „If the interphase nucleus consists of closely packed adherent chromosomal vesicles and if its membrane is an adherent mosaic of their outermost walls that are at the surface, one can explain amitosis, partial cleavage and fragmentation, as due to the loss of adhesion between groups of chromosomal vesicles rather than to the constriction of a band of the nuclear membrane as Macklin has suggested. Loss of adhesion would automatically be followed by a rounding up of each part. ... The factors responsible for loss of adhesion between groups of chromosomes are unknown. It is presumably concerned with metabolism."

In Gegensatz zu I. Fischer (1938, S. 117), die dachte, „daß irgendwelche bestimmte Faktoren den Eintritt der Amitose veranlassen", neigte J. A. Thomas (1939, S. 21) zur Annahme, daß die Anregung zur amitotischen Teilung nicht direkt erfolgen würde, sondern sekundär einer Hemmung der üblichen Teilungsart, der Mitose, zuzuschreiben wäre: die Amitosen stellten in diesem Fall somit ein physiologisches Ersatzphänomen dar. Ohne die Kontroverse dieser Autoren zu kennen, die beide mit Gewebekulturen gearbeitet haben, sind wir seinerzeit auf Grund von Untersuchungen an in vitro gezüchtetem und dann mit Trypaflavin behandeltem Bindegewebe zu folgendem Schluß gelangt (O. Bucher 1952, S. 45): „Ein so an der Mitose verhinderter Zellkern würde dann, wie das ja auch im Gesamtorganismus der Fall sein kann, sich der direkten Teilung bedienen: die gegenüber störenden Einflüssen weniger empfindliche Amitose tritt als Ersatzlösung auf, während normalerweise in Gewebekulturen, die bei Körpertemperatur mit reichlich Embryonal- oder Organextrakt gezüchtet werden und über genügend Sauerstoff verfügen, die Mitosen im Vordergrund stehen und Amitosen entsprechend selten sind."

I. Törö (1937, 1939 b) und E. Grundmann (1951), die in experimentell geschädigten Herzen reichlich amitotische Kernteilungen auftreten sahen, stellen sich vor, daß ein chemischer Wirkstoff dafür verantwortlich sein könnte, eine Art Gewebshormon, das in den Nekroseherden entstehen oder in größerer Menge frei werden würde.

Schon 30 Jahre vorher hatte A. Benninghoff (1922, S. 52/53) berichtet, daß die Stoffwechselbeziehungen zwischen Kern und Cytoplasma nicht nur durch Gifte, Sauerstoffmangel und Anhäufung von Stoffwechselprodukten, sondern auch durch einen ungewöhnlich intensiven Betriebsstoffwechsel in dem Sinne beeinflußt werden könnten, daß dann Amitosen auftreten würden. Dazu schrieb er (l. c.. S. 59): „Alle bisher erkannten Faktoren zusammen lassen sich vorläufig in ihrem Wirken unter dem Begriff der Überladung des Cytoplasmas vereinigen, ein Begriff, der nur den Wert eines heuristischen Hilfsmittels hat und hypothetisch die Einheit der an sich verborgenen Kausalzusammenhänge erfassen soll." ... „Danach gewinnt die Amitose die Bedeutung einer spezifischen Reaktionsweise der Zelle, verursacht durch unspezifische Reize. Die hierbei entstehende Oberflächenvergrößerung des Kernes dient dem Ausgleich des Zellstoffwechsels, daneben ist der Vorgang der Kernteilung etwas Sekundäres und erst recht der der Zellteilung."

Damit sind wir jedoch von unserem eigentlichen Thema, der kausalen Analyse, allmählich zur teleologischen Betrachtung abgewichen, auf welche wir erst später (Kapitel XII) näher eintreten wollen. Auch den Beziehungen zwischen dem proportionalen inneren Kernwachstum (W. JACOBJ) und der Amitose soll ein eigener Abschnitt (S. 113 ff.) gewidmet werden. Was jedoch die Teilungsursachen und den Mechanismus der direkten Teilung betrifft, so können wir hier nur wiederholen, wie rudimentär, auch auf diesem Teilgebiet der Amitoseforschung, unsere Kenntnisse sind. Wir schließen mit den Worten von F. WASSERMANN (1929, S. 583): „Wir müssen unser Streben darauf richten, in genügend gesicherten Beobachtungstatsachen besonders über die in dieser Darstellung hervorgehobenen Einzelerscheinungen erst einmal eine Grundlage für kausale Fragestellungen zu schaffen. Erst wenn wir wissen, wie sich das Cytozentrum, wie sich der Nucleolus, wie sich das Kerngerüst des genaueren verhalten, können wir in bezug auf die Bedingungen für den Eintritt der Amitose bestimmte Fragen stellen."

XI. Resultat der Amitose

1. Größe der Tochterkerne

A. BENNINGHOFF (1922) hat angegeben, daß bei dem von ihm als Teilungsamitose bezeichneten Vorgang eine Halbierung des Kernmaterials erfolgen würde („Amitosen mit auffallend gleich großen Kernteilen", l. c., S. 64), und auch F. WASSERMANN (1929, S. 576) hat in der damals vorliegenden Literatur „nirgends den Nachweis einer «inäqualen» Amitose angetroffen... Wo getrennte Kerne nebeneinander liegen, ... da sind sie in der Regel von gleicher Größe. Und vor allem führen die im Leben beobachteten Amitosen über manche den unregelmäßigen Abschnürungen vergleichbare Bilder zur Halbierung der Kerne."

Bei der Reaktionsamitose indessen fand A. BENNINGHOFF (l. c.), der ja, wie schon oben erwähnt (siehe Kapitel III), den Amitosebegriff in dieser Richtung weiter faßte, „beliebige Zerschnürungen, die ... oft genug unvollständig bleiben und einen Kernpolymorphismus erzeugen". Hier handelt es sich jedoch nicht um Amitosen (im engeren Sinne), sondern um Vorgänge, die dem entsprechen, was wir im Kapitel VII besprochen haben. Das gleiche wäre von den Befunden von C. KREIBICH (1914) zu sagen, der in Epithelkulturen von Haut und Cornea des Meerschweinchens Amitosen beobachtet haben wollte und neben einem physiologischen Typus mit gleich beschaffenen Kernen einen pathologischen mit ungleichen Tochterkernen aufführte.

Zur Beantwortung der Frage, ob amitotisch entstandene Tochterkerne gleich groß seien oder nicht, ist es zweckmäßig, sich auf Untersuchungen an Kernen zu stützen, welche die Teilung vollendet haben, d. h. auf Untersuchungen über die relative Kerngröße in Zellen mit amitotisch entstandenen Kernpaaren. Allerdings müssen wir in allen diesen Fällen mit genügender Sicherheit annehmen dürfen, daß die betreffenden Kernpaare auch durch direkte Teilung entstanden sind. Fixierte Zustandsbilder von eingeschnürten Kernen, bei welchen die Einschnürung asymmetrisch liegt, haben keine Beweiskraft für das Vorkommen von „asymmetrischen" oder „inäqualen Amitosen". Wir wissen ja gar nicht, ob sich diese Kerne überhaupt geteilt hätten. Wenn aber eine Teilung eingetreten wäre, so hätte — wenn wir von der sogenannten Reaktionsamitose einmal absehen — vielleicht doch noch die Möglichkeit bestanden, daß „vor der endgültigen Durchschnürung des Kerns eine Umlagerung und Verschiebung des Kerninhaltes in der Richtung zustande kommt, daß die beiden Kernhälften doch noch gleiche Größe erreichen. Für diese Vermutung spricht vor allem die Tatsache, daß die zweikernigen Zellen so gut wie durchweg immer Kerne von gleicher Größe besitzen" (M. Clara 1936, S. 227); im gleichen Sinne äußerten sich auch A. Maximow (1908), F. Wassermann (1929), M. Clara (1931) u. a., und in neuester Zeit hat F. Feyrter (1957) diese Idee, die wir allerdings durch direkte Beobachtungen an lebenden Zellen gerne bestätigt wissen möchten, wieder aufgegriffen.

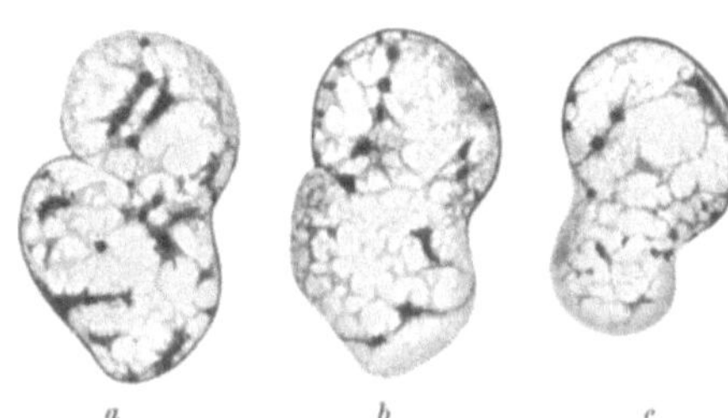

Abb. 36 *a*—*c*. Derselbe eingeschnürte Kern aus dem Reizleitungssystem eines Rinderherzens, in drei Schichtbildern von je 2 μ Abstand gezeichnet (siehe Text). Vergr. 2000fach. (Aus Hintzsche, 1954.)

Bei dieser Betrachtungsweise trägt die Feststellung von asymmetrisch gelegenen Kerneinschnürungen in fixierten Präparaten, so z. B. in der Rattenparotis (E. Aunap 1931, S. 421) wie auch in anderen Organen, kaum etwas zur Lösung des Problems bei.

Das Bild des Kernes kann auch je nachdem etwas wechseln, welche optische Schnittebene scharf eingestellt ist. In Abb. 36 *a* (nach E. Hintzsche 1954, Abb. 9) ist die untere Hälfte scharf konturiert, die obere dagegen mehr flach getroffen; Abb. 36 *b* und *c* sind bei um je 2 μ höherer Einstellung des Mikroskoptubus gezeichnet (Drehung der Mikrometerschraube), wobei in Abb. 36 *b* die Einschnürungsstelle, in Abb. 36 *c* die obere Kernhälfte scharf eingestellt und die (nur scheinbar kleinere) untere Kernhälfte vom optischen Schnitt nur mehr tangential getroffen ist. Eine Photographie bei dieser Einstellung könnte eine „inäquale" Durchschnürung vortäuschen.

Aber auch bei der Beurteilung der relativen Kerngröße in zweikernigen Zellen muß man sehr vorsichtig vorgehen. Zweikernige Zellen können eben nicht nur durch Amitose, sondern mitunter auch durch Kernfragmentierung, gelegentlich durch mitotische Kernteilung ohne Zelleibsteilung oder vielleicht einmal durch Zellverschmelzung zustande gekommen sein. Besonders bei unter pathologischen Bedingungen entstandenen größeren Volumenabweichungen zwischen den beiden Kernen ist stets an die Möglichkeit der Kernfragmentierung zu denken. Gewisse an Schnittpräparaten erhobene Befunde sind deshalb mit Vorbehalt aufzunehmen; schlüssiger sind u. E. die Resultate der Untersuchungen an Gewebekulturen.

Die beiden Kerne der zweikernigen Leberzellen, die nach dem — allerdings nicht unbestrittenen — Urteil vieler Autoren auf eine amitotische Teilung zurückzuführen sind, haben in der Regel die gleiche Größe (F. Th. Münzer 1923; W. Jacobj 1925; M. Clara 1930, 1931; E. M. Wermel und Z. P. Ignatjewa 1933; H. E. MacMahon 1933; H. Leistner 1937; O. Bucher und J. Délèze 1955). Wenn wir die Quotienten $\frac{K}{k}$ bzw. $\frac{k}{K}$ berechnen, indem wir abwechslungsweise den größeren Kern (K) durch den kleineren Kern (k) respektive den kleineren durch den größeren Kern der zweikernigen Zellen dividieren und die erhaltenen Werte in ein logarithmisches System klassieren, dann bekommen wir eine Kerngrößenquotienten-Frequenzkurve (Abb. 37), die eine Normalverteilung mit Scheitelordinate über dem Abszissenpunkt 1,0 darstellt (siehe auch O. Bucher 1958 b). Sind beide Kerne genau gleich groß, so ist der Quotient natürlich 1,0; um diesen Wert besteht nun, wie wir in Abb. 37 sehen, eine mäßige Streuung, die nicht nur durch den Methodefehler, sondern auch biologisch bedingt ist (siehe auch Tab. 2 auf Seite 77). Ähnliche Ergebnisse erhielten wir auch aus den zweikernigen Deckzellen des Übergangsepithels der menschlichen Harnwege. Die Streuung war hier allerdings etwas größer, wofür methodische Faktoren allenfalls mitverantwortlich sind (siehe Bucher und Délèze, l. c., S. 15/16), doch fand J.-P. Gauer (1949) in diesem Gewebe ebenfalls recht viele ungleich große Kerne.

Im übrigen wurde von manchen Autoren, die mit ganz verschiedenem Untersuchungsmaterial gearbeitet hatten, darauf hingewiesen, daß die amitotischen Tochterkerne „meist", „fast", „annähernd" oder „mehr oder weniger" gleich groß seien, welche Ausdrucksweise wohl der oben beschriebenen Streuung, mit welcher wir bei biologischen Vorgängen ja immer rechnen müssen, gerecht werden soll. Solche Befunde erwähnten z. B. B. Romeis (1926, betr. Anuren-Epithelkörperzellen), Wermel und Ignatjewa (1933, Niere von Ratte und Frosch), M. Clara (1936, menschliches Nebennierenmark), I. Fischer (1936, Eifollikelzellen von Läusen und Federlingen), H. Graupner und I. Fischer (1935, Fisch-Melanophoren) sowie H. Breider (1938 und 1939, dito), W. Lipp (1952 a, Mesenchymzellen), W. Knoll und W. Burkl (1928 bzw. 1949, Erythroblasten). E. Hintzsche (1946, 1954) schien etwas ambivalent zu sein, kam jedoch auf Grund seiner Messungsergebnisse am Reizleitungssystem des Rinderherzens zunächst auch zum Schluß, „daß eine Vermehrung der Kerne durch direkte Teilung unter mehr oder weniger gleichmäßiger Halbierung des Kernmaterials erfolgt" (1954, S. 539); weiter hinten in derselben Arbeit vertrat er dann aber die Auffassung, „daß eine relativ erhebliche Ungleichheit der Partner in zwei- und vierkernigen Zellen bezeichnend für amitotisch abgelaufene Kernteilung ist" (l. c., S. 553).

Verschiedene Forscher, so z. B. A. GUIEYESSE-PELLISSIER (1923, S. 251), B. ROMEIS (1926, S. 563), H. E. MACMAHON (1933, S. 440), E. GRUNDMANN (1951, S. 64) und W. LIPP (1952 a, S. 298), wiesen darauf hin, daß die amitotisch geteilten Kerne nicht nur gleich groß, sondern meist auch gleichartig strukturiert seien.

In Gewebekulturen sind die Größenverhältnisse der beiden Kerne zweikerniger Zellen nur selten studiert worden, obschon hier, unter geeigneten Versuchsbedingungen, ihre amitotische Entstehung außer Zweifel ist (siehe O. BUCHER 1958 b). C. C. MACKLIN (1916 a, S. 456) hatte bereits festgestellt, daß die beiden Kerne von ungefähr gleicher Größe („about equal size") seien, was auch durch unsere Untersuchungen bestätigt worden ist (O. BUCHER und R. GATTIKER 1953 und 1954). L. BUCCIANTE (1929, S. 145) fand sie oft gleich groß, häufiger leicht verschieden groß, womit er die schon oben beschriebene Streuung um die „Gleichkernigkeit" etwas stärker hervorhob als wir, doch betonte auch W. SCHOPPER (1932, S. 513), daß die beiden Tochterkerne gewöhnlich gleich groß seien. Was das morphologische Verhalten der beiden Kerne betrifft, so haben wir in Gewebekulturen gesehen (O. BUCHER 1953, S. 201), daß die beiden Kerne eines Paares nicht nur in bezug auf die Färbbarkeit keine nennenswerten Unterschiede erkennen lassen, sondern fast immer auch eine gleiche Form aufweisen. Auch die Nukleolarsubstanz ist im allgemeinen auf beide Kerne mehr oder weniger gleichmäßig verteilt (und zeigt oft sogar morphologisch ein auffallend ähnliches Verhalten)".

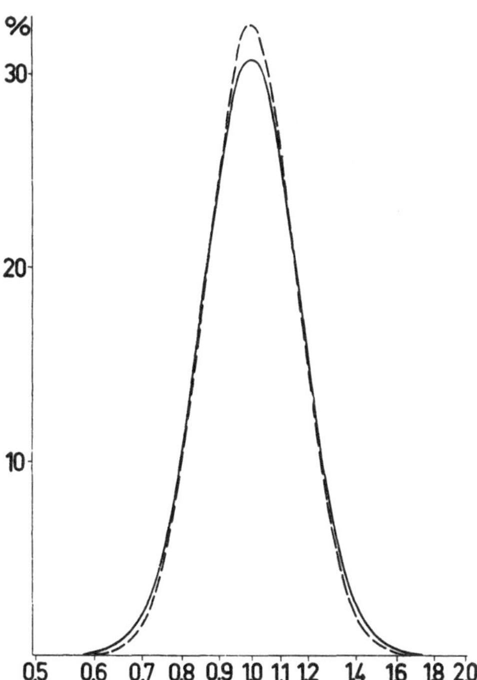

Abb. 37. Kerngrößenquotienten-Frequenzkurven — für ihre Erklärung siehe Text — aus dem Leberparenchym von Mensch (————) und Kaninchen (— — — —). Auf der Abszisse sind, in logarithmischem Maßstab, die Quotienten, auf der numerisch eingeteilten Ordinate die zugehörigen Frequenzen in Prozent aufgetragen. (Original).

Es muß jedoch darauf hingewiesen werden, daß die Streuung um den Kerngrößenquotienten 1,0, welche in Tab. 2 durch die mittlere quadratische Abweichung der Quotientenverteilungen ausgedrückt ist, bei den amitotisch entstandenen Kernpaaren eindeutig größer ist als bei den aus einer Mitose entstandenen Schwesterkernen; sie ist andererseits aber wesentlich kleiner als die von Kerngrößenquotienten, die wir aus beliebig aus der Kernpopulation herausgegriffenen Nachbarkernpaaren berechnen können. Dieser Unterschied beweist übrigens auch, daß die hier besprochenen zweikernigen Zellen nicht durch Verschmelzung solcher benachbarter Zellen zustande gekommen sein können (siehe auch O. BUCHER 1958 b).

Bei großen Volumen- und Strukturunterschieden der Kerne einer zwei- oder auch mehrkernigen Zelle ist an Kernfragmentierung (siehe auch S. 41) zu denken. So hat W. Schopper (l. c.) an in vitro gezüchteten Serosadeckzellen folgende Beobachtung gemacht: „Im allgemeinen sind die beiden Tochterkerne gleich groß; daneben kann man aber auch eine Art Abschnürung kleiner Kernteile beobachten, wobei der Prozeß in gleicher Weise vor sich geht, nur mit dem Unterschied, daß hier das Cytocentrum weniger stark oder gar nicht im gefärbten Präparat hervortritt; diese kleinen abgeschnürten Kerne enthalten häufig keinen Nucleolus, sind trotzdem aber in der Zelle weiterhin so lebensfähig wie die großen Kernteile..."

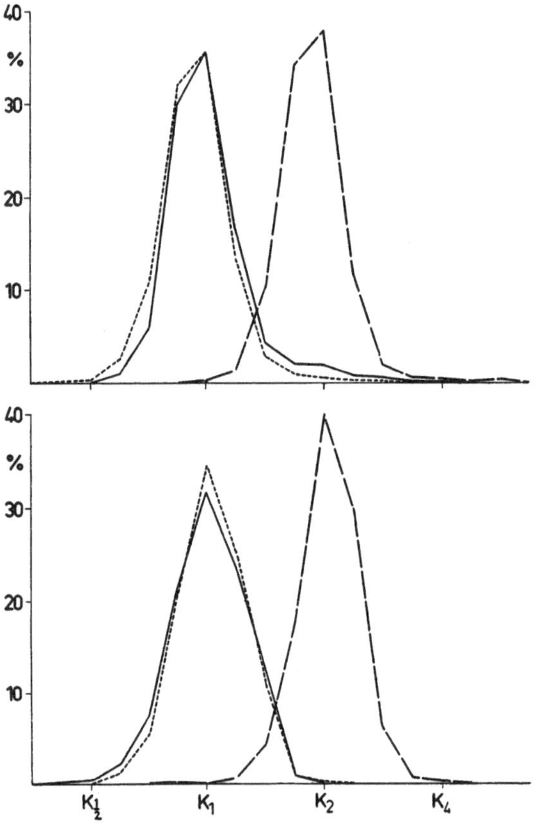

Abb. 38. Kerngrößen-Frequenzkurven aus dem Leberparenchym von Kaninchen (oben) und Katze (unten). ——— Größenverteilung von 500 Kernen aus einkernigen Zellen, - - - - - - Größenverteilung von 1000 Einzelkernen und — — — — 500 Kernpaaren aus zweikernigen Zellen. Siehe Text.
(Aus Bucher und Déhèze, 1955.)

Auf Grund der zitierten Arbeiten kommen wir zur *Schlußfolgerung, daß bei der amitotischen Kernteilung die Durchschnürung in zwei meist gleich große oder zumindest annähernd gleich große Tochterkerne erfolgt.* Diese Meinung findet sich auch in den meisten modernen Lehrbüchern, sofern sie überhaupt zu dieser Frage Stellung nehmen (E. Ries und M. Gersch 1953, S. 93; H. W. Deane 1954, S. 25; M. Chèvremont 1956, S. 198; O. Bucher 1956, S. 55); nach Ph. Stöhr jr. (1951, S. 20) „können" amitotisch entstandene Kerne ungleiche Größe besitzen.

Mit Recht hat W. Burkl (1949, S. 596) darauf hingewiesen, daß durchaus nicht gesagt sei, „daß zwei ungleich große Kerne verschiedene Mengen von Teilkörpermaterial besitzen müssen, da ja der Kern außer diesem auch noch andere Bestandteile, ergastischer und paraplasmatischer Natur enthält". Von diesem Gesichtspunkt aus wäre es nun sehr zu begrüßen, wenn systematische Untersuchungen über den *Desoxyribonukleotid-Gehalt* von sicher durch Amitose entstandenen Schwesterkernen angestellt würden.

Bis jetzt konnten wir im Schrifttum nur drei Veröffentlichungen auffinden, welche dieses Thema berühren. M. N. Goldstein hat 1954 einige Messungen in aus menschlichen Blutmonocyten in vitro hervorgegangenen vielkernigen Riesenzellen durchgeführt und festgestellt, daß die „vermutlich" aus Amitosen hervorgegangenen Kerne (siehe dazu S. 97) nicht immer gleich viel feulgenpositive Substanz enthielten. Ferner fanden G. Gerzeli und D. Bottino (1957) in „wahrscheinlich" amitotisch entstandenen zweikernigen Knorpelzellen (Sternalknorpel von neugeborener und erwachsener Katze) einen gewissen Unterschied im Desoxyribonukleinsäure-Gehalt der beiden Kernpartner. Nach L. Lison und V. Valeri (1958) ist der Unterschied im DNS-Gehalt zwischen den beiden Kernen von zweikernigen Zellen bedeutend geringer als der Unterschied zwischen den Kernen von verschiedenen Zellen der Rattenleber, was mit unseren karyometrischen Befunden (an Leberschnitten und Bindegewebe-Deckglaskulturen) übereinstimmt.

Tab. 2. *Streuung (mittlere quadratische Abweichung s^2) der Kerngrößenquotientenverteilungen, berechnet 1. aus einer einheitlichen Kernpopulation (gleicher Kern 500mal ausgewertet), 2. aus Kernen von durch Mitose entstandenen Schwesterzellen, 3. aus Kernpartnern in amitotisch entstandenen zweikernigen Zellen und 4. aus Kernen von zufällig nebeneinander liegenden Nachbarzellen. Kaninchenfibrocyten-Deckglaskulturen.*

Kerngrößenquotienten	Zahl der gemessenen Zellkerne	Mittlere quadratische Abweichung s^2	s^2 minus Methodestreuung
1. einheitliche Kernpopulation (Streuung durch Methodefehler bedingt)	500	0,11	—
2. mitotisch entstandene Schwesterkerne	1000	0,57	0,46
3. amitotisch entstandene Kernpaare	1000	4,95	4,84
4. Kerne zufällig benachbarter Zellen	500	8,14	8,03

W. Jacobj (1925), M. Clara (1930, 1931), G. H. Müller (1937), H. Leistner (1937) u. a. vertraten die Ansicht, daß die Größe der Einzelkerne zweikerniger Zellen der Größenklasse K_1 der einkernigen Zellen entspricht, während die beiden Kernpartner zusammen der nächst höheren Regelklasse (K_2 mit doppeltem Volumen) angehören, was aus unseren eigenen Untersuchungen — an Leberzellen verschiedener Tiere und des Menschen sowie auch an Deckzellen des menschlichen Übergangsepithels — ebenfalls hervorging (O. Bucher und J. Délèze 1955) und durch Abb. 38 belegt werden soll. F. Th. Münzer (1923, S. 257) fand sie jedoch „auch häufig etwas kleiner als die der gewöhnlichen Leberzellen", und eine entsprechende Auffassung ist auch von G. Arndt (1935) vertreten worden.

Ein anderes Resultat erhielten wir jedoch aus Bindegewebekulturen in vitro (Hühnchen, Kaninchen, Mensch). In diesen Fällen waren die Summenvolumina der Kernpaare von bestimmt amitotisch entstandenen zweikernigen Zellen durchschnittlich nicht doppelt so groß, sondern nur um $\sqrt{2}$ größer als die Kernvolumina der einkernigen Zellen der entsprechenden Zone; die Einzelkerne der zweikernigen Fibrocyten waren somit um $\sqrt{2}$ kleiner als die der einkernigen (O. Bucher 1954, S. 105/106; O. Bucher und R. Gattiker 1954, S. 316 ff.). Im Gegensatz dazu glaubte C. C. Macklin (1916a, S. 456), daß jeder der Kerne von ungefähr der gleichen Größe sei wie die Kerne der einkernigen Zellen, während L. Bucciante (1929, S. 145) annahm, daß die beiden Kerne zusammen gleichviel Chromatinmaterial wie eine einkernige Zelle enthalten würden; beide Autoren haben jedoch keine Messungen durchgeführt.

Vielleicht bestehen in dieser Frage keine einheitlichen Verhältnisse. Das Problem, auf welches wir unten noch zurückkommen werden, ist aber deshalb von Interesse, weil öfters daran gedacht worden ist, daß eine bestimmte Volumenvergrößerung des Kernes dessen Amitosenbereitschaft erhöhen könnte.

2. Chromosomenverhältnisse

Mit dem Problem des Verhaltens der Chromosomen bei der amitotischen Kernteilung hat sich eine Reihe von Forschern beschäftigt. F. Th. Münzer (1923, S. 260) schloß aus der besonders bei Nichtsäugern gelegentlich beobachteten verschieden starken Färbung der beiden Kerne zweikerniger Leberzellen auf einen verschiedenen Chromatingehalt. M. Clara (1931, S. 88) hat in der Kaninchenleber, wie W. Lipp (1952 b, S. 179) im Mesenchym menschlicher Föten, das gleiche Phänomen festgestellt, es jedoch so gedeutet, daß möglicherweise der eine der beiden Kerne dem Untergang geweiht sei. Zur gleichen Auffassung gelangten W. Gössner, G. Schneider, M. Siess und H. Stegmann (1951, S. 345) bei ihren experimentellen Untersuchungen an der Mäuseleber. Wir möchten jedoch nicht unterlassen, L. Lison (1955) zu erwähnen, der gezeigt hat, daß solche Färbungsunterschiede von der Dicke des Schnittes und dem Kerndurchmesser sowie auch davon abhängen können, ob die Kernmembran intakt geblieben oder angeschnitten ist.

Ähnlich haben sich auch W. J. Wilson und E. H. Leduc (1950, S. 382) geäußert: „The difference in staining of the two nuclei in a binucleate cell seems to be an artefact produced in sectioning and staining..." Wir selbst können zu dieser Frage nicht Stellung nehmen; wollte man indessen einen ungleichen Chromosomenbestand der beiden Kerne zweikerniger (Leber-)Zellen als bewiesen betrachten, so würde das auf alle Fälle gegen deren gelegentlich propagierte Entstehung durch eine abortive Mitose sprechen („the result of «cytoplasmic lag» in mitotic division", Wilson und Leduc, l. c., S. 366).

Autoren, die eine genaue Aufteilung des Chromosomenmaterials bei der Amitose ablehnten, sind beispielsweise C. C. Macklin (1916 a, S. 456), W. Jacobj (1925, 1942), P. A. Mawrodiadi (1927, S. 452), sowie aus neuester Zeit A. Maximow und W. Bloom (1957, S. 31), die zum Schluß kamen: „Since there is no mechanism for equal distribution of chromosomes, the daughter nuclei must practically always be grossly imbalanced." Aber ist diese Auffassung wirklich unumstößlich bewiesen?

F. Wassermann (1929, S. 576) schrieb über diesen Punkt: „Man müßte schon auch der Amitose den Mechanismus einer exakten Teilung der Einheiten des Kerninhaltes zutrauen, und in Anbetracht der von Heidenhain und Jacobj aufgestellten Thesen kann dieser Gedanke nicht mehr abgelehnt werden. Wir dürfen nicht von vornherein sagen, daß die Verteilung des Chromatins «in einer rohen und meist sehr ungleichmäßigen Weise» (Ziegler

[1891, S. 374]) stattfinde, bloß weil wir keinen Einblick in den Mechanismus der Kernveränderungen bei der Amitose besitzen."

M. Clara (1933, S. 216) versuchte in amitotisch entstandenen zweikernigen Zellen, deren Kerne gleichzeitig eine Mitose begannen, Chromosomenzählungen und erhielt in jedem Spirem die Chromosomenzahl der einkernigen „Regelzelle". Auch H. Marquardt und E. Gläss (1957, S. 626) fanden bei Chromosomenzählungen in zweikernigen Zellen der Rattenleber aller Altersstufen, „daß die normale, diploide Chromosomenzahl in den beiden Metaphasen einer Zelle überwiegt". Vor der Amitose könnte die Chromosomenzahl somit verdoppelt worden sein, doch ist das vielleicht nicht in allen Fällen so. Eine andere Möglichkeit wäre, daß nicht die Chromosomenzahl verdoppelt würde, sondern daß die einzelnen Chromosomen doppelwertig würden (W. Jacobj 1925; M. Clara, l. c.), wobei dann allerdings eine erbgleiche Aufteilung auf die Tochterkerne nicht vorstellbar wäre. Auch nach E. Ries und M. Gersch (1953, S. 99) wäre die Amitose „nicht einfach eine «beliebige» Kern- und Zelldurchschnürung ohne Ausbildung von Chromosomen", sondern ihr würde eine Verdopplung der Chromosomen innerhalb des Zellkerns vorangehen, der schließlich durch hantelförmige Durchschnürung genau halbiert würde.

J. A. Thomas (1938, S. 283) drückte sich dagegen in bezug auf die Verteilung der Erbanlagen sehr kategorisch aus: „L'amitose ... peut assurer le maintien du patrimoine spécifique" und nach H. Breider (1939, S. 96) bestünde „kein Grund zu der Annahme, daß die Chromatinsubstanz, wenigstens quantitativ, ungleich auf beide Tochterkerne verteilt wird". Wir selbst möchten uns der vermittelnden Stellungsnahme von H. Bauer in M. Hartmann (1953, S. 336) anschließen: Die gleiche Größe der Tochterkerne und die Durchschnürung des Nucleolus erwecken den Verdacht, daß es sich vielleicht um mehr als eine bloße Durchschnürung eines Kernes mit ungeordnet liegenden Chromosomen handelt. Ob sich dahinter vielleicht ein Mechanismus versteckt, der zu einer geordneten Verteilung der Chromosomen in zwei gleiche Gruppen führt, ist aber noch ganz unbekannt." Zur Aufklärung dieses Punktes können jedoch die Beobachtungen von E. Gläss (1957) allenfalls etwas beitragen.

E. Gläss fand nämlich in der unbehandelten Rattenleber mitotische Kerne, vor allem Metaphasen, deren Chromosomen nicht mehr oder weniger zufällig durcheinandergelagert, sondern, je nach der Polyploidiestufe, in zwei oder mehrere Gruppen aufgeteilt waren (Abb. 39 *b*). Da es sich bei dieser Gruppierung fast immer um ganze Genome sowie um die Trennung von homologen Chromosomen handelte, bezeichnete er diesen Zustand mit dem bereits von H. Bauer (1943) geprägten Ausdruck „Genomsonderung". Gläss vemutete, daß die räumliche Trennung der Genome bzw. Chromosomengruppen zu Beginn oder am Ende einer Mitose vor sich geht. In letzterem Falle wäre sie also auch im Arbeitskern vorhanden. Wenn sich nun (polyploide) Kerne, die in irgendeiner Form eine Genomsonderung enthalten, amitotisch teilen, ist es somit denkbar, daß ganze Genome voneinander abgetrennt werden. „Die Amitose stellt in der beschriebenen Form demnach eine gesetzmäßige Herabregulierung hochpolyploider Chromosomenzahlen auf niederploidere dar. Durch die Genomsonderung besteht zumindest die Tendenz zu einer derartigen Herabregulierung, da mit steigendem Polyploidiegrad auch der Prozentsatz der Zellen mit Genomsonderung ansteigt" (l. c., S. 487).

Wenn aber in solchen Kernen nicht nur zwei Einzelgenome, sondern Chromosomengruppen verschiedenen Ploidiegrades voneinander gesondert werden, kann es auch zur Bildung von aneuploiden Kernen kommen. Schon in 75 tetraploiden Metaphasen (mit 4 n = 84 Chromosomen) fand E. GLÄSS in der Rattenleber die folgenden sieben Genomkombinationen: 84, 63 : 21, 42 : 42, 42 : 21 : 21, 21 : 21 : 21 : 21, 42 : 21 : 11 : 10, 21 : 21 : 21 : 11 : 10, wobei gelegentlich auch haploide Genome noch eine weitere Unterteilung aufwiesen. Damit ließe sich vielleicht erklären, warum aus einer direkten Kernteilung auch einmal verschieden große Tochterkerne entstehen könnten. Auch die Kerngrößenproportionen in drei- und vierkernigen Zellen (siehe z. B. E. HINTZSCHE 1946 und 1954, sowie O. BUCHER und R. GATTIKER 1954 a, S. 320/21; ferner Abb. 39 a) müßten unter diesem Gesichtspunkt neu überprüft werden.

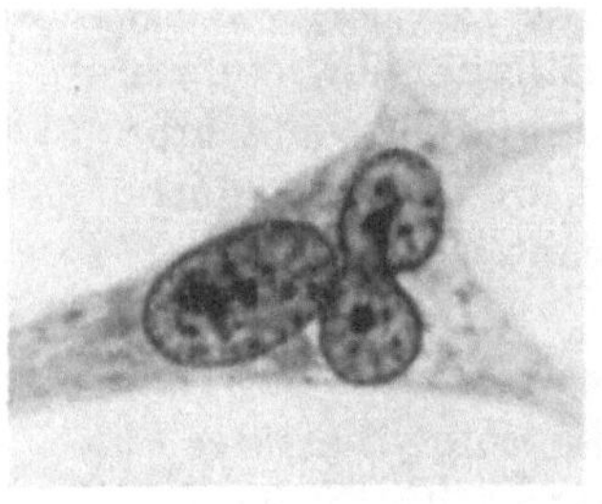
a

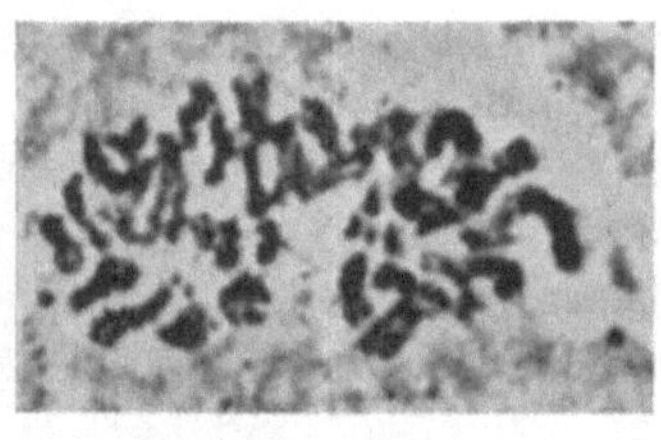

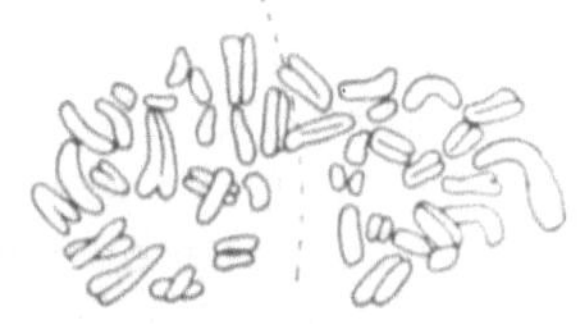
b

Abb. 39 *a*. Zweikernige Zelle aus einer fixierten Bindegewebekultur (Deckglaskultur von Kaninchen-Subcutangewebe). Der eine der beiden etwa gleich großen Kerne zeigt eine amitoseverdächtige Einschnürung. Photographie Vergr. 1000fach.
(Original.)

Abb. 39 *b*. Diploide Metaphase mit Genomsonderung in zwei haploide Chromosomensätze (Rattenleber). Links: Photographie, rechts: Zeichnung der einzelnen Chromosomen.
(Aus GLÄSS, 1957.)

Die im Schrifttum niedergelegten Auffassungen über die bei einer amitotischen Kernteilung zustande kommende Aufteilung der Chromosomen als Träger der Erbanlagen weichen, wie wir gesehen haben, immer noch stark voneinander ab. Verschiedene Autoren haben nun die Frage aufgeworfen, ob eine genaue Halbierung notwendig sei, und sind zu einer verneinenden Antwort gekommen (J. KISSER 1922; ST. KROMPECHER 1937; W. JACOBJ 1942; PH. STÖHR 1951; u. a.). Wir selbst (O. BUCHER 1948 und 1956) hatten seinerzeit in unserem Lehrbuch den Schluß gezogen: „Da das ganze Chromosomenmaterial der amitotisch geteilten Kerne in den allermeisten Fällen doch in ein und derselben Zelle bleibt, ist eine kompliziert ausbalancierte Aufteilung der Erbanlagen, die bei der direkten Teilung des Arbeitskernes auch schwer zu verstehen wäre, gar nicht unbedingt notwendig." Wir möchten heute jedoch die Theorie der „Genomsonderung" als eine interessante Arbeitshypothese betrachten, die uns vielleicht gestattet, eine erbgleiche Aufteilung doch in Betracht zu ziehen.

3. Amitotische Kern- oder auch Zellteilung?

Nach den Angaben der ältesten Amitoseliteratur wäre die direkte Kernteilung immer von einer Zellteilung gefolgt; häufig sprach man auch von dem REMAKschen Schema, obwohl, wie wir heute annehmen (siehe auch Kapitel II), es sich bei dem, was dieser Autor 1858 beschrieben hatte, in Wirklichkeit kaum um Amitosen gehandelt haben dürfte. Bereits W. FLEMMING (1882) gebrauchte dann die Begriffe „direkte K e r n teilung", „welche zur Bildung von zwei bis mehr Kernen in einer Zelle führt (abgesehen davon, ob diese selbst sich zugleich oder nachher noch teilen mag)", und „direkte Z e l l teilung" („Teilung einer Zelle nach vorgängiger oder mit gleichzeitiger Teilung des Kerns", l. c., S. 347/48 bzw. 343). Man mag daraus schließen, daß er wohl bereits daran zweifelte, daß die amitotische Kernteilung immer von einer Zellteilung gefolgt sei. Noch einen Schritt weiter gingen H. E. ZIEGLER und O. VOM RATH (1891, S. 756) mit der Bemerkung: „Bei der amitotischen Kernteilung unterbleibt die Zellteilung sehr häufig, aber nicht immer." Ganz ähnlich drückte sich schließlich auch F. WASSERMANN auf Grund des bis 1929 vorliegenden Schrifttums in seinem Handbuchbeitrag aus (l. c., S. 558): „Man wird also die vollständige amitotische Zellteilung nicht für ausgeschlossen halten dürfen, aber es ist sicher, daß die Teilung des Zellenleibes mit der Kernamitose lange nicht so eng verbunden ist wie mit der Mitose. ... die Amitose ist hauptsächlich ein Akt der Kernvermehrung."

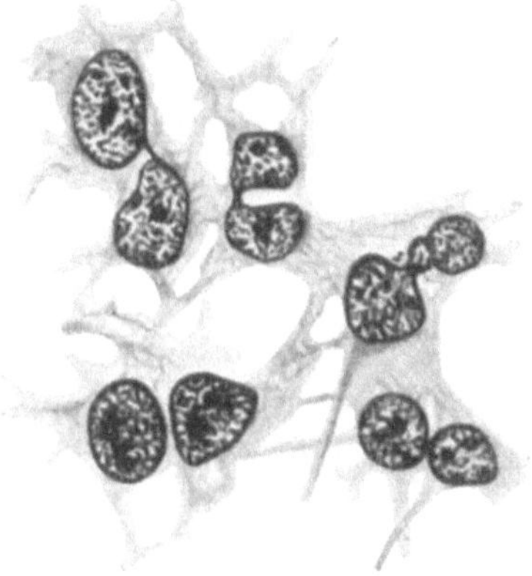

Abb. 40. Gruppe von Mesenchymzellen aus Radix mesenterii eines Kaninchenembryos. Amitotische Kernteilungsbilder und rechts unten angeblich auch Teilung des Zellkörpers. Zeichnung.
(Aus MAXIMOW, 1908.)

In einer ganzen Reihe von Arbeiten, vor allem älteren, zum kleineren Teil aber auch neueren Datums, findet sich dagegen die Auffassung, daß die amitotische Kernteilung in der Regel oder zumindest in vielen Fällen von einer Cytoplasmateilung gefolgt sei, was eine Zellvermehrung zur Folge haben würde. Es scheint uns jedoch nicht überflüssig zu bemerken, daß fast alle Befunde, durch welche diese Meinung anscheinend gestützt wird, an fixierten Präparaten erhoben worden sind. Ferner dürfte durch eine systematische Nachprüfung der betreffenden Untersuchungsresultate gezeigt werden können, daß es sich gar nicht immer um amitotische Teilungen (i. e. S.) gehandelt hat (z. B. bei N. LOEWENTHAL 1904, oder bei H. E. MACMAHON 1933, u. a.; siehe auch Abb. 31, S. 62).

Amitotische Zellteilungen sind vor allem von Zellen der Binde- und Stützgewebe beschrieben worden, wie wir — ohne auf Vollständigkeit Anspruch erheben zu wollen — an einigen Beispielen zeigen möchten. A. MAXIMOW (1908, S. 96) sowie W. LIPP (1952 a, S. 299, und 1952 b, S. 180) berichten über „richtige Amitosen" in Mesenchymzellen (von Kaninchen und Meerschweinchen), welche zu Kern- und Zellvermehrung führen. Beide Forscher waren ihrer Sache jedoch nicht ganz sicher, denn MAXIMOW schrieb selbst (l. c.), man könnte einwenden, „daß es riskiert sei, solche Schlüsse nur auf Grund von Übergangsformen im fixierten Präparat zu ziehen" (siehe in Abb. 40, rechts unten), während nach LIPPS Formulierung das Zellprotoplasma sich späterhin ebenfalls zu teilen „scheint" (1952 a, l. c.), was auch R. HAHN (1957 a, S. 29) vermutete.

Die gleiche Unsicherheit findet sich aber auch in anderen Veröffentlichungen: W. PFUHL (1932 a, S. 81/82) erwähnte Amitosen in Fibrocyten des lockeren Bindegewebes, besonders beim jungen Tier (er untersuchte Kaninchen, Meerschweinchen und Katze), beim erwachsenen Tier nur dann, „wenn eine neue Leistungssteigerung der Zellen notwendig wird, so etwa bei Entzündungs- und Heilungsvorgängen". Er betrachtete die nicht seltenen „Doppelfibrocyten" (siehe z. B. seine Abb. 26, S. 66) als Resultat abgelaufener amitotischer Zellteilungen: „Die Lückenlosigkeit der Zustandsbilder und der Umstand, daß gerade immer z w e i Fibrocyten in der geschilderten Weise zusammenhängen, sprechen so überzeugend für vorausgegangene Amitose, daß wir nicht daran zweifeln können." Sechs Jahre später jedoch urteilte der gleiche Autor (1938, S. 133): „Zweikernigkeit oder das typische Bild der «Doppelfibrocyten» sind nicht beweisend für Amitose. Es kann auch endocelluläre Mitose oder unvollständige Teilung des Zelleibes nach Mitose vorliegen", und nochmals ein Jahr später (W. PFUHL und H. KÜHTZ 1939, S. 119): „Für die Fibrocyten bestreiten wir ganz entschieden die Möglichkeit einer echten amitotischen Zellvermehrung." Andererseits glaubte auch G. JASSWOIN (1928, S. 122 und 151) im lockeren Bindegewebe von Säugetieren, z. B. von jungen Kaninchen, Amitosen angetroffen zu haben; nach seiner Ansicht würden die Fibrocyten nach der direkten Kernteilung eine Zeitlang zweikernig bleiben, später sich jedoch allmählich in zwei einkernige Zellen aufteilen.

Wir sind auf diese Meinungsänderungen absichtlich etwas näher eingetreten, weil wir daraus entnehmen können, mit welcher Zurückhaltung und Kritik wir die in der Literatur niedergelegten Angaben über die verschiedenen Aspekte der Amitose aufnehmen müssen und wie außerordentlich schwierig es manchmal ist, aus dem Schrifttum auf die tatsächlichen Verhältnisse zu schließen.

Auch die freien Zellen des Bindegewebes sollen sich nach gewissen Autoren amitotisch teilen können, so die Mastzellen (J. LEHNER 1924; siehe dazu aber auch G. BLOOM 1958) und die Histiocyten (= Klasmatocyten). Von diesen hat W. PFUHL (1932 a, S. 50/51) im lockeren Kaninchenbindegewebe mit Vitalfärbung durch Trypanblau Bilder gesehen, nach denen „die Amitose stets als Längsdurchschnürung der Zellen vor sich gehen" müßte. Seine diesbezügliche Abbildung (15, S. 50) erinnert stark an unsere aus einer Arbeit von A. BENNINGHOFF (1923) reproduzierte Fig. 5, und wir glauben in Übereinstimmung mit den S. 25 diskutierten Ausführungen BENNINGHOFFS, daß die Beobachtung PFUHLS nicht als amitotische Zellteilung gedeutet werden darf. Diese Annahme wird letzten Endes auch von W. PFUHL und H. KÜHTZ (1939, S. 119) bestätigt, wenn auch in etwas verklausulierter Form. Indessen wurde das Vorkommen von amitotischen Teilungen von Histiocyten in leicht entzündetem Kaninchenbindegewebe auch von H. L. WEATHERFORD (1933, S. 553 und 538) angenommen.

Die primitiven Erythroblasten des menschlichen Embryos sollen sich ebenfalls durch amitotische Zellteilung vermehren können (W. Knoll 1928; W. Burkl 1949).

Weiter sind amitotische Zellteilungen beschrieben worden in Sehnenzellen (M. Nowikoff 1910; siehe auch unsere Abb. 25, S. 55) und in Knorpelzellen (M. Nowikoff 1908; H. C. Elliott 1936; siehe auch Abb. 41), ferner in Knochenzellen (M. Nowikoff 1910; T. H. Bast 1921 a und b; St. Krompecher 1937), was aber von C. W. Stump (1925, S. 151) abgelehnt wurde, sowie in glatten Muskelzellen des graviden Tieruterus (H. Froböse 1932 und 1935, F. Preuss 1954). Auch in Endothel- und Epithelzellen sollen direkte Zellteilungen festgestellt worden sein, z. B. von D. Sinapius (1958, menschliche Venenendothelien), von B. Romeis (1926, Parenchymzellen von Anuren-Epithelkörperchen) und von E. Grynfeltt (1931, Stratum germinativum des

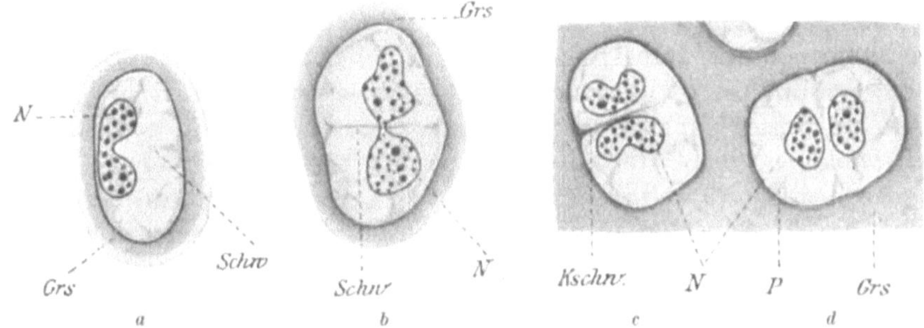

Abb. 41 *a—d*. Amitotische Zellteilungen in Knorpelzellen (hyaliner Knorpel aus Embryo von *Lacerta muralis*). *N* = Zellkern, *P* = Cytoplasma, *Schw* = Scheidewand zwischen Tochterzellen, *Kschw* = Knorpelscheidewand zwischen Tochterzellen, *Grs* = Knorpelgrundsubstanz. Zeichnungen. Vergr. 1950fach. (Aus Nowikoff, 1908.)

geschichteten Plattenepithels der Haut und der Mund- und Pharynxschleimhaut des Meerschweinchens). Nach diesem Autor wären Amitosen, die nur zur Zweikernigkeit der Zelle führen, abortiv, wobei besonders mechanische Bedingungen die Teilung des Zelleibes verhindern würden. Die Ausführungen von Grynfeltt sind jedoch, wie die Diskussion seines Vortrages gezeigt hat (l. c., S. 224—227), schon damals sehr skeptisch aufgenommen worden.

M. Staemmler (1928 a und b), der sich in seinen Untersuchungen besonders mit Leber- und Nierenparenchymzellen sowie mit Herz- und Skelettmuskulatur befaßt hat, wollte für Leber und Niere die Möglichkeit einer amitotischen Zellteilung nicht ganz ausschließen, obwohl er dafür keine Anhaltspunkte geben konnte. Auch H. E. MacMahon (1933, S. 436) glaubte, daß in der Leber die amitotische Kernteilung einmal von einer Zelleibsteilung gefolgt sein würde, doch sind seine Befunde ebenfalls nicht beweiskräftig (siehe S. 63 und Abb. 31). Schließlich war es auch für W. Gössner, G. Schneider, M. Siess und H. Stegmann (1951, S. 341), welche jedoch die Schwierigkeiten bei der Beurteilung eines histologischen Präparates im Hinblick auf solche Vorgänge nicht verkannten, „durchaus denkbar, daß auch amitotische Zellteilungen neben den Mitosen eine Rolle spielen" (in der Leber der weißen Maus mit experimenteller Amyloidose), und E. Grundmann (1955, S. 366/67) schloß auf amitotische Zellteilungen im experimentellen Rattenhepatom.

Wir neigen mit St. Krompecher (1937, S. 250) eher zu der Auffassung, daß nach amitotischer Kernteilung der Zellkörper nicht nur in den quergestreiften Muskelfasern, sondern auch in den Leberzellen und z. B. auch in den Deckzellen des Übergangsepithels der Harnwege ungeteilt bleibt. Schließlich dachte W. Andrew (1955, S. 7) auch noch an die Möglichkeit einer amitotischen Zellteilung der Purkinje-Zellen des Kleinhirns alter Mäuse; beide Zellkörper würden dann — wie in einem in seinen Präparaten beobachteten Fall — Y-förmig am gleichen Axon hängen. Häufiger wäre jedoch in diesen Zellen die amitotische Kernteilung, die zur Bildung zweikerniger Zellen führt.

Amitotische Zellteilungen würden nach C. Bacaloglu und C.-I. Parhon (1926), E. Grynfeltt (1931 und 1932), S. Kawanago (1940) und W. Homann (1955) u. a. auch in Geschwülsten vorkommen.

Den das Vorkommen einer amitotischen Zellteilung bejahenden Angaben, welche, wie auch M. Hartmann (1953, S. 336) hervorhob, einen sicheren Nachweis der direkten Zellteilung jedoch kaum erbracht haben, steht eine größere Zahl von ablehnenden Äußerungen gegenüber; diese basieren auf an ganz verschiedenem Untersuchungsmaterial erhobenen Befunden.

Das Ausbleiben der Zellteilung nach direkter Kernteilung wurde in verschiedenen Insektengeweben festgestellt, so z. B. in den Malpighischen Kanälchen des Exkretionsapparates von *Diapheromera femorata* und von *Melanoplus differentialis* (W. S. Marshall 1908, bzw. L. G. Worley 1942), in Fettzellen von Larven von *Pieris rapae* (W. Nakahara 1918), im Follikelepithel des Ovars von Läusen und Federlingen (E. Ries 1932; E. Ries und P. B. van Weel 1934; I. Fischer 1936). Analoge Beobachtungen wurden an Melanophoren von Fischen (Atherinen und Zahnkarpfen) von H. Graupner und I. Fischer (1935) bzw. von H. Breider (1938) gemacht, und zu gleichen Schlüssen gelangte man auch auf Grund von Untersuchungen an verschiedenen Organen von Mensch und Säugetieren (M. Clara 1930—1936; G. Arndt 1935; W. Ehrich 1935; F. Loreti und G. Perroncito 1938; E. Knake 1950; F. Feyrter 1957; I. Fujiwara 1957; und viele andere).

Es lag nun nahe, das Problem der amitotischen Zellteilung in der Gewebekultur in vitro weiter zu verfolgen. Leider sind aber auch hier, wie wir gleich sehen werden, die Resultate nicht einheitlich ausgefallen, wenn auch die weit überwiegende Mehrzahl der Gewebezüchter die amitotische Zellteilung ablehnt (siehe Tab. 3, S. 86 ff.).

Wir möchten, um unnötige Wiederholungen zu vermeiden (siehe Kapitel IV), hier nur die Arbeiten kritisch betrachten, welche eine Zelleibsteilung befürworteten. A. Policard (1925), der mit Kulturen von Nieren- und Leberepithel experimentierte, kam zum Schluß, daß in vitro die Vermehrung des Epithelgewebes durch amitotische Teilung erfolgen müsse („... opinion que la multiplication in vitro du tissu épithélial se fait par division amitotique et non par division indirecte“, l. c., S. 535/36). Die Zellteilung wurde zwar nicht expressis verbis erwähnt, doch muß sie sinngemäß angenommen werden, zudem der gleiche Autor auch in seinem Lehrbuch (1950, S. 110) schrieb: „Dans les cultures, des éléments jeunes se multiplient exclusivement par amitose.“ Diese Verallgemeinerung ist bestimmt unzulässig, und was die

Epithelkulturen betrifft, so finden wir eine mit der Auffassung POLICARDS übereinstimmende Angabe nur bei C. KREIBICH (1914), dessen eigentlich nicht sehr aufschlußreiche Arbeit aus der Anfangszeit der Gewebezüchtung stammt und dessen Resultate leider nie nachgeprüft worden sind. Manche andere Forscher haben in Epithelkulturen einzig und allein für Kernamitosen Anhaltspunkte gefunden, doch möchten wir nicht unterlassen anzuführen, daß E. HINTZSCHE (1954, S. 551) in Leberexplantaten, die er speziell für diesen Zweck wiederholt mikrokinematographiert hat, nicht einmal direkte Kernteilungen nachweisen konnte (siehe Fußnote auf S. 19).

Amitotische Zellteilungen in Bindegewebekulturen wurden von W. VON MÖLLENDORFF (1931, S. 160) vermutet („Gerade auf amitotische Teilungen führen wir es zurück, daß man oft von großen bis zu kleinsten Zellen alle Größen antrifft, wobei eine Zweiergruppierung sehr oft vorkommt"). W. BLOOM (1931) hat sogar in lebenden Kulturen Amitosen gesehen, wobei es aber nicht ganz klar ist, ob es sich nur um Kernteilungen oder auch um Zellteilungen handelte. Wohl schrieb er auf S. 154: „In the study of living connective tissue cultures, we have observed amitotic division of the cells"; auf S. 156 steht jedoch: „Nor have I seen complete amitotic division of a cell in tissue culture into two separate daughter cells, although the occurrence of cells with two nuclei after several days in vitro is not uncommon." In langsamwachsenden Hühner-Fibroblastenkulturen (in Plasmamedium ohne Extraktzusatz) fand R. C. PARKER (1932, S. 726) bei fast vollständigem Fehlen von Mitosen zahlreiche Zellen mit zwei oder mehr Kernen und viele amitotische Kernteilungen; aus mikrokinematographischen Aufnahmen schloß er: „... every observation made has been of such a nature as to suggest that cell multiplication in these cultures ... may take place amitotically." Diese Ausdrucksweise ist allerdings mehr als vorsichtig. Noch unbestimmter drückten sich E. UHLENHUTH (1917, S. 200/201: „wahrscheinlich Zellteilung") und H. STIEVE (1939, S. 17) aus, welch letzterer im Fibrocytennetz menschlicher Milzkulturen immer wieder Bilder fand, „die auf direkte Zellen- oder, besser gesagt, Kernvermehrung hinweisen"; dazu bemerkte er: „... ob dieser später eine Teilung der Cytoplasmabezirke folgt, ist schwer zu entscheiden; ich halte es aber für wahrscheinlich". STIEVE stützte sich bei dieser Vermutung vor allem auf „andere Forscher" (welche?); er selbst hatte keine Belege dafür. So bleibt in dieser Gruppe von Versuchsresultaten nur wenig übrig, was als Beweis für das Vorkommen einer amitotischen Zellteilung verwendet werden könnte, während viele Befunde dagegen sprechen (siehe auch E. WENDT 1959, S. 682).

Verschiedene Autoren haben mit Kulturen von Sarkomzellen gearbeitet, so z. B. A. FISCHER (1925) mit dem Rousschen Hühnersarkom. Er glaubte, „daß Sarkomzellen sich auf eine Weise teilen, welche anscheinend eine einfache Abschnürung von neuen Zellen ist" (l. c., S. 260). Aber genügt eine solche Angabe, um eine direkte Zellteilung zu beweisen oder nur wahrscheinlich zu machen? Genügt es, wenn S. MORIGAMI (1938) aus fixierten Präparaten eines in vitro gezüchteten Methylcholanthren-Sarkoms der Maus auf das Vorkommen von amitotischen Zellteilungen schließt, ohne irgendwelche dafür sprechende Untersuchungsergebnisse anzuführen? In „roller

Tab. 3. *Zusammenstellung der Resultate amitotischer Teilungen in Gewebekulturen (* = Beobachtungen an lebenden Kulturen).*

Gewebe	Explantat	Autor	Nur Kern-teilung	Auch Zell-teilung
Epithel	Epidermis und Corneaepithel (Meerschweinchen)	C. KREIBICH (1914)		+?
	Epidermis (Amphibien)	S. J. HOLMES (1914)	+	
	Epidermis (Frosch)	E. UHLENHUTH (1917)	+	?
	*Leber (Hühnerembryo)	R. S. LYNCH (1921)	+	
	Milchdrüsengewebe (Kaninchen)	A. MAXIMOW (1925)	+	
	Leber und Niere (Ratte)	A. POLICARD (1925)		+?
	verschiedene Froschepithelien	A. V. RUMJANTZEW (1928)	+	
	verschiedene Epithelien (Hühnerembryo)	O. KAPEL (1929)	+	
	Niere (Kaninchen, Hund, Katze)	S. D. SCHACHOW (1930)	+	
	Darm (Ratte)	A. M. CHLOPKOW (1931)	+	
	Darm (Hühnerembryo)	V. BISCEGLIE (1932)	+	
	*Serosaepithelzellen (Meerschweinchen)	W. SCHOPPER (1932)	+	?
	Nebenhoden (Kaninchen)	N. G. CHLOPIN (1934)	+	
	Ureter (Kaninchen)	A. S. LEŽAVA (1934)	+	
	Niere (Kaninchen)	C. ROBINOW (1935)	+	
	Pars caeca retinae	J. A. WINNIKOW (1937)	+	
	Irisepithel	I. FISCHER (1938)	+	
	Leber (menschlicher Embryo)	N. I. GRIGORYEV (1957)	?	?
Bindegewebe	*Herz (Hühnerembryo)	C. C. MACKLIN (1916 a und b)	+	
	Mesenchym (Hühnerembryo)	A. V. RUMJANTZEW (1928)	+	
	*Herz (Hühnerembryo)	L. BUCCIANTE (1929)	+	
	Milz, Niere, Herz, Subcutis (verschiedener Tiere)	S. D. SCHACHOW (1930)	+	
	*lockeres Bindegewebe	W. BLOOM (1931)	+?	+?
	Subcutis (Kaninchen)	M. VON MÖLLENDORFF (1931 a)	+	
	Subcutis (Kaninchen)	W. VON MÖLLENDORFF (1931)		+?

Gewebe	Explantat	Autor	Nur Kern-teilung	Auch Zell-teilung
	Hautmesenchym und Subcutis (menschlicher Embryo)	N. G. CHLOPIN (1932)	+	
	*Fibroblasten (Hühnerembryo)	R. C. PARKER (1932)	+	+
	Herz (Hühnerembryo)	J. ZWEIBAUM und M. SZEJNMAN (1935, 1936)	+	
	Milz (erwachsener Mensch)	H. STIEVE (1939)	+	?
	*Granulomgewebe aus einer Knochencyste	E. SACERDOTE DE LUSTIG und D. BRACHETTO-BRIAN (1946)	+	
	Fibroblasten (Maus und Ratte)	W. H. LEWIS (1947)	+	
	Subcutis (Kaninchen)	O. BUCHER (1947, 1952)	+	
	Subcutis (Kaninchen, menschlicher Embryo), Herz und Os frontale (Hühnerembryo)	O. BUCHER (1955, 1958 b)	+	
	*Herz (Hühnerembryo)	O. BUCHER (1958 a)	+	
Sarkom	*Rous-Sarkom (Huhn)	A. FISCHER (1925)	+	?
	*Spindelzellsarkom	W. H. LEWIS und B. BRÜDA (1926), W. H. LEWIS (1927 a)	+	
	*WALKERsches Sarkom (Ratte)	W. H. LEWIS (1927 b)	+	
	experimentelles Methylcholanthren-Sarkom (Maus)	S. MORIGAMI (1938)		+ ?
	*Maus-Sarkom BA 2, CROCKERsches Sarkom (Ratte)	W. H. LEWIS (1947)	+	
	*Mastzelltumoren (Hund)	G. H. PAFF, F. BLOOM und C. REILLY (1947 a)		+
	*Asciteszellen des YOSHIDA-Sarkoms (Ratte)	A. ATSUMI (1953)	+	
	*Chondrosarkom (Mensch)	G. O. GEY, F. B. BANG und M. K. GEY (1954)	+ ?	+ ?
Diverses	Knochenmarkskulturen (Huhn)	N. C. FOOT (1912, 1913)		+ ?
	*Lymphknotenkultur (Mensch)	W. H. LEWIS und L. T. WEBSTER (1921)	+	

Gewebe	Explantat	Autor	Nur Kern-teilung	Auch Zell-teilung
	Lymphknoten	E. BARTA (1926)	+	
	*verschiedene Gewebe	W. H. LEWIS (1927 a, 1947)	+	
	„Gewebekulturen"	V. BISCEGLIE und A. JUHÁSZ-SCHÄFFER (1928)	+	
	*Synovialmembran (Kaninchen)	E. VAUBEL (1933)		+
	verschiedene Gewebe	G. LEVI (1934)	+	
	Hoden (Kaninchen)	G. IVANOVICS und R. R. HYDE (1936)	+	
	*SCHWANNsche Zellen	M. R. MURRAY und A. P. STOUT (1940)	+	
	Thymuskulturen (Huhn, Ratte, Meerschweinchen)	I. TÖRÖ (1955)		+?
	*Skelettmuskel	M. CHÈVREMONT (1956)	+	
	*Skelettmuskel (Hühnerembryo)	O. BUCHER (1958 a)	+	

tube"-Kulturen eines menschlichen Chondrosarkoms photographierten jedoch G. O. GEY, F. B. BANG und M. K. GEY (1954, S. 990/991) eine lebende Knorpelzelle, die 4½ Wochen (!) nach der direkten Kernteilung eine Andeutung einer Zelleibsteilung erkennen ließ (siehe auch S. 18), aber diese offenbar nicht vollendete. In Deckglaskulturen von Mastzelltumoren (vom Hund) stellten G. H. PAFF, F. BLOOM und C. REILLY (1947 a, S. 120) vollständige amitotische Teilungen in zwei gleich große Tochterzellen fest, die sie auch gefilmt haben.

Ferner wurden amitotische Zellteilungen auch von E. VAUBEL (1933, Kulturen von Kniegelenksynovia des Kaninchens) beschrieben, wobei nicht ganz klar ist, ob er sich auf die lebenden Kulturen bezog, während W. SCHOPPER (1932, Serosazellen des Meerschweinchens) in lebenden Zellen nur Kernteilungen ermitteln konnte. Über eine eventuelle amitotische Zellteilung äußerte er sich wie folgt (l. c., S. 513): „An lebenden Kulturen konnte ich jedenfalls nichts Derartiges beobachten, aber einige Befunde an gefärbten Kulturen möchte ich nicht unerwähnt lassen. Hier sieht man auch an den meisten Zellen mit amitotischer Kernteilung nicht die geringsten Veränderungen des Protoplasmas, aber bei der Durchsicht einer großen Zahl von Kulturen finden sich doch hier und da an solchen Zellen leichte Protoplasmaeinschnürungen und Übergänge zu Zellen, deren Hälften nur noch durch schmale Protoplasmabrücken miteinander verbunden sind." Diese Beschreibung erinnert an die obenerwähnten „Doppelfibrocyten" von W. PFUHL (1932 a, 1938), die unseres Erachtens das Vorkommen einer amitotischen Zellteilung ebensowenig beweisen können wie die von W. von Möllendorff (s. o.) angeführte „Zweiergruppierung".

Schließlich mag es gerechtfertigt sein, das Urteil eines so viel erfahrenen Gewebezüchters wie G. Levi (1934, S. 310) wiederzugeben, der schrieb: „... haben weder ich noch meine Mitarbeiter in der langen, an Tausenden von lebenden Kulturen erworbenen Erfahrung gesehen, daß der Kernamitose eine Teilung des Cytoplasmas folge."

Trotzdem müssen wir bei der geschilderten Sachlage an die Möglichkeit denken, daß die amitotische Kernteilung einmal von einer Zellteilung gefolgt sein könnte. In diesem Sinne äußern sich heute denn auch die meisten Lehrbuchautoren, darunter G. Levi (1954, S. 210—214), und wir selbst faßten das, was wir heute über das in diesem Kapitel erörterte Problem wissen, wie folgt zusammen (O. Bucher 1956, S. 56): „Meistens entstehen durch amitotische Teilungen der Arbeitskerne zwei- bis mehrkernige Zellen, indem die entsprechende Teilung des Zelleibes ausbleibt. Der Sinn der Amitose liegt somit vor allem in der Kernvermehrung. Während mitotische Kernteilung und Cytoplasmateilung gewöhnlich assoziiert sind, sind amitotische Kernteilung und Zellteilung meistens nicht miteinander gekoppelt" (Abb. 42).

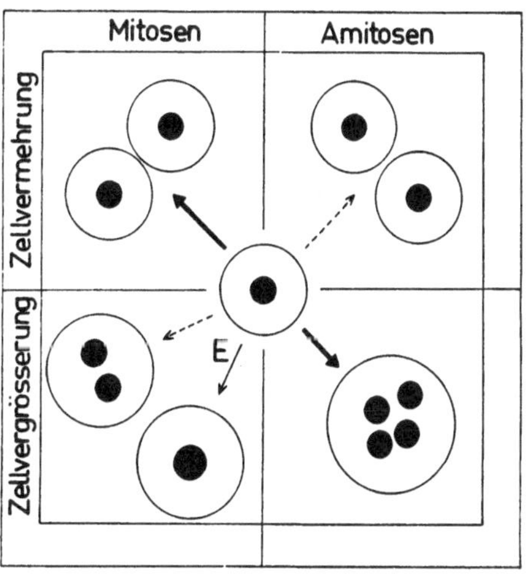

Abb. 42. Beziehungen zwischen Kern- und Zellteilungen (siehe Text). E = Endomitose. (Aus Bucher, 1956.)

4. Über die Entstehung zwei- und mehrkerniger Zellen

Es soll hier, gewissermaßen anhangsweise, kurz über die Entstehungsgeschichte zwei- und mehrkerniger Zellen berichtet werden, da hierbei, wie wir dem vorstehenden Abschnitt bereits entnehmen konnten, die Kernamitose offenbar eine wichtige Rolle spielt. Schon vor vielen Jahrzehnten schrieben H. E. Ziegler und O. vom Rath (1891, S. 756): „Wo amitotische Kernteilung vorkommt, findet man meistens auch mehrkernige Zellen, und die meisten Fälle mehrkerniger Zellen sind auf amitotische Kernteilung zurückzuführen." Indessen wollen wir nicht übersehen, daß zweikernige Zellen auch auf andere Weise entstehen können (siehe auch W. H. Lewis 1927 a; O. Bucher 1958 b), so daß ihr Auftreten nicht a priori für das Vorkommen von Amitosen beweisend ist.

Diese Fragen sind vor allem an der Leber (sowie einigen anderen Organen) und an Gewebekulturen studiert worden. Wir wollen die diesbezüglichen Arbeiten diskutieren, und schließlich soll dann auch die Entstehung der Riesenzellen gestreift werden. Fügen wir gleich noch bei, daß vier Bildungsmöglichkeiten von zweikernigen Zellen und Riesenzellen bestehen: 1. mitotische Kernteilung ohne nachfolgende Zellteilung, 2. amitotische Kernteilung, 3. Kernfragmentierung (s. S. 41 ff.) und 4. Zellverschmelzung.

Es ist eine Erfahrungstatsache, auf welche von F. Th. Münzer (1923, 1925), M. Clara (1930, 1931), H. E. MacMahon (1933) u. a. hingewiesen worden ist, daß in der Leber des Neugeborenen die zweikernigen Zellen selten sind; ihre Häufigkeit nimmt nach der Geburt allmählich zu, um beim erwachsenen Individuum einen beträchtlichen Prozentsatz zu erreichen (für Einzelheiten siehe auch W. Pfuhl 1930; J. Böhm 1931; W. Michaelis 1931), wobei übrigens Artunterschiede bestehen. Gleichzeitig werden die Mitosen immer seltener, und in erwachsenen gesunden Lebern von Mensch und Tier werden sie „so gut wie nie angetroffen" (Clara 1931). Einen grundsätzlich ähnlichen Befund erhoben auch M. E. Wilson, R. E. Stowell, H. O. Yokoyama und K. K. Tsuboi (1953), die in der regenerierenden Mausleber feststellten, daß die Zahl der zweikernigen Zellen dann wieder anstieg, wenn die mitotische Teilungstätigkeit wieder zur Ruhe kam. So lag denn der Schluß nahe, daß die Zweikernigkeit der Leberzellen auf amitotische Vorgänge zurückgeführt werden müsse, „obwohl in der normalen Leber die Ausbeute an einwandfreien Amitosen im allgemeinen recht spärlich ist" (Clara, l. c., S. 152). Letzteres können wir durchaus bestätigen, wennschon F. Th. Münzer (1923, S. 273) „in fast allen Lebern von jungen und erwachsenen Tieren Kernformen, die man unbedenklich als Zerschnürungsbilder bezeichnen darf", gefunden haben wollte.

F. Th. Münzer (1925, S. 140 ff.) machte ferner die interessante Feststellung einer erheblichen Zunahme der zweikernigen Zellen in der nach dem Tode des Tieres (Kaninchen) noch etwas „überlebenden" Leber. Ob diese erst 5—7 Stunden post mortem beginnende Veränderung als „der sichtbare Ausdruck eines Regulationsvorganges des Zellebens ... bei andauernder Verschlechterung der Lebensbedingungen, als ein intrazellulärer lebensverlängernder und lebensrettender Vorgang" (l. c., S. 148) bezeichnet werden darf, ist eine andere Frage. Unseres Erachtens handelt es sich hier um postmortale Kernveränderungen, die nicht in gleicher Weise gedeutet werden können, wie das von ihm ebenfalls beobachtete vermehrte Auftreten zwei- und großkerniger Zellen nach gewissen experimentellen Eingriffen (Funktionssteigerung z. B. durch geeignete Fütterungsversuche und Injektion bestimmter Stoffe).

Eine starke Abhängigkeit des prozentualen Anteiles an zweikernigen Zellen (und an Amitosen) von der Quantität und insbesondere auch von der Qualität der Nahrung ist in der Leber der weißen Maus von F. Th. Münzer (1925), R. Noël (1923) und von G. Schröter (1937) nachgewiesen worden. Die beiden letzteren Autoren fanden eine starke Zunahme der Zweikernigen nach Speckfütterung und eine schwache Zunahme nach Eiweißfütterung, während ihre Zahl nach Zuckerfütterung nahezu normal blieb. E. M. Wermel und M. W. Ssinewa (1934) hatten ihrerseits in der Rattenleber auch nach einseitiger Ernährung mit Zucker eine Vermehrung der zweikernigen Zellen festgestellt. Einen erhöhten Prozentsatz solcher Zellen sah schließlich auch

Z. Szittyay (1937) in der Kaninchenleber nach Verabreichung von Vitamin D (Vigantol). Mit der Zahl der Zweikernigen stieg zunächst ebenfalls die der eingeschnürten Kerne, und die zitierten Autoren nahmen alle an, daß die beobachteten zweikernigen Zellen durch amitotische Kernteilung entstanden seien. „Jamais nous n'avons observé de mitoses. Le stade binucléé ou plurinucléé est atteint par un processus d'étranglement nucléaire“ (Szittyay, l. c., S. 298). Eine über die Deutung dieser Vorgänge als „Reaktions- und Anpassungsfähigkeit der lebenden Substanz“ (Schröter, l. c.) hinausgehende physiologische Erklärung der beschriebenen Befunde wurde leider nirgends gegeben.

Ein etwas abweichender Standpunkt findet sich nun bei H. E. MacMahon (1933), W. Pfuhl (1938), H. W. Beams und R. L. King (1942), J. W. Wilson und E. H. Leduc (1948, 1950) sowie bei M. McKellar (1949) u. a.; MacMahon sprach die Vermutung aus, „daß, obwohl weitaus die meisten doppelkernigen Leberzellen durch Amitose zustandekommen, es doch möglich ist, daß sie auch durch Mitose entstehen können“ (l. c., S. 439), und W. Pfuhl war seinerseits zur Überzeugung gekommen, „daß die Mitose auch zur ersten Entstehung der Zweikernigkeit der Leberzellen führt“ (l. c., S. 107). Wilson und Leduc (1948), in deren Arbeit die einschlägige Literatur weitgehend berücksichtigt ist, vertraten eine ähnliche Auffassung: „... that binucleate cells may arise from uninucleate cells by mitotic division of the nucleus with failure of the cytosome to divide. This seems to be the method by which in the young mouse, 3—4 weeks of age, the first considerable number of binucleate cells are produced“ (S. 379). Sie glaubten ferner, daß große vielkernige Zellen durch Zellverschmelzung zustande kommen würden (S. 380) und schlossen (1950, S. 63) auch das Vorkommen amitotischer Kernteilungen nicht aus. H. Marquardt und E. Gläss (1957, S. 631) dachten, daß in der Rattenleber multipolare Spindeln in polyploiden Mitosen den Weg darstellen würden, „wie aus einem polyploiden Kern zwei zweikernige Zellen entstehen können, von denen jeder den halben Chromosomensatz des Ausgangskerns besitzt“. Schließlich sei noch W. Jacobj (1942, S. 668) zitiert, der angenommen hat, „daß die Entstehung der Mehrkernigkeit in der überwiegenden Mehrzahl der Fälle auf amitotischer Kerndurchschnürung (Kernfragmentierung) beruht; nur selten wird sie durch mitotische Kernteilung bei ausbleibender Zellteilung (nach Art des «Störungswachstums») bedingt, und nur ganz ausnahmsweise kann einmal eine Zellverschmelzung dazu führen“.

Die Frage nach der Bildungsart der zweikernigen Zellen in der Leber kann heute somit nicht eindeutig beantwortet werden, nicht einmal für die gut fixierte „normale“ Leber, während vor rund 25 Jahren an der amitotischen Genese dieser Zellen kaum mehr gezweifelt wurde. Zudem braucht der Entstehungsmodus ja gar nicht unbedingt ein einheitlicher zu sein. Besonders in Fällen, wo durch experimentelle Einwirkungen (Gifte, Strahlen usw.) eine künstliche Vermehrung der Zweikernigkeit erzielt worden ist, sowie in menschlichem Sektionsmaterial, ist auch noch mit dem Vorkommen von Pseudoamitosen (Pyknomitosen) zu rechnen, wie W. Pfuhl (l. c., S. 108) hervorgehoben hat und auch von Wilson und Leduc (1950, S. 58 ff.) neuerdings wieder in Betracht gezogen worden ist. In dieser Hinsicht sind, wie wir schon S. 34 ff. besprochen haben, im Schrifttum sicher manche Irrtümer enthalten. Um eine Entscheidung treffen zu können, müssen wir die „Anamnese" der zu beurteilenden Präparate kennen, diese unter dem Mikroskop sorgfältig auswerten und dabei z. B. auch nach eventuellen Anfangsstadien von Mitosen oder von Amitosen suchen.

Bei der notwendigen Neubearbeitung des hier geschilderten Problems sollte die von Wilson und Leduc (1948) aufgestellte Arbeitshypothese von der schrittweisen Unterdrückung der Mitose in den Leberzellen mitberücksichtigt werden:

„In the development of the liver, shortly after birth the mitotic process is progressively suppressed. The first step is the delay and finally the failure of cytoplasmic division, resulting in binuclearity. The next step is the failure of the spindle to form so that the prometaphase proceeds to telophase without division. Finally, in endomitosis, the chromosomes may form and double without breakdown of the nuclear membrane at all. Whether or not as an extreme case of endomitosis the chromonemata may divide without condensation into chromosomes, in the resting nucleus (cryptomitosis) ..., is speculative, but it would account for the growth of the liver after visible mitotic phenomena have ceased" (l. c., S. 381).

Fällt bei normaler mitotischer Kernteilung die Cytoplasmateilung aus, so haben wir als Resultat eine zweikernige Zelle. Nach W. Pfuhl könnten die beiden Kerne sekundär zu einem doppelt großen Kern verschmelzen (1938, S. 118), sich aber in Anpassung an die wechselnde physiologische Beanspruchung allenfalls „durch einen amitoseartigen Vorgang in zwei diploide Kerne zurückteilen" (l. c., S. 120). Diese Auffassung scheint uns jedoch nicht bewiesen zu sein.

Die weiteren Stadien der progressiven Hemmung des Mitoseverlaufes nach der Hypothese von Wilson und Leduc, in welchen polyploide Kerne entstehen, könnten nach unserer Meinung die Grundlage schaffen für eine spätere amitotische Aufteilung des Kernmaterials.

Die amitotische Entstehung zweikerniger Zellen wurde außer für die Leber auch für andere Organe, so z. B. das Nebennierenmark (M. Clara 1936) und insbesondere für die Niere (E. M. Wermel und Z. P. Ignatjewa 1933; M. Clara 1935) angenommen. Bei eigenen Versuchen über das karyologische Verhalten von verschieden stark experimentell belasteten Mäusenieren, z. B. durch subcutane Einspritzung von Tyrodelösung, ist uns die auffallend gleichzeitig auftretende Frequenzzunahme von amitoseverdächtigen Kerneinschnürungen, zweikernigen Zellen sowie auch von Riesenkernen aufgefallen (O. Bucher und Cl. Gailloud 1958; Cl. Gailloud 1958; O. Bucher 1958 c). Ihre parallel verlaufende Zunahme ist in Abb. 43 sehr schön zu erkennen und geht mathematisch auch daraus hervor, daß ein Quotient „Frequenz der zweikernigen Zellen dividiert durch Frequenz der Zellen mit amitoseverdächtigen Kernformen" nur ganz geringe Schwankungen zeigt (s. Bucher und Gailloud, l. c., Tab. 1). Mitosen haben wir, von praktisch zu vernachlässigenden Ausnahmen abgesehen (17 auf 56.000 ausgewertete Kerne = 0,3‰), nicht gefunden, und auch Pseudoamitosen wurden nicht festgestellt. Da wir ferner auch keine Anhaltspunkte für Zellverschmelzungsvorgänge haben, neigen wir logischerweise dazu, das vermehrte Auftreten der zweikernigen Zellen im gegebenen Fall auf amitotische Kernteilungen zurückzuführen.

Auch die im Übergangsepithel der Harnwege vorkommenden zwei- und gelegentlich mehrkernigen Deckzellen werden nach den Angaben des Schrifttums als das Resultat von Kernamitosen gedeutet (E. S. Danini 1924; A. S. Ležava 1934; W. von Möllendorff 1940; J.-P. Gauer 1949; O. Bucher und J. Délèze 1955; A. Fridenstein 1955; I. Fujiwara 1956 und 1957). Letzterer konstantierte die amitotische Entstehung mehrkerniger Deckzellen auch in subfaszialen Homotransplantaten (von Meerschweinchen-Harnblase), wo mit einer eventuellen Reizwirkung des Urins nicht gerechnet werden mußte; A. S. Ležava machte analoge Beobachtungen an Explantaten in vitro (von Kaninchenureter).

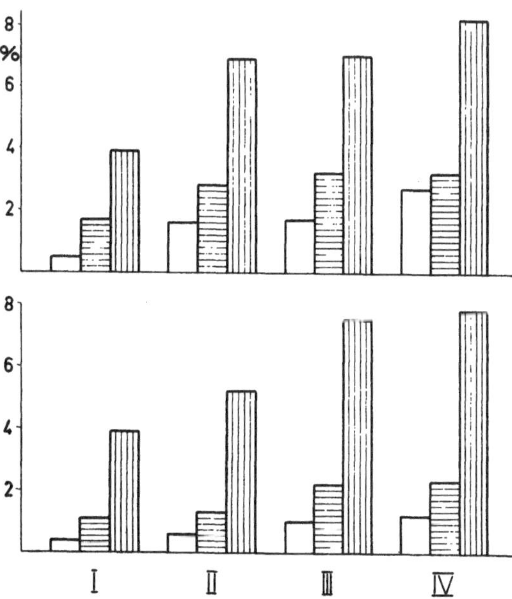

Abb. 43. Stäbchendiagramme der prozentualen Häufigkeit von Riesenkernen (leer), von amitotisch eingeschnürten Kernen (horizontal schraffiert) und von zweikernigen Zellen (vertikal schraffiert) in Nierenkanälchen von Mäusen nach Belastung mit Tyrodelösung. Obere Reihe: Hauptstücke, untere Reihe: Mittelstücke. *I* = Kontrollen; *II*, *III* und *IV* = nach 48- bzw. 72- bzw. 96stündiger Versuchsdauer (Einspritzung von 3,0 bzw. 4,5 bzw. 5,5 cm³). (Aus Bucher und Gailloud, 1958.)

Der zuverlässigste Beweis, daß zweikernige Zellen in vielen Fällen durch amitotische Kernteilung entstehen, wurde durch Untersuchungen am Follikelepithel des Insektenovars (z. B. E. Ries und Mitarb., siehe S. 22; ferner S. 99 und 134), sowie an Gewebekulturen erbracht (siehe Tab. 3, S. 86 ff., sowie W. H. Lewis, 1927 a, und O. Bucher 1958 b). Bereits C. C. Macklin hat diese Frage an lebenden und fixierten Zellen studiert: „The paired nuclei of binucleate cells in tissue cultures arise by direct division of the nucleus, or nuclear amitosis, without division of the cytoplasm. This occurs in perfectly normal cells" (1916 b, S. 100). Zellverschmelzung und mitotische Kernteilung ohne nachfolgende Zellteilung glaubte er für sein Untersuchungsmaterial ausschließen zu können (1916 a, S. 456/457). W. H. Lewis (1947) unterstützte die Auffassung, „that binucleate cells are normal and are due to amitotic division of the nucleus" — siehe auch Abb. 44 —, fügte jedoch einschränkend bei: „The possibility that some binucleate cells may arise by mitotic division of the nucleus without division of the cytoplasm or by fusion of cells should be considered since both occur in cultures but they seem to be too rare to account for all binucleate fibroblasts" (l. c., S. 443).

Es ist in der Tat nicht daran zu zweifeln, daß zweikernige Zellen nicht nur durch Kernamitose, sondern unter gewissen Bedingungen auch durch abortive Mitosen (ohne Zelleibsteilung) oder, wie gerade die Untersuchungen an Gewebekulturen zeigten, durch sekundäre Wiedervereinigung mitotischer Tochterzellen entstanden sein können. Die meisten derartigen Beobachtungen sind jedoch an Kulturen gemacht worden, die unter bestimmten experimentellen Einwirkungen (Kälte, Strahlen, Mitosegifte usw.) gestanden haben. Auch Zellverschmelzungen kommen bisweilen einmal vor (E. TÖRÖ und J. VADÁSZ 1939, S. 295), doch führt dieser Vorgang vor allem zur Entstehung von Riesenzellen.

Verschiedene Forscher haben nach morphologischen Kennzeichen gesucht, die gestatten würden, mitotisch und amitotisch entstandene zweikernige

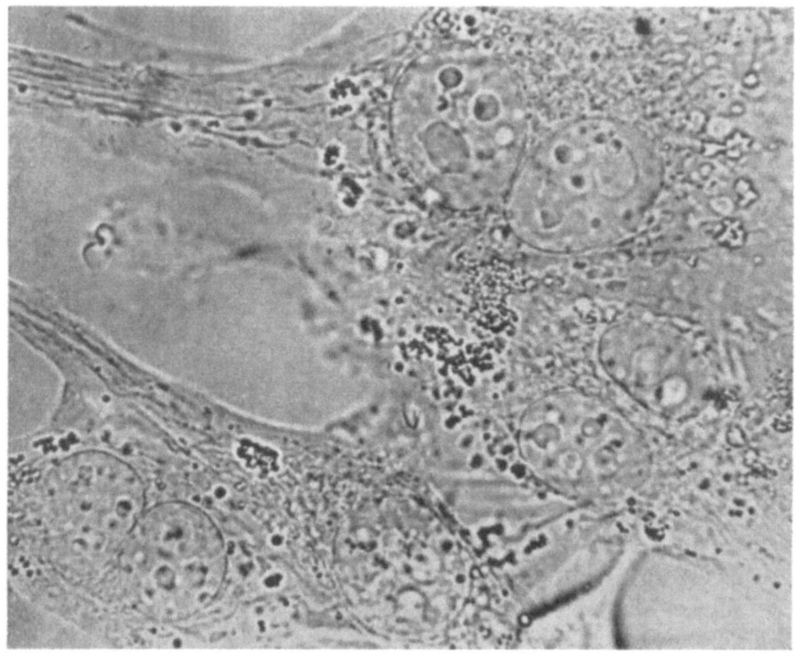

Abb. 44. Maligne Fibroblasten aus Deckglaskultur eines Mäusesarkoms. Links unten und rechts oben je eine Zelle mit fast vollendeter amitotischer Kernteilung; dazwischen eine einkernige (unten) und eine zweikernige Zelle (oben). Photographie von lebenden Zellen. Vergr. 1100fach.
(Aus W. H. LEWIS, 1947.)

Zellen voneinander zu unterscheiden. So wurde die Meinung geäußert (C. C. MACKLIN 1916; W. H. LEWIS 1927; L. BUCCIANTE 1929; A. FISCHER 1930; u. a.), daß in amitotisch entstandenen zweikernigen Zellen nur e i n Zentriol zu finden sei, während in solchen, die durch eine unvollständige Mitose oder durch Fusion zweier Zellen entstanden sind, logischerweise z w e i Zentriolen vorhanden sein müssen (siehe auch S. 68). L. POSKA-TEISS (1922, S. 11), die allerdings nicht mit Kulturen gearbeitet hatte (Perikardepithel der Katze), vertrat indessen eine andere Auffassung, indem sie glaubte, daß in mehrkernigen, durch Amitose entstandenen Zellen „die Zentriolenzahl im Mikrozentrum der Kernzahl gleich ist oder sie etwas übersteigt". Eine solche Zunahme der Zentriolenzahl könnte aber eher als Folge einer Zellverschmelzung gedeutet werden (F. LEVY 1923).

L. BUCCIANTE (l. c.) beschrieb ferner, daß die amitotischen Tochterkerne, im Gegensatz zu den durch Mitose entstandenen, sich voneinander entfernen und dann in einer gewissen Distanz liegen würden. In vielen Fällen jedoch liegen amitotische Tochterkerne tagelang eng aneinander gedrängt (O. Bucher 1958 a), wie das auch für mitotische Kernpaare oft zutrifft (vgl. z. B. M. Chèvremont 1956, Abb. 151), so daß wir hierin kein Unterscheidungsmerkmal erkennen können.

Wie wir oben schon angedeutet haben (S. 75 und Tab. 2, S. 77), sind durch mitotische oder amitotische Kernteilung oder Zellverschmelzung entstandene zweikernige Zellen allenfalls durch karyometrische Untersuchungen mit

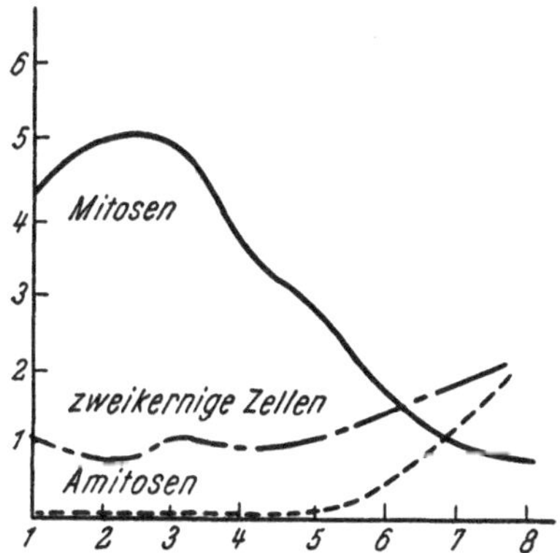

Abb. 45. Verlauf der Frequenzkurven von Mitosen (————), Amitosen (- - - - - -) und zweikernigen Zellen (— · —) im Ascites des Yoshida-Rattensarkoms. Ordinate: prozentuale Häufigkeit, Abszisse: Tage nach Tumortransplantation. Mit fortschreitender Geschwulstentwicklung Zunahme des Prozentsatzes der amitotisch eingeschnürten Kerne und der zweikernigen Zellen bei abnehmender Mitosefrequenz. (Aus Atsumi, 1953.)

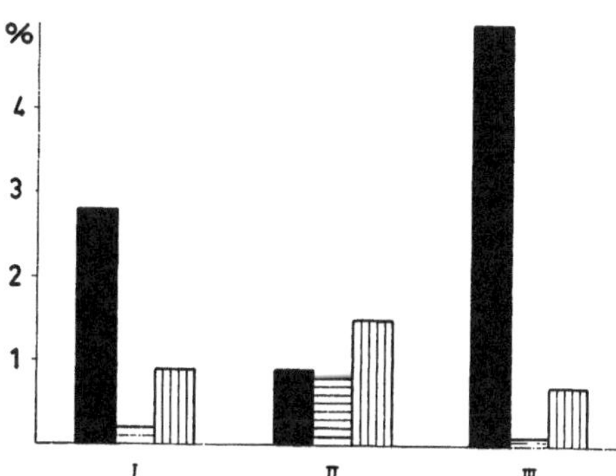

Abb. 46. Stäbchendiagramme der prozentualen Häufigkeit von Mitosen (schwarz), von amitotisch eingeschnürten Kernen (horizontal schraffiert) und von zweikernigen Zellen (vertikal schraffiert) in Kaninchen-Bindegewebekulturen. *I* = 2.-Tags-Kulturen; *II* = 5.-Tags-Kulturen; *III* = 5.-Tags-Kulturen, die am 4. Tag gewaschen und mit frischem Embryonalextrakt versehen worden sind (s. a. Text S. 104). (Original, nach Bucher, 1955 b.)

variationsstatistischer Verarbeitung der aus den beiden Kernpartnern (*K* und *k*) berechneten „Kerngrößenquotienten“ $\left(\frac{K}{k} \text{ bzw. } \frac{k}{K}\right)$ zu unterscheiden. Einzelheiten müssen in unserer Arbeit „Zur Entstehung zweikerniger Zellen in Bindegewebekulturen“ (O. Bucher 1958 b) nachgelesen werden.

Auf Seite 92 wurde auch bereits auf die unter bestimmten Versuchsbedingungen in vivo auffallend parallel verlaufende Frequenzzunahme von amitoseverdächtigen Kerneinschnürungen und von zweikernigen Zellen hingewiesen. Analoge Verhältnisse sind auch in der Gewebekultur in vitro zu finden, und wir haben im Kapitel V versucht, daraus einen Indizienbeweis für die amitotische Kernteilung abzuleiten (siehe S. 31).

Schon H. L. Weatherford (1933) hatte auf dieses interessante Verhalten hingewiesen, und J. Zweibaum und M. Szejnman schrieben auf Grund ihrer Beobachtungen an Hühnerherzfibroblasten wörtlich (1936, S. 124/25): „Nous avons vu d'autre part que les cellules binucléées se forment in vitro par voie amitotique. Dans toutes nos expériences, les divisions amitotiques apparaissent en même temps que les cellules binucléées.“ Ein grundsätzlich gleiches Resultat erhielt A. Atsumi (1953) mit einem ganz anderen Untersuchungsobjekt, nämlich mit im Ascites suspendierten Zellen des Yoshida-Rattensarkoms (Abb. 45): Einige Tage nach der Überimpfung nahm der Prozentsatz der Mitosen ab, und etwas später stieg fast gleichzeitig die Frequenz der Amitosen und zweikernigen Zellen an, woraus er folgerte: „This seems to suggest that there is an intimate relation between the genesis of binucleate cells and amitosis“ (l. c., S. 27). Auf alle Fälle könnten diese zweikernigen Zellen nur zum geringsten Teil durch abortive Mitosen erklärt werden, da die beiden Frequenzkurven ja gegensinnig verlaufen. Diese Feststellung stimmt mit unseren eigenen Befunden an verschieden alten Gewebekulturen (O. Bucher 1955 b und 1958 b; siehe auch Abb. 46 sowie S. 104) sowie an solchen, die bei Zimmertemperatur gehalten oder der Einwirkung des Mitosegiftes Trypaflavin ausgesetzt worden waren (1959), vollständig überein. Über analoge Experimente berichteten wir (O. Bucher und R. Gattiker 1954, S. 310) seinerzeit: „Bedeutungsvoll für die Erklärung der Entstehung der zweikernigen Zellen in unseren Versuchen ist das ihrer Häufigkeitszunahme mehr oder weniger parallel gehende vermehrte Auftreten von Amitosen. Sowohl bei den Temperaturversuchen wie bei den Giftversuchen mit Trypaflavin kommen abortive Mitosen für die Genese der zwei- und mehrkernigen Zellen kausal nicht in Frage, da hier die mitotische Teilungstätigkeit vollständig sistiert ist.“

Interessant ist auch die alte Beobachtung von E. Uhlenhuth (1917), der im von explantierter Froschhaut ausgewachsenen Epithel schon in den ersten Tagen zweikernige Zellen und amitotische Kernteilungsstadien gesehen hatte, während Mitosen in seinen Versuchen erst ab dem 6. Tag auftraten.

Wir kommen damit zum Schluß, daß die Genese der in verschiedenen Geweben mehr oder weniger reichlich zu findenden zweikernigen Zellen wohl keine einheitliche ist, wie schon W. H. Lewis (1927 a) annahm, daß aber in manchen Fällen ein Kausalzusammenhang zwischen direkter Kernteilung und Zweikernigkeit nicht von der Hand zu weisen ist. Diese Erkenntnis ist von einer gewissen Bedeutung für das Amitoseproblem, denn, so schrieben wir in einer jüngst erschienenen Arbeit (O. Bucher 1958 b, S. 174): „Wenn wir nämlich beweisen könnten, daß in einem bestimmten Untersuchungsgut die zweikernigen (und gegebenenfalls auch die mehrkernigen) Zellen — wenn nicht ausschließlich, so doch in der überwiegenden Mehrzahl — durch direkte Kernteilung ohne nachfolgende Zelleibsteilung entstehen, dann dürfte aus dem leicht feststellbaren Auftreten zweikerniger Zellen auf das Vorkommen von Amitosen in dem betreffenden Gewebe geschlossen werden.“

Für die Bildung mehrkerniger Riesenzellen wurde neben Zellverschmelzung, Kernfragmentierung und abortiver Mitose (G. A. Koblov 1957) häufig auch eine „fortgesetzte Kernamitose“ (A. Benninghoff 1922, S. 58) in Betracht gezogen, so z. B. von M. R. Lewis und W. H. Lewis (1915, S. 391) oder von C. C. Macklin (1916 b, S. 89). Entsprechende Angaben fanden wir ferner bei W. H. Lewis und L. T. Webster (1921), bei E. Veratti (1922) sowie bei I. Pályo und I. Törö (1959, S. 29), die ebenfalls mit Gewebekulturen gearbeitet hatten.

Manche Gewebezüchter haben Bildung von Riesenzellen durch Kernamitose u n d durch Zellverschmelzung festgestellt, wobei allenfalls je nach dem untersuchten Gewebe und den Versuchsbedingungen der eine oder der andere Entstehungsmodus mehr im Vordergrund stehen kann. Wer sich für diese Fragestellung näher interessiert, studiere die Publikationen z. B. von N. C. FOOT (1913), E. BARTA (1926), W. H. LEWIS (1927 a und b), S. D. SCHACHOW (1930), W. SCHOPPER (1932), G. LEVI (1934), G. MAUER (1938), M. N. GOLDSTEIN (1954); diese Aufzählung erhebt keinen Anspruch auf Vollständigkeit.

Die weit verbreitete Meinung ist die, daß Riesenzellen vor allem bei ungünstigen Züchtungsbedingungen entstehen können (BARTA, l. c.; M. VON MÖLLENDORFF 1931 a; MAUER, l. c.; GOLDSTEIN, l. c.; u. a.) sowie — als Fremdkörperriesenzellen — nach bestimmten experimentellen Zusätzen wie z. B. Lykopodiumsporen (R. A. LAMBERT und F. M HANES 1913) oder Kieselgur (SCHOPPER, l. c.).

In vivo wurden auf Kernamitosen zurückgeführte mehrkernige Riesenzellen nicht nur unter physiologischen Bedingungen (z. B. die Osteoklasten), sondern auch

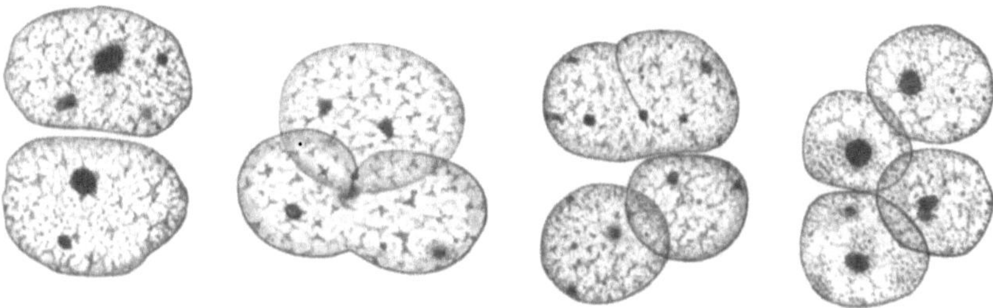

Abb. 47. Verschiedene Stadien der amitotischen Durchschnürung großer Kernpaare mit dem Endresultat einer Vierer-Kerngruppe (aus dem Reizleitungssystem eines Rinderherzens). Zeichnungen. Vergr. 1500fach. (Aus HINTZSCHE. 1954.)

nach experimenteller Funktionssteigerung beobachtet, so z. B. von P. FLORENTIN (1929) in Meerschweinchen-Schilddrüse nach Einspritzung von Eserin oder Pilocarpin, oder von F. LORETI und G. PERRONCITO (1938) in Parotiszellen vom erwachsenen *Epimys norvegicus* ebenfalls nach Pilocarpininjektion. Unter pathologischen Bedingungen sieht man sie u. a. bei krankhaften Erregungszuständen, z. B. im Leberparenchym, ferner im hypertrophierten Herzmuskel sowie im Bindegewebe bei bestimmten Formen der Entzündung (F. BÜCHNER 1950, S. 26). Eine zusammenfassende Darstellung über die Herkunft und die formale Genese pathologischer Riesenzellen findet sich bei A. J. LINZBACH (1955, S. 270 ff.); wir möchten hier nicht wiederholen, was dort schon ausführlich besprochen ist.

E. HINTZSCHE (1946, 1954) hat die Entstehung von mehrkernigen Zellen durch amitotische Kernteilung im Reizleitungssystem des Rinderherzens studiert. Dabei ließ sich nachweisen, „daß aus den besonders großen Kernpaaren durch nochmalige Zerschnürung Zellen mit vier Kernen hervorgehen" (1954, S. 545; siehe unsere Abb. 47). Allgemein ausgedrückt bilden sich derartige mehr- und vielkernige Gebilde durch wiederholte direkte Kernteilungsprozesse ohne Zelleibsteilung (MACKLIN, s. ob.; BENNINGHOFF 1922; CLARA 1931; u. a.), und das bekannteste Beispiel für die physiologische Entstehung solcher P l a s m o d i e n ist die Skelettmuskelfaser. Hier kommt es zu einer „Polymerisierung" (M. HEIDENHAIN 1919), bei welcher mit der Zahl der Kerne auch die Plasmamasse im gleichen Verhältnis zunimmt.

Gewisse Autoren sehen die Rolle der Kernamitose sogar in erster Linie in der Bildung vielkerniger Zellen, so etwa E. V. Cowdry (1955, S. 131): „... is not considered to be so important as was formerly thought, but it is admitted to be a probable means of production of some multinucleate cells." Wir werden auf die Bedeutung der Amitose in einem späteren Kapitel (XII/5) noch zurückkommen.

XII. Unter welchen Bedingungen treten Amitosen auf? Hinweise auf die funktionelle Bedeutung der Amitose

Durch das Studium der Bedingungen, unter welchen amitotische Teilungen auftreten, hoffen wir, einige Hinweise auf ihre funktionelle Bedeutung und vielleicht auch noch auf die Teilungsursachen zu erhalten. Wenn wir letztere auch nicht direkt fassen können, so ergeben sich voraussichtlich doch einige Aufschlüsse über die cytobiologischen Voraussetzungen, d. h. über das „Amitosen begünstigende Klima" in dem betreffenden Gewebe.

Der besseren Übersichtlichkeit halber wollen wir, obschon in Wirklichkeit häufig mit dem Zusammenspiel verschiedener Faktoren zu rechnen ist, unsere Kasuistik in die folgenden vier Abschnitte aufteilen: Beziehungen zwischen Amitose und 1. Zellarbeit und Differenzierung, 2. ungünstigen Lebensbedingungen und Alter, 3. Wachstum und Regeneration, 4. rhythmischem Kernwachstum und Endomitose.

1. Zellarbeit (Stoffwechselaktivität) und Differenzierungsgrad

Seit H. E. Ziegler (1891, S. 375/76), der schon die Meinung vertreten hatte, daß „die amitotische Kernteilung (vorzugsweise, vielleicht ausschließlich) bei solchen Kernen vorkommt, welche einem ungewöhnlich intensiven Sekretions- und Assimilationsprozess vorstehen", haben A. Benninghoff (1922), K. Peter (1925, 1929) und viele andere Forscher auf die engen gegenseitigen Beziehungen hingewiesen, die zwischen Zelldifferenzierung und spezifischer Zelltätigkeit einerseits und mitotischer und amitotischer Teilung andererseits bestehen. Wie schon oben zitiert (s. S. 10 und 71), stammt von A. Benninghoff die Arbeitshypothese von der Amitose — welchen Begriff er allerdings weiter faßte als wir — als spezifische Reaktion auf unspezifische, zu einer Überlastung des Cytoplasmas führende Faktoren („Reaktionsamitose"). Solche Amitosen fördernde Lebensbedingungen hemmen die mitotische Teilungstätigkeit, und K. Peter, der sich viel mit ähnlichen Fragestellungen beschäftigt hat, formulierte seine in einer ganzen Reihe von Veröffentlichungen vertretene Auffassung wie folgt (1925, S. 523): Darf die spezifische Tätigkeit der Zelle, die zur Zeit der Mitose sistiert wird, „nicht unterbrochen werden und tritt dennoch die Notwendigkeit der Teilung ein, so hilft sich die Zelle dadurch, daß der ganze Apparat der Karyokinese nicht in Bewegung versetzt wird, sondern daß Kern und Zelle einfach durchgeschnürt werden". Die amitotische Teilung würde, nach dieser Theorie, also deshalb bevorzugt, weil sie im Gegensatz zur Mitose „gewissermaßen «ohne Berufsstörung» vor sich geht" (1929, S. 563).

Im gleichen Sinne äußerte sich auch W. Jacobj (1925, 1942): „amitotisches Wachstum“ (siehe S. 8) und „amitotische Kerndurchschnürung“ laufen beide ohne Behinderung der Zellfunktion ab und sind Ausdruck des funktionsbedingten rhythmischen Leistungswachstums. Die Tatsache, daß in der Herz- und Skelettmuskulatur „in den späteren Zeiten der bloßen Massenzunahme der Muskelfasern fast ausschließlich Amitosen der Kerne vorkommen ...“, ist „ein typisches Beispiel dafür, daß die Amitose als eine der Mitose gleichberechtigte Modifikation des normalen Kernwachstums“ zu betrachten ist (Jacobj 1925, S. 185). St. Krompecher (1937, S. 255) stellte seinerseits weniger die Stoffwechselleistung als den Differenzierungsgrad der Zelle in den Mittelpunkt der Betrachtung: „Die Mitose dient zur Vermehrungsteilung un- und wenig differenzierter Zellindividuen, wo die gleiche Verteilung der Träger der Erbanlagen von Wichtigkeit ist. Die Amitose dagegen ist die Art der Wachstumsteilung der Kerne (und Zellen), die demgemäß an hochdifferenzierten, in den letzten Teilungen schon in Funktion befindlicher Zellorganellen vorkommt.“

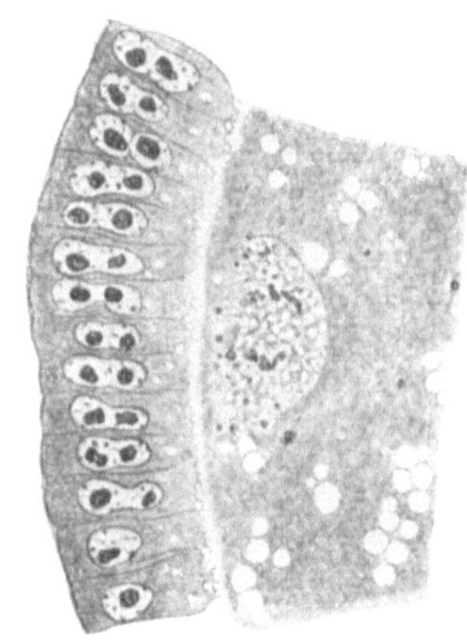

Abb. 48. Verschiedene Stadien amitotischer Kerndurchschnürungen im Follikelepithel (aus Ovar einer Kleiderlaus), auftretend mit dem Beginn der Sekretionstätigkeit. Zeichnung. 900fach.
(Aus E. Ries und van Weel, 1934.)

Als konkretes Beispiel mögen hier einige Beobachtungen von I. G. Weed (1937, S. 534) an der sich entwickelnden Skelettmuskulatur des Hühnerembryos eingefügt werden: „The observations made in the present study suggest that mitosis and amitosis have separate functions in developing muscle. Mitosis, since it seems generally to be followed by cleavage of the cytoplasm, produces new myoblasts and brings about an increase in size of the muscle mass. This explains why, in the chick at least, mitotic divisions were found only in younger stages and were not to be seen later except in connective tissue cells or new myoblasts lying between the lengthening muscle cells. Amitosis, on the other hand, produces the many nuclei characteristics of adult striated muscle.“

Die oben geschilderte Beziehung zwischen der „Berufsarbeit“ der Zellen und dem Auftreten von Amitosen wird bestätigt durch die Untersuchungen am Follikelepithel im Ovar von Läusen und Federlingen, die E. Ries (1932), E. Ries und P. B. van Weel (1934) und I. Fischer (1936) durchgeführt haben. In diesem Epithel „finden wir Mitosen nur, solange das Follikelepithel noch nicht sekretorisch tätig ist, und die Amitose fällt mit der polaren Differenzierung und dem Funktionsbeginn der Zelle zeitlich zusammen“ (Fischer, l. c., S. 236). Nach Beginn der Sekretionstätigkeit bleibt die Zellenzahl konstant, doch nehmen die Zellen an Größe zu; der Sinn der amitotischen Kernteilung liegt wohl in der Vergrößerung der Kernoberfläche, und diese steht ihrerseits in Verbindung mit der gesteigerten Stoffwechselaktivität der Follikelzellen (Abb. 48). Zu ganz entsprechenden Resultaten kam R. Stefani (1955) mit Eifollikelzellen von *Haploembia solieri* Ramb.: die Amitosen traten auf mit der starken Assimilations- und Sekretionssteigerung zu Beginn der Dotterbildung in der Eizelle.

7*

Es ist nicht beabsichtigt, hier das gesamte Schrifttum über dieses Thema zusammenzustellen. Geben wir aber beispielsweise noch an, daß H. Graupner und I. Fischer (1935) das Auftreten von Kernamitosen in Fischmelanophoren auch mit einer Stoffwechselsteigerung (infolge der Pigmentbildung) in Zusammenhang brachten, während in Zahnkarpfenbastarden, den Angaben von H. Breider (1938) gemäß, die Melanosarkomzellen „trotz ihrer Pigmentbildung nicht nur eine amitotische Teilung ihres oder ihrer Kerne erfahren, sondern darüber hinaus sich auch mitotisch teilen können."

Nach H. Stieve (1927) geht die Vermehrung der Epithelzellen der Cervixdrüsen des Uterus sowohl bei ihrer Wucherung während der Schwangerschaft wie auch während des Wochenbettes amitotisch vor sich, da die Zellen nur so ihre Tätigkeit ungestört fortsetzen können. Andererseits erwähnte A. Dabelow (1957, S. 375) Amitosen in der sezernierenden Milchdrüse (z. B. des Meerschweinchens), aber diese waren anscheinend „niemals in den hochprismatischen sezernierenden, sondern in den flachen, ruhenden Zellen. Es gilt also hierin für die Amitosen dasselbe Gesetz, das allgemein für alle Zellen bezüglich der Beschränkung der Mitosen auf die Ruhezustände bekannt ist".

Ein vermittelnder Standpunkt ergibt sich schließlich aus den Befunden von P. Dittus (1941, S. 119), der beim Selachier direkte Teilungen stets im aktiven Interrenalorgan sah, aber einschränkend beifügte: „Bei starker Stimulation wird jedoch die Amitose unterdrückt, da anscheinend dann jede Zelle zur Inkretbildung benötigt wird."

So geht es also auch hier nicht ohne Widersprüche ab, doch sind die vielen positiven Ergebnisse über kausale Zusammenhänge zwischen Zellarbeit und Amitose nicht aus der Welt zu schaffen. In dieser Richtung deuten schon die alten Beobachtungen von M. Werner (1910), die im Ratten- und Katzenherzen (amitotisch entstandene) Doppelkerne — im Schweineherzen auch Vierer- und sogar Achtergruppen — häufiger in der Kammermuskulatur als in der Vorhofsmuskulatur fand, sowie von M. Staemmler (1928) und von W. Hort (1953), welche in der stärker beanspruchten Muskulatur der linken Herzkammer des Menschen mehr solche Doppelkerne feststellten als im Muskelgewebe der rechten Kammer. Ferner nimmt bei Herzhypertrophie die Häufigkeit der Doppelkerne mit steigendem Kammergewicht zu (E. Henschel 1952), und zudem unterstützen auch manche experimentelle Befunde, welche wir unten noch erörtern werden, die in diesem Kapitel besprochene Wechselbeziehung (s. a. L.-Cl. Schulz 1958).

Was nun das Vorkommen von Amitosen in hochdifferenzierten Geweben betrifft, so haben wir schon mehrmals Beispiele aus Drüsen, Leber und Muskelgewebe (siehe auch Abb. 51, S. 111) angeführt. N. Cauna (1958, S. 15 ff.) hat amitotische Kernteilungen in den Rezeptorenzellen der Meissnerschen Tastkörperchen beschrieben. Nach A. Tschernjachiwsky (1932), K. Harting (1938, 1951), Ph. Stöhr jr. (1949/50) u. a. soll die Kernamitose ferner auch eine Rolle spielen bei der Entstehung der nicht selten anzutreffenden zwei- und mehrkernigen sympathischen Ganglienzellen (Abb. 49). Diese Frage ist jüngst von Ph. Stöhr jr. (1957, S. 47—51) in seinen Handbuchbeitrag diskutiert worden, wo sich auch die Abbildung einer Amitose aus einem menschlichen Ganglion cervicale inferius findet. Es wurde jedoch darauf hingewiesen, daß diese Mehrkernigkeit nicht selten mit pathologischen Veränderungen der Zelle verbunden ist, so daß hier allenfalls noch andere ursächliche Faktoren in Betracht zu ziehen sind, wofür auch eine Beobachtung von W. ANDREW (1939) sprechen könnte.

Zudem können zwei- und mehrkernige Nervenzellen, z. B. im Zwischenhirn des Menschen (G. ROUSSY und M. MOSINGER 1935, „noyaux tangentiel, paraventriculaire et hypothalamo-mamillaire"), offenbar auch durch Kernfragmentierung sowie durch Zellverschmelzung entstanden sein.

„Zur Aufklärung des Wesens und der Bedeutung der Amitose bietet sich neben der direkten Beobachtung ihres Vorkommens sowie der theoretischen Spekulation ein dritter wichtiger Weg, der des Experiments" (W. VON WASIELEWSKI 1903, S. 392). Dieser Weg ist denn auch von verschiedenen Forschern eingeschlagen worden, und ihre experimentellen Untersuchungen haben zu einigen interessanten Ergebnissen geführt.

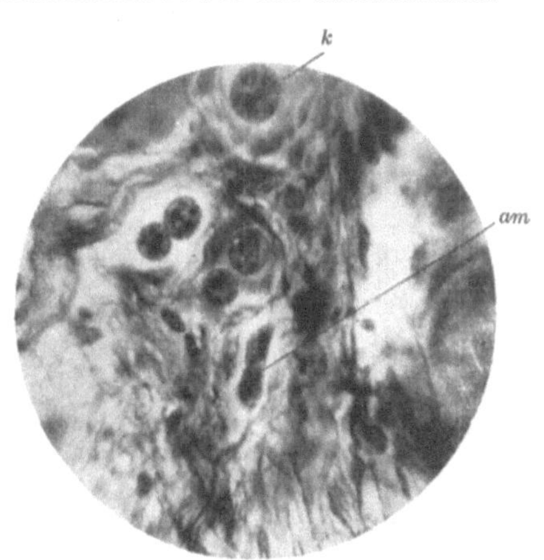

Abb. 49. Einkernige und zweikernige sympathische Ganglienzellen sowie amitotisches Kernteilungsbild (*am*) aus dem Ganglion coeliacum eines Kaninchens. Photographie. Vergr. etwa 300fach. (Aus HARTING, 1938.)

Wir erwähnten schon oben (S. 90) den Einfluß der Art der Ernährung auf die Zahl der amitotisch eingeschnürten Kerne und der zweikernigen Zellen in der Leber (Arbeiten von R. NOËL 1923; WERMEL und SSINEWA 1934; Z. SZITTYAY 1937; G. SCHRÖTER 1937; ferner von F. TH. MÜNZER 1925, wo die ältere Literatur ausführlich besprochen ist). Im Schilddrüsenepithel des Meerschweinchens konstatierte P. FLORENTIN (1929) das Auftreten von Amitosen im Zusammenhang mit der Sekretionssteigerung, sowohl unter physiologischen Bedingungen (um den 15. Tag der Gravidität), als auch nach experimenteller Stimulation durch Injektion von Eserin oder Pilocarpin. Ähnliche Resultate erhielten F. LORETI und G. PERRONCITO (1938), ebenfalls durch Pilocarpinverabreichung, am Parotis-Drüsenparenchym (von *Epimys norvegicus*). E. M. WERMEL und Z. P. IGNATJEWA (1933, 1934) beobachteten in Leber und Niere (von Frosch und Ratte) amitotische Kernteilungen nach Trypanblau-Einspritzung; H. SCHMID (1937, S. 155 ff.) fand eine amitotische Kernvermehrung in der Leber des Teleostiers *Scorpaena porcus* nach Insulininjektion.

Wir selbst haben Belastungsversuche mit Mäusenieren durchgeführt (O. BUCHER und CL. GAILLOUD 1958; CL. GAILLOUD 1958). Schon eine einmalige subcutane Einspritzung einer 1%igen Lösung von Trypanblau führt zu einer langdauernden Erhöhung der Arbeitsleistung der Hauptstückepithelien, welche einen Teil des Vitalfarbstoffes aus dem Primärharn rückresorbieren und speichern. Die Funktionssteigerung betrifft fast elektiv die Hauptstücke, während die Mittelstücke, deren Verhalten wir auch untersucht haben, keine wesentliche Mehrarbeit zu leisten haben (für Einzelheiten siehe bei CL. GAILLOUD). Dementsprechend fanden wir in den Hauptstückepithelien, abgesehen von der zu erwartenden funktionellen Kernschwellung, „eine Frequenzzunahme der Riesenkerne, der amitotisch eingeschnürten Kerne und der Doppelkerne (zweikernige Zellen), während in den Mittelstücken nur geringgradige Schwankungen zu verzeichnen waren, welche kaum über die individuelle Variationsbreite hinausgingen, mit der bei biologischen Versuchen immer zu rechnen ist" (BUCHER und GAILLOUD, l. c., S. 269); in Abb. 50 sind die geschilderten Resultate graphisch dargestellt. Wenn wir nun aber nicht nur die Hauptstücke, sondern auch die Mittelstücke zu vermehrter Arbeit anregten, z. B. durch Injektion einer physiologischen Kochsalzlösung (Tyrodelösung), dann zeigte das „Karyogramm" (O. BUCHER, 1958 c) in beiden untersuchten Nephronabschnitten die charakteristische Zunahme des prozentualen Anteils der Riesenkerne, der amitoseverdächtigen Kernformen und der zweikernigen Zellen (siehe Abb. 43, S. 93).

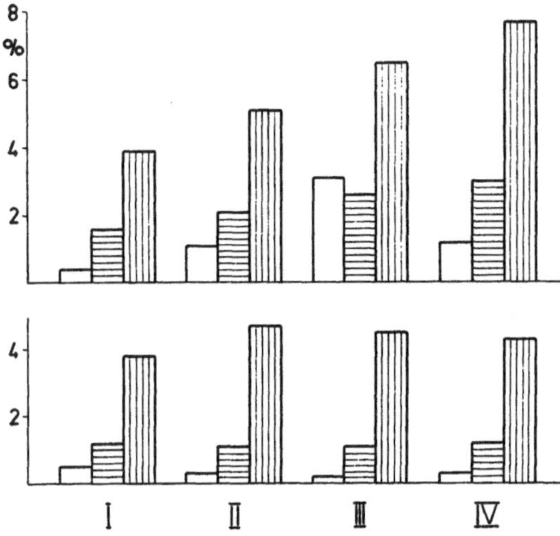

Abb. 50. Stäbchendiagramme der prozentualen Häufigkeit von Riesenkernen (leer), von amitotisch eingeschnürten Kernen (horizontal schraffiert) und von zweikernigen Zellen (vertikal schraffiert) in Nierenkanälchen von Mäusen. Obere Reihe: Hauptstücke, untere Reihe: Mittelstücke. *I* = Kontrollen; *II*, *III* und *IV* = 5 Stunden bzw. 6 Tage bzw. 2 Monate nach einmaliger Einspritzung von 0,5 cm^3 einer 1%igen Lösung von Trypanblau.
(Aus BUCHER und GAILLOUD, 1958.)

W. und M. VON MÖLLENDORFF (1926) haben im lockeren Bindegewebe der Maus „durch den gleichen Reiz, die Zufuhr von Trypanblau, Amitose und Kernpolymorphie in reichstem Maße erzeugen können" und schrieben darüber: „Auch wir haben die Kernpolymorphie für den Ausdruck eines höheren Stoffwechselbedarfes aufgefaßt. Bringt man die Entstehung der Amitose auf den gleichen Nenner, so würde ihr häufiges Vorkommen an Fibrocytenkernen wiederum einen Hinweis darauf bringen, daß man die geringe Farbbeladung dieses Zustandes des Gewebes nicht als Zeichen einer geringen Beteiligung am Stoffwechsel, sondern umgekehrt als ein Zeichen einer starken Stoffverarbeitung auffassen muß. Unsere Befunde fügen sich auch zwangslos in die von BENNINGHOFF zusammengestellten und verarbeiteten Erfahrungen früherer Autoren ein, wonach Amitosen überall dort auftreten, wo unspezifische Reize den Betriebstoffwechsel der lebenden Masse stören" (l. c., S. 596/97).

H. L. WEATHERFORD (1933, S. 533) schloß, daß die von ihm im subcutanen Kaninchenbindegewebe 30 bis 45 Minuten nach Schafserumeinspritzung beobachteten zweikernigen Fibrocyten und Histiocyten amitotisch entstanden seien, da er — bei Abwesenheit von Mitosen — alle möglichen Übergangsstadien vorfand. Auch bei diesen Versuchen dürfte es zu einer Erhöhung des Zellstoffwechsels gekommen sein.

Andererseits lehnte A. MAXIMOW, welcher 1908 direkte Kern- und Zellteilungen von Mesenchymzellen beschrieben hatte (siehe auch Abb. 40, S. 81), in einer späteren Arbeit (1929, S. 20) das Vorkommen von Amitosen in Fibroblasten und Histiocyten kategorisch ab, und dies sowohl für physiologische Bedingungen als auch für das entzündete Gewebe.

In Gewebekulturen (subcutanes Bindegewebe von Kaninchen) fanden M. VON MÖLLENDORFF (1931 a und b) wie auch W. VON MÖLLENDORFF (1931) amitotische Teilungen und zwei- und mehrkernige Zellen nach Reizung mit Trypanblau oder mit Arsen. Was die Explantation hochdifferenzierter Gewebe betrifft, so hat H. BULLIARD (1923) Amitosen in fixierten Nebennierenrindenkulturen von Kaninchen und Katze festgestellt.

2. Ungünstige Lebensbedingungen und Alter

„Dans certains cas, l'amitose apparaît comme une forme de division de cellules sénescentes arrivées au terme de leur évolution. L'amitose serait le « glas funèbre » de la cellule. ... Cette règle, cependant, est loin d'être absolue", so rekapitulierte A. POLICARD (1950, S. 110) in seinem Histologielehrbuch eine weitverbreitete Meinung. Diese schon alte Fragestellung ist in neuerer Zeit besonders von W. ANDREW (1949, 1955) an Mäusen und Ratten studiert worden. In Speicheldrüsenzellen (Glandula submandibularis und parotis) und PURKINJEschen Kleinhirnzellen fand er amitotische Kernteilungen und Zweikernigkeit regelmäßig in alten Tieren, während sie in jungen Tieren fehlten; das gleiche Resultat ergab die Untersuchung der PURKINJEschen Zellen verschieden alter Menschen. ANDREW nahm an, daß die Nervenzellen im senilen Gehirn infolge ungünstigerer Lebensbedingungen eine hohe Mortalität haben, und kam zum Schluß: „Under such conditions the process of amitotic division may be a not unimportant one in preserving cells which otherwise would be totally lost to the organism" (1955, S. 10).

Auch nach experimenteller Einwirkung verschiedener toxisch wirkender Chemikalien wurden amitotische Kernteilungen beschrieben, so z. B. von W. KORNFELD (1925) in Hornhautepithel und Epidermis von Urodelenlarven oder von E. M. WERMEL und Z. P. IGNATJEWA (1934) im Leberparenchym von Frosch und Ratte (nach Verabreichung von Yperit und Lewisit).

Im Prinzip gut übereinstimmende Resultate in bezug auf das Vorkommen von Kernamitosen (oder zumindest von amitoseverdächtigen Kernen) unter ungünstigen Lebensbedingungen ergaben die Untersuchungen an Gewebekulturen in vitro. Die ersten derartigen Beobachtungen stammen von S. J. HOLMES (1914), der dann Amitosen in Amphibien-Epidermiskulturen fand, wenn diese nicht immer wieder in ein frisches Medium umgepflanzt worden, sondern längere Zeit im gleichen Kulturmilieu geblieben waren. HOLMES deutete das Auftreten von Amitosen als ein Anzeichen verminderter Lebenskraft der Zellen, wie schon früher oft vermutet worden war. Diese Ansicht mag für manche Fälle zutreffen, besonders dann, wenn in den gezüchteten Zellen Degenerationssymptome zu erkennen sind. Das hat W. H. LEWIS (1922) in Endothelkulturen ebenfalls festgestellt: „This process seems to take place only in the older cultures where other degenerative changes are evident" (l. c., S. 45). Unter solchen Bedingungen können aber auch Kernfragmentierungen vorkommen, und es ist oft nicht genügend darnach getrachtet worden und vielleicht auch nicht immer leicht, die beiden Vorgänge klar auseinanderzuhalten; diesen Eindruck erhält man z. B. gerade aus der eben zitierten Veröffentlichung von LEWIS. In Kulturen (Meerschweinchen-Serosaepithelzellen), die sich nicht ringsherum gleichmäßig gut entwickelten, sah W. SCHOPPER (1932, S. 512) amitotische Kernteilungen ebenfalls „immer in mehr oder weniger degenerierenden Zellbezirken der Kulturen auftreten, während in den stark wachsenden Bezirken die mitotische Zellteilung vorherrscht".

Es trifft aber durchaus nicht zu, daß Amitosen nur in degenerierenden Kulturen oder Kulturbezirken gefunden werden können. Auch sonst zeigt sich unter ungünstigen Wachstumsverhältnissen (schlechtes Kulturmilieu, M. VON MÖLLENDORFF 1931 a; artfremdes Blutplasma, N. G. CHLOPIN 1932; nährstoffarmes verdünntes Plasmamedium ohne bzw. mit stark verdünntem Embryonalextrakt, R. C. PARKER 1932, bzw. O. BUCHER 1959) häufig eine Neigung zur Bildung von amitoseverdächtigen Kernen und von zweikernigen Zellen. Für die biologischen Zusammenhänge gab PARKER die folgende Regel: In einem nährstoffreichen Medium zeigen Bindegewebekulturen viele Mitosen und somit eine große Wachstumsintensität, dafür aber einen umgekehrt proportionalen Reifungsgrad, in einem nährstoffarmen Medium indessen nur selten Mitosen und geringes Wachstum, dafür häufig Amitosen, zwei- und mehrkernige Zellen sowie einen höheren Differenzierungsgrad. Unabhängig davon schloß N. G. CHLOPIN im gleichen Jahr aus seinen Studien an menschlichen embryonalen Bindegewebekulturen: „Für den hochspezialisierten alternden Charakter der endgültig ausgereiften Fibroblasten sprechen meines Erachtens auch die oben beschriebenen Kernformveränderungen — Bildung von Lochkernen, Kerndurchschnürungen, welche zur direkten Kernteilung führen können, Kernknospung und Kernfragmentation" (1932, S. 42).

Diese Versuchsperiode schließt mit dem großen Übersichtsreferat über Gewebezüchtung von G. LEVI (1934), in welchem er sich auf Grund seiner großen eigenen Erfahrung und des vorliegenden Schrifttums wie folgt äußerte: „Die Bildung zwei- und mehrkerniger Zellen durch Kernamitose wurde nacheinander von verschiedenen Verfassern und an verschiedenem Material gesehen. ... Ihre Zahl nimmt mit dem Alter der Kultur zu. Diese Tatsache bekräftigt, was wiederholt gesagt wurde, daß die direkte Kernteilung der Ausdruck von weniger günstigen Lebensbedingungen in den Zellen ist" (S. 310).

Zahlenmäßig belegt wurde diese Anschauung erst von J. ZWEIBAUM und M. SZEJNMAN (1936), die in Hühnchen-Fibroblastenkulturen am zweiten Züchtungstag in 63 332 Zellen 516, d. h. 0,7 % (amitotisch entstandene) Doppelkerne fanden, nach 96stündiger Züchtungsdauer jedoch 3,3% (272 in 8750 Zellen). Wir selbst haben systematische quantitative Untersuchungen an Kaninchen-Bindegewebekulturen durchgeführt (O. BUCHER 1955) und in 2.-Tags-Kulturen neben 2,8% Mitosen 0,2% amitoseverdächtige Kernformen und 0,9% Doppelkerne (= zweikernige Zellen) ermittelt. Am 5. Tag nach dem Umpflanzen waren nur noch 0,9% Mitosen, dafür nun aber 0,8% amitotisch eingeschnürte Kerne und 1,5% Doppelkerne vorhanden. Wenn wir aber am 4. Züchtungstag die im Medium angehäuften Stoffwechselschlacken mit Tyrodelösung ausgewaschen und frischen Embryonalextrakt zugesetzt hatten („Fütterungsversuche"), dann zeigten die betreffenden Kulturen am 5. Tag neuerdings einen Proliferationsschub mit 5,0% Mitosen, während die Frequenz der amitoseverdächtigen Kerne und die der Doppelkerne gleichzeitig auf 0,1 bzw 0,7% zurückgegangen war (siehe Abb. 46, S. 95). Diese sowie weitere eigene Befunde aus in verschieden nährstoffreichem Milieu gezüchteten Kulturen (siehe Tab. 4) zeigen auch den von R. C. Parker (s. o.) erwähnten Antagonismus im Auftreten von Mitosen und Amitosen in Abhängigkeit von den Züchtungsbedingungen. Im Gegensatz zu Parker erhielten wir jedoch keine Anhaltspunkte für eine amitotische Zellteilung.

Ungünstige Lebensbedingungen können experimentell natürlich auf recht verschiedene Art und Weise geschaffen werden, wie z. B. aus den eingehenden Untersuchungen von J. Zweibaum und M. Szejnman (1935, 1936) hervorgeht. Diese beiden Forscher fanden amitotische Kernteilungen und im Zusammenhang damit ein vermehrtes Auftreten von zweikernigen Zellen nicht nur, wie oben erwähnt, bei Nichterneuerung des Milieus und Anhäufung von Stoffwechselprodukten, sondern auch bei Sauerstoffmangel — wie bereits E. Barta (1926) an Kaninchen-Lymphknotenkulturen gezeigt hatte —, bei Temperaturerniedrigung, bei Azidität (pH 6,0—6,4) sowie bei Hypertonie des Milieus. Bei allen diesen Experimenten käme es nach Zweibaum und Szejnman (1936, S. 125) zu einer Viskositätszunahme des Cytoplasmas, und diese wäre die gemeinsame hypothetische Ursache für das Auftreten von Kernamitosen. Bewiesen ist diese Auffassung jedoch nicht.

M. von Möllendorff (1929, S. 198) konstatierte „amitotische Kernformen" in Kaninchen-Bindegewebekulturen nach kurzem Erhitzen auf 40—47°. L. Bucciante (1929, S. 150/51) in Hühnerherzkulturen, die eine gewisse Zeit der Kälte ausgesetzt gewesen waren. Die kausale Erklärung dafür ist nach Bucciante die, daß durch das Kälteexperiment ungünstigere Bedingungen geschaffen worden sind, unter welchen die ursprüngliche Kernoberfläche für die normale Zellfunktion nicht mehr ausreicht. Im übrigen wies er auf die interessante Tatsache hin, daß auch unter gleichen Versuchsbedingungen amitotische Kerne und zweikernige Zellen nicht in allen Kulturen gleich häufig vorkamen, was uns auch immer wieder aufgefallen ist (z. B. O. Bucher, 1955, S. 535, ferner 1959).

Zweibaum und Szejnman (l. c.) haben ferner angegeben, daß schon eine Herabsetzung der Züchtungstemperatur auf 34—36° C in ihren Kulturen ein vermehrtes Auftreten von zweikernigen Zellen zur Folge hatte, welche sie auch auf Kernamitosen zurückführten. Wir würden hier etwas vorsichtiger urteilen, denn man könnte sich sehr gut vorstellen, daß — nach der Arbeitshypothese von J. W. Wilson und E. H. Leduc (1948, S. 381; bei uns zitiert auf S. 92) vom schrittweise zunehmenden Störungsgrad der Mitose — bei langsamer Temperatursenkung zunächst einmal die Cytoplasmateilung in gewissen Fällen nicht mehr möglich ist, wodurch natürlich auch zweikernige Zellen entstehen. Um klarere Verhältnisse zu erhalten, haben wir unsere eigenen Versuche größtenteils bei einer Temperatur von 21 ± 1° C durchgeführt, bei welcher überhaupt keine Mitosen mehr auftreten (siehe auch L. Bucciante 1926). Nach 24stündigem Aufenthalt bei dieser Temperatur war — bei gleichzeitiger Häufigkeitszunahme der amitoseverdächtigen Kerne von 0,5 auf 2,2% (vgl. Tab. 4) — die Frequenz der zweikernigen Zellen in Fibrocytenkulturen von 0,9 auf 2,7%, in anderen Versuchen (O. Bucher und R. Gattiker 1954 b, S. 153) von 1,3 auf 3,4% und in Osteoblastenkulturen von 1,2 auf 3,2% angestiegen.

Tab. 4. *Prozentuale Häufigkeit der Mitosen, amitoseverdächtigen Kerne und zweikernigen Zellen aus zwei Versuchsserien mit 2.-Tags-Fibrocytenkulturen (Hühnerembryo), die 1. in einem nährstoffreicheren resp. nährstoffärmeren Medium gezüchtet bzw. 2. nach 24stündiger Inkubation bei 38° C durchschnittlich weitere 24 Stunden im Brutschrank resp. bei Zimmertemperatur gehalten worden sind.*

Züchtungsbedingungen	Zahl der ausgewerteten Zellen	Mitosen	Amitose-verdächtige Kerne	Zweikernige Zellen
Blutplasma + unverdünnter Embryonalextrakt zu gleichen Teilen (im Brutschrank)	2960	2,5	0,2	1,0
Blutplasma + 1 : 10 verdünnter Embryonalextrakt zu gleichen Teilen (im Brutschrank)	2670	1,3	0,5	1,5
Kulturen im Brutschrank gehalten (unverdünnter Extrakt)	4800	3,8	0,5	0,9
Kulturen bei Zimmertemperatur gehalten (unverdünnter Extrakt)	4350	0,05	2,2	2,7

Durch geeignete Konzentration von Trypaflavin (1 : 600.000 bis 1 : 1 Million je nach der Einwirkungsdauer) können wir ebenfalls die mitotische Teilungstätigkeit praktisch auf Null herabsetzen; dabei treten auch keine abortiven Mitosen auf, und wenn es je einer besonders resistenten Zelle trotzdem gelingt, in die Mitose einzutreten, so wird diese, wie unsere Filmversuche seinerzeit gezeigt haben (O. Bucher 1939), normal zu Ende geführt. Auch in so vorbehandelten Kulturen waren nun amitotisch eingeschnürte Kerne und zweikernige Zellen signifikant häufiger als in den unbehandelten Kontrollkulturen (siehe O. Bucher 1947, 1952). Wir haben auf Grund dieser Befunde an die Möglichkeit gedacht (1952, 1959), daß die gegenüber störenden Einflüssen weniger empfindliche Amitose gewissermaßen als Ersatzlösung auftreten könnte.

Unsere eben zitierte Äußerung, daß die Amitose gewissen störenden Einwirkungen gegenüber weniger empfindlich sei, darf indessen nicht ohne weiteres verallgemeinert werden. In Gewebekulturen von menschlichem Knochenmark hemmt Röntgenbestrahlung die amitotische Teilung anscheinend ebensosehr wie die Mitose (E. E. OSGOOD und G. J. BRACHER 1939; E. E. OSGOOD, P. C. AEBERSOLD, L. A. ERF und E. A. PACKHAM 1942). Zu einem entsprechenden Resultat gelangte G. DOMAGK (1955) bei der Untersuchung der Wirkung bestimmter Chinone auf YOSHIDA-Rattentumoren.

Andererseits finden wir auch bei W. BURKL (1949, S. 602) die Angabe: „Es sprechen Anzeichen dafür, daß die Amitose eine — sehr allgemein gesprochen — weniger empfindliche Teilungsform ist, die bei bestehendem Teilungsbestreben das Vermögen hat, noch in Fällen aufzutreten, wo die Ausbildung einer Mitose aus verschiedenen Gründen nicht oder nicht mehr möglich ist.“

All die oben referierten Untersuchungsresultate führen uns zur Schlußfolgerung: „In Bindegewebekulturen in vitro, wo Amitosen im Vergleich mit den Mitosen normalerweise selten sind, treten sie — und infolge davon die zweikernigen Zellen — vermehrt auf, sobald die Züchtungsbedingungen verschlechtert werden (geringeres Angebot von Nährstoffen, Anreicherung von Stoffwechselprodukten, herabgesetzte Temperatur usw.), während gleichzeitig die Mitosehäufigkeit sinkt“ (O. BUCHER 1956, S. 56).

3. Wachstum und Regeneration

Erinnern wir uns zunächst daran, daß A. BENNINGHOFF (1922) dem Begriff der „Reaktionsamitose“ den der „Teilungsamitose“ gegenübergestellt und darunter den „Teilungsvorgang, für den der ursprüngliche Sinn des Wortes Amitose zutrifft“, verstanden hat (l. c., S. 68). M. CLARA (1931) sprach von „Wachstumsamitose“, wobei er noch eine „Phänoschisis“ — amitotische Kernteilung — und eine „Endoschisis“ — entsprechend dem rhythmischen Kernverdoppelungswachstum von W. JACOBJ (1925, 1926) — unterschied. Solche Vorgänge, bei denen durch Wachstum von Kern und Cytoplasma wohl Polymere der Ausgangszellen entstehen, mit welchen aber kein Teilungsvorgang verbunden ist, möchten wir jedoch nicht als Amitosen bezeichnen, wie wir schon oben (Kapitel III) ausgeführt haben.

Die Meinung über die Rolle, welche die Amitose beim Wachstum eines Gewebes spielt, sind sehr geteilt. Insbesondere fehlt die zuverlässige Grundlage für die Beantwortung der Frage, ob die Amitose nur ein „Leistungswachstum“ (Entstehung größerer, zwei- oder eventuell auch mehrkerniger Zellen) oder allenfalls auch ein mit Zellvermehrung einhergehendes „Teilungswachstum“ vermitteln kann, solange das im Kapitel XI/3 erörterte Problem — amitotische Kern- oder auch Zellteilung? — nicht eindeutig gelöst ist. Will man der Amitose überhaupt eine Bedeutung für das Wachstum zuschreiben, dann kommt, wenn man die Möglichkeit einer amitotischen Zellteilung ablehnt, nur ein „Leistungswachstum“ durch Zellvergrößerung in Betracht; das „Teilungswachstum“ setzt die — mitotische oder amitotische — Zellteilung voraus. In dieser Hinsicht wäre z. B. nach B. ROMEIS (1926) auch die Amitose „progressiv im Sinne einer Zellvermehrung zu deuten“ — da er nach seinen Untersuchungen an Anuren-Epithelkörperchen die amitotische Entstehung junger lebensfähiger Zellen annehmen zu können glaubte —, und nach H. FROBÖSE (1932, S. 403, und 1935, S. 46 ff.) und

F. Preuss (1954, S. 240) würde im graviden Uterus (Kaninchen und Maus bzw. Rind) die Vermehrung der glatten Muskelzellen ebenfalls durch amitotische Teilung erfolgen. Wir wollen hier jedoch nicht wiederholen, was in dem eben zitierten Kapitel über diese Fragestellung nachgelesen werden kann.

G. Jasswoin (1928, S. 152), der ebenfalls für die amitotische Zellteilung eintrat, wies darauf hin, daß sich das Wachstumsverhalten gewisser Zellen im Laufe ihres Daseins ändern könnte; so unterschied er drei Lebensperioden der Fibroblasten in vivo: 1. die Zellen teilen sich lebhaft mitotisch; 2. nach Einstellung der mitotischen Teilung vergrößern sie sich, und es treten wiederholt amitotische Teilungen auf, im Anfang mehr oder weniger schnell; 3. mit zunehmendem Alter wird das Tempo der amitotischen Zerschnürungen langsamer und mit der parallel gehenden zunehmenden Differenzierung wird der Kern chromatinärmer.

Nach den Erfahrungen der Gewebezüchter ist es nun so, daß junge unter günstigen Bedingungen gezüchtete Fibroblasten eine mitotische Zellvermehrung zeigen, während unter ungünstigeren Züchtungsbedingungen und in älteren Zellen eine amitotische Zellvergrößerung auftritt (s. z. B. R. C. Parker 1932; O. Bucher 1955, 1959; u. a.). N. G. Chlopin (1932), der dieses Problem an menschlichen Bindegewebekulturen studierte, schrieb darüber: „Ob man den amitotischen Kerndurchschnürungen die Bedeutung einer echten Zellproliferation zuschreiben könnte, scheint mir zweifelhaft zu sein. Daß auf diesem Wege zwei- und mehrkernige Gewebselemente entstehen können, kann nicht bestritten werden. Ob aber aus solchen mehrkernigen Elementen durch nachträgliche Durchschnürung des Zellkörpers in der Regel weiterhin einkernige und dabei vollwertige Zellen entstehen sollten, scheint mir sehr fraglich zu sein. Vielleicht kommt es zur echten amitotischen Zellteilung nur bei den endgültig ausgereiften Fibrocyten (Desmozyten), welche schon weiterhin zu einer normalen mitotischen Zellproliferation unfähig bleiben und schließlich nach kürzerem oder längerem Überleben degenerieren müssen." Es ist für ihn kaum denkbar, „daß die indifferenten mesenchymalen Elemente ebensogut auf amitotischem wie auch auf mitotischem Wege proliferieren könnten. Wahrscheinlich führt in diesem Falle eine direkte Kerndurchschnürung fast ausnahmslos nur zur Bildung von zweikernigen Elementen" (l. c., S. 64/65).

Wir kommen damit zu der Arbeitshypothese, daß das im allgemeinen durch mitotische Zellteilung bedingte numerische Wachstum oder „Teilungswachstum" durch ein auf rhythmischem Verdopplungswachstum oder auf Zellvergrößerung mit amitotischer Kernteilung beruhendes „Leistungswachstum" abgelöst wird, wenn sich dafür die funktionelle Notwendigkeit ergibt, die Voraussetzungen für die Durchführung der Mitose jedoch nicht mehr erfüllt sind. Dies kann z. B. durch die hohe Differenzierung oder das Alter der Zellen sowie durch die Umweltsbedingungen zustande kommen, wie wir ja oben bereits gezeigt haben.

Die Untersuchungen an Gewebekulturen — siehe Tab. 3, S. 86, haben uns nicht vom Vorkommen eines amitotischen Teilungswachstums („Teilungsamitose") überzeugen können, obwohl J. A. Thomas (1939, S. 21) in seinem

Kongreßreferat die Amitose in Zusammenhang mit der Proliferation erwähnte, wie wir schon S. 71 zitiert haben. Nicht die Beobachtung von amitotischen Zellteilungen, sondern die Tatsache, daß in gezüchteten Epithelmembranen Mitosen oft erstaunlich spärlich sind (A. POLICARD 1925; C. ROBINOW 1935), hat gelegentlich „dazu geführt, eine Vermehrung von Epithelien durch Amitose anzunehmen" (K. F. BAUER 1954, S. 81).

Was nun M. CLARA (1931, S. 90/91) als „Wachstumsamitose" bezeichnete, hat mit Zellproliferation nichts zu tun, denn jene führt „zur Bildung von großkernigen oder zwei- bzw. mehrkernigen, höherwertigen Zellklassen", jedoch nicht zur Zellvermehrung; die amitotische Zellteilung wurde auch von CLARA in mehreren Veröffentlichungen abgelehnt. Solche „Wachstumsamitosen" spielen nun eine Rolle für das postnatale Wachstum der stabilen Elemente (G. BIZZOZERO), zu welchen z. B. das Leber- und Nierenparenchym sowie manche Drüsenepithelien und auch die Fibrocyten zu rechnen sind; sie verschwinden in der Regel aber mit Abschluß des Organwachstums. Derartige amitotische Vorgänge besitzen nun aber „auch für die Regeneration dieser Elemente unter normalen, physiologischen wie auch unter abnormalen, pathologischen Bedingungen eine sehr große, bisher allerdings meistens nicht erkannte Bedeutung" (CLARA, l. c., S. 166, betr. Leber); sie sind imstande „vollwertiges und lebensfähiges Zellmaterial zu liefern" (1935, S. 131, betr. Niere; ähnlich bei M. STAEMMLER 1928 a, S. 551 ff.). Die Amitose — immer nach CLARA, wobei nicht die Kerndurchschnürung als solche wesentlich ist, sondern die Verdopplung der Kern- und Plasmamasse — wäre nach dieser Auffassung „ein der Mitose vollkommen gleichberechtigter Wachstumsvorgang in dem Dienste der physiologischen Regeneration des Gewebes" (1936, S. 233/34, betr. Nebennierenmarkzellen).

In der sezernierenden Milchdrüse des Meerschweinchens, wo während des Säugens Zell- und Kernverluste nennenswert sind, finden sich (zitiert nach A. DABELOW 1957, S. 375) wenig Mitosen, aber häufig Amitosen. Diese dienten der Regeneration: „Aus solchen Amitosen, die in kurzer Zeit wiederholt nacheinander ablaufen, entstehen gelegentlich förmliche Kernhäufchen und knospenartige Bildungen mit undeutlichen Zellgrenzen. Später ordnen sich die Kerne nebeneinander parallel zur Oberfläche an und neue Zellgrenzen lassen wieder ein reguläres Epithel entstehen". Diese Befunde sind jedoch nicht unbestritten.

Schon M. STAEMMLER wollte den Begriff Regeneration (gleich materieller Ersatz verlorengegangener Zellen oder Gewebe) etwas weiter fassen und als das Bestreben zur Wiederherstellung der verlorengegangenen Funktion betrachtet wissen (1928 b, S. 566/67): „Regenerationen sind gewebliche Neu- und Umbildungen, die dazu dienen, einen eingetretenen Defekt der normalen Funktion auszugleichen (akzidentelle Regeneration) oder den Eintritt eines solchen Funktionsdefektes zu verhindern (physiologische Regeneration)". In diesem Sinne wäre dann auch die amitotische Kernvermehrung ein regenerativer Vorgang, welcher der Zelle neue Stoffwechselimpulse zuführt oder einem Absinken des Stoffwechsels vorbeugt (l. c., S. 562 und 568).

Wir haben schon oben erwähnt, daß STAEMMLER auch die Möglichkeit einer amitotischen Zellteilung in Betracht gezogen hat, so z. B. in Leber und Niere. Dort wo sich die Zellen nicht teilen, wie z. B. in der Herzmuskulatur, deutete er — wie auch G. Wetzel (1932) — die amitotische Kernvermehrung als einen Verjüngungsprozeß („Gewebsmauserung“ nach A. Tilp 1912), worauf wir unten noch zurückkommen werden.

Als „akzidentelle Regeneration“ sind beispielsweise die Beobachtungen von M. Clara (1931, 1935) zu interpretieren, der in Leber und Niere unter pathologischen und experimentellen Bedingungen (Kaninchen mit Phosphorvergiftung) reichlich Amitosen fand, „wobei die amitotischen Vorgänge besonders in den ersten Versuchsstadien eindeutig über die Mitosen überwiegen“ (1931, S. 166). Mitotische Zellteilungen können also auch in den hochdifferenzierten, „stabilen“ Leber- und Nierenepithelien unter gewissen pathologischen Bedingungen wieder auftreten. Nach den Erfahrungen von Clara „scheinen bei akuten Schädigungen mit rasch einsetzender Regeneration Mitosen, bei mehr chronischen Schädigungen mit allmählichem Zellersatz hingegen Amitosen zu überwiegen“ (1935, S. 131).

So treten z. B. nach partieller Hepatektomie (worüber eine recht umfangreiche Literatur besteht, auf welche wir hier nicht eingehen können) sowie nach ausgedehnten Verletzungen (U. d'Ancona 1942) im erhalten gebliebenen Lebergewebe reichlich mitotische Zellteilungen auf, während Amitosen fehlen (A. M. Brues und B. B. Marble 1937; E. Knake [1950, S. 330] war allerdings anderer Meinung). Erst wenn die allgemeine Mitosetätigkeit wieder abklingt, steigt nach M. E. Wilson, R. E. Stowell, H. O. Yokoyama und K. K. Tsuboi (1953) die Zahl der zweikernigen Leberzellen in der Mäuseleber wieder an, was allenfalls als Anhaltspunkt für die amitotische Entstehung zu interpretieren wäre.

Bei der chronisch verlaufenden, mit Parenchymuntergang einhergehenden Lebercirrhose fanden wir in mehreren selbst untersuchten Fällen keine Mitosen, dafür einen erhöhten Prozentsatz von amitoseverdächtigen Kernen und von zweikernigen Zellen (O. Bucher 1938c; dito G. Arndt 1935, S. 401). Nach W. Gössner, G. Schneider, M. Siess und H. Stegmann (1951, S. 341) käme den Mitosen die Bedeutung einer Regeneration nach gesteigertem Zellverschleiß zu, während die Amitose, welche nach ihrer Meinung möglicherweise auch eine Zellteilung sein könnte, durch Oberflächenvergrößerung von Kern- und Zellgrenzflächen eher funktionell im Sinne einer Leistungssteigerung gedeutet werden müßte.

Es ist nun von besonderem Interesse, die Rolle der Amitose bei regenerativen Vorgängen auch an dem hoch spezialisierten Muskelgewebe zu untersuchen.

In der glatten Muskulatur der Tunica muscularis mucosae eines menschlichen Magens fand Ph. Stöhr jr. Amitosen (Abb. 51), die er mit einem verschiedentlich als „Wucheratrophie“ bezeichneten regenerativen Geschehen in Verbindung brachte, das „vielleicht als Regenerationsversuch eines zum allmählichen Untergang bestimmten Gewebes definiert werden kann“ (1934, S. 532).

Über Amitosen in der Herzmuskulatur haben sich u. a. M. Staemmler (1928), bei dem das ältere Schrifttum ausführlich besprochen ist, F. Körner (1935) sowie I. Törö (1937, 1939) geäußert. Die drei Autoren sind sich darüber einig, daß auch die Amitose lebensfähiges und funktionell vollwertiges Zellmaterial zu liefern imstande ist. Körner (siehe auch Abb. 33, S. 64) hat bei ganz jungen und neugeborenen Tieren Amitosen im Herzmuskel gefunden; ihnen „kommt eine progressive Bedeutung für das

Wachstum der Herzmuskelfasern zu, in der Regel durch eine Vergrößerung der vorhandenen Fasern oder in seltenen Fällen durch Neubildung von Fasern auf dem Wege einer Längsspaltung" (S. 469). Törö teilte diese Meinung, doch hob er den regenerativen Wert der direkten Kernteilung noch besonders hervor; diese findet nicht nur statt, weil Fasern wachsen, „sondern mit aller Gewißheit deshalb, daß dem in ständiger Tätigkeit befindlichen Herzmuskel immer aufgefrischte, verjüngte Kerne zur Verfügung stehen sollen" (1937, S. 18). Damit schloß er sich den Gedankengängen von Staemmler an, welcher der Amitose nicht nur unter krankhaften Verhältnissen und bei der Regeneration untergegangenen Zellmaterials eine Rolle

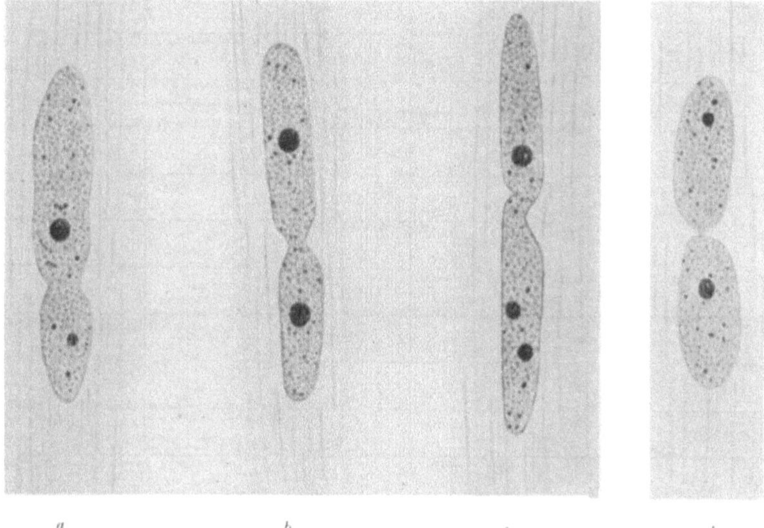

Abb. 51. Amitotische Kernteilungsbilder in glatten Muskelzellen eines menschlichen Magens. Zeichnungen. (Aus Stöhr, 1934.)

zuschrieb, sondern ihr weiterhin den Sinn gab, „eine regelmäßige Erneuerung des Kernapparates zu erzeugen und dadurch (mit oder ohne Plasmateilung) zu einer Verjüngung der Gewebe zu führen"; eine solche „Gewebsmauserung" sollte „ein vorzeitiges Altern der Gewebe verhindern (1928 a, S. 560/61).

Nach A. J. Linzbach (1947, 1952, 1955) und W. Hort (1953) finden — wie schon A. Schockaert (1909, S. 332) angegeben katte — mitotische Teilungen im Herzmuskel nur bis zur Geburt statt; im Säuglingsalter erfolgt dann eine numerische Verdopplung der Herzmuskelkerne durch direkte Teilung, was die oben zitierten Befunde Körners erklärt. Nach Vollendung dieser amitotischen Kernverdopplung bleibt die Anzahl der Herzmuskelkerne und -fasern während des weiteren normalen Wachstums annähernd konstant (Abb. 52), doch nehmen sie an Volumen zu, wobei sich schließlich ein Gleichgewicht einstellt. Interessant ist auch, daß der Verlauf der Kernfrequenzkurve anscheinend davon unabhängig ist, ob die Kernvermehrung mitotisch oder amitotisch erfolgt.

Im Gegensatz zu W. HORT (l. c., S. 237) glaubte M. STAEMMLER (1928 a, S. 528/29), daß sich im späteren Leben auch normalerweise im menschlichen und tierischen Myokard noch — wahrscheinlich periodisch auftretende — amitotische Kernteilung („Kernteilungsepidemie") feststellen ließe, die jedoch nicht zu einer dauernden Kernvermehrung der Muskulatur führte, „sondern von irgendwelchen Vorgängen begleitet wird, die die Kernzahl wiederum reduzieren". Diese „irgendwelchen Vorgänge" könnten nach STAEMMLER Kernuntergang oder, wahrscheinlicher, Kernverschmelzung sein. Letztere würde sich indessen im Auftreten doppeltgroßer Kerne auswirken, und in der Kerngrößen-Frequenzkurve müßte allmählich ein zweiter Gipfel deutlich in Erscheinung treten, was jedoch offenbar normalerweise nicht der Fall ist, eruierte doch E. HINTZSCHE (1954, S. 533) eine eingipfelige Verteilung (Rinder-

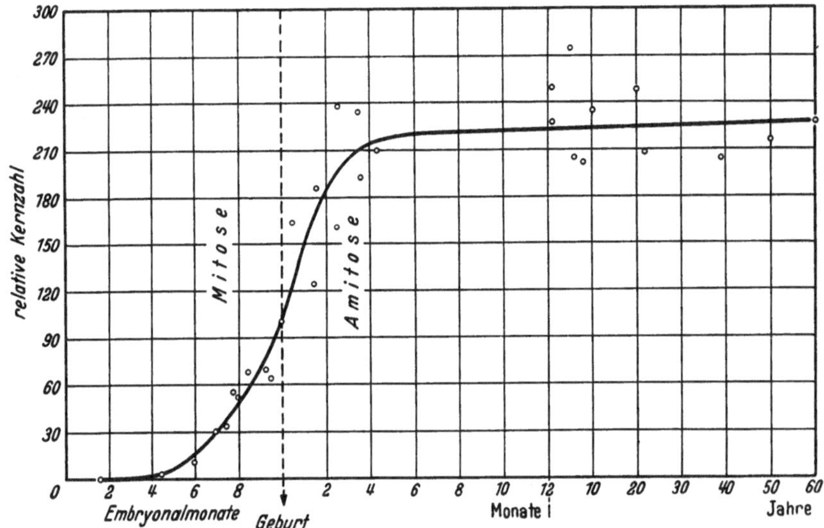

Abb. 52. Relative Anzahl der Herzmuskelkerne des Menschen in verschiedenen Lebensaltern. Das numerische Wachstum wird in den ersten Monaten nach der Geburt zum Abschluß gebracht. (Aus LINZBACH, 1955.)

herz). Wir denken, daß sich durch systematische karyometrische Untersuchungen verschiedene Punkte aufklären ließen, was um so notwendiger wäre, als STAEMMLER aus seinen Beobachtungen weitgehende biologische Schlüsse zog (Gewebsverjüngungstheorie).

Eine amitotische Kern- und Muskelfaservermehrung, d. h. eine echte numerische Hyperplasie wurde von A. J. LINZBACH (1952) bei der konzentrischen Hypertrophie menschlicher Herzen festgestellt.

In den von H. NIETH (1949, S. 625) untersuchten pathologischen menschlichen Herzen (Sektionsmaterial) waren Kerneinschnürungen und Doppelkerne in der Umgebung frischer Narben besonders reichlich vorhanden, und nach experimentellem Sauerstoffmangel fand E. GRUNDMANN (1951, S. 61 ff.) in Katzenherzen die auf amitotische Kernteilung zurückzuführenden Doppelkerne ebenfalls in der Nachbarschaft der multiplen Nekroseherde stark vermehrt (2,6fache Zunahme von 16,4‰ beim Kontrolltier auf durchschnittlich 43,3‰ bei drei Versuchstieren). Ferner konstatierte er, wie NIETH, auch das Auftreten von „Großkernen", welche im normalen Herzen fehlten. Nach der Hypothese von GRUNDMANN „müssen wir die Vermehrung der Doppelkerne in der Nachbarschaft von Nekrosen als Folge eines von den zugrunde gehenden Muskelfasern aus wirkenden hormonalen, regeneratorischen Wachstumreizes ansprechen, der in der Regel zu amitotischen Kernteilungsfiguren führt" (l. c., S. 64). Auch I. Törö, der wie M. Robledo (1956, S. 1228/29) nach experimenteller Myokardverletzung (bei Ratten) in der Nähe der Wunde ebenfalls Amitosen auftreten sah (1939, S. 309 sowie Fig. 9 und 13), dachte an einen vom Herzmuskel produzierten Stoff — „Corhormon" —, welcher beim Untergang von Herzmuskelgewebe in vermehrtem Maße frei würde und „als Regulator des inneren Lebens des Herzmuskels" unter anderem die Herzmuskelkerne zur Teilung anregen könnte (1937, 1939). Entgegen diesen Angaben von Törö war in den 20 von A. J. Linzbach (1952, S. 656/57) untersuchten Herzen, die mit „Corhormon" behandelt worden waren, keine quantitative oder qualitative Abweichung von den unbehandelten Vergleichsfällen nachweisbar. Die vorliegende Fragestellung kann nur durch weitere Versuche abgeklärt werden.

I. G. Weed (1937) fand amitotische Kernteilungen in der Skelettmuskulatur des Hühnerembryos, und im ausgewachsenen gesunden Muskel des Menschen stellte M. Staemmler (l. c., S. 537/38) ohne Beziehung zum Lebensalter Bilder fest, „die auf eine im extrauterinen Leben vor sich gehende Kernvermehrung hindeuten"; dabei entsteht aus einem stabförmigen Kern durch direkte Teilung eine „Kernkette von völlig oder fast völlig getrennten und sich nur noch berührenden Einzelkernen" (vgl. seine Tafel IX, Abb. 28 und 29). Von mehreren Forschern wurde ferner das Vorkommen von Kernamitosen unter pathologischen Bedingungen gesehen (ältere Literatur bei Staemmler 1928 a). Wird ein Skelettmuskel geschädigt, sei es durch physikalische oder chemische Einwirkungen, durch ungenügende Ernährung (Ischämie, E-Avitaminose) oder durch Unterbruch der Innervation usw., und ist der Schädigungsgrad nicht so stark, daß daraus Nekrosen resultieren, so reagieren die Zellkerne zuerst durch Größenzunahme und dann durch amitotische Vermehrung (W. G. Millar 1934; S. S. Tower 1939; R. Altschul 1942, 1946, 1947; W. E. LeGros Clark 1946; G. C. Godman 1957; V. Puza 1957), was allerdings von J. W. Lash, H. Holtzer und H. Swift (1957) bestritten wurde.

Im ganzen betrachtet, stützen die angeführten Befunde jedoch die Auffassung, daß der Amitose bei bestimmten Regenerationsvorgängen eine gewisse Bedeutung zukommt.

4. Rhythmisches Kernwachstum und Endomitose

Auf Grund der Arbeiten von M. Heidenhain „Zur synthetischen Morphologie", von W. Jacobj „Über das rhythmische Wachstum der Zellen" sowie persönlicher Untersuchungen ist — zu verschiedenen Zeiten — von einer ganzen Reihe von Forschern darauf hingewiesen worden, daß „die Amitose einen durch «innere Teilung» der Chromosomen auf das Doppelte, Vierfache oder noch ein höheres Multiplum herangewachsenen (polyploiden) Kern in Teilstücke von niederem Wert zerlege" (W. J. Schmidt 1938, S. 103). Im Anschluß an die Gedankengänge Heidenhains erhob F. Wassermann in seinem

Handbuchbeitrag (1929, S. 564) die Frage, „ob und inwieweit auch die direkte Kernteilung ein Ausdruck der Wachstumsgesetze der lebendigen Masse ist, d. h. ob sie als Folge des begrenzten Wachstums der Zelle angesehen werden kann und ob sie gleichfalls, wie die anderen regelrechten Teilungsvorgänge der Wachstumseinheiten, dem Proportionalitätsgesetz unterliegt und vollkommene Einheiten mit neuem Wachstumsimpuls schafft". Seine Antwort lautete (l. c., S. 565): „Demnach zerlegt also die Amitose einen auf das Doppelte oder Vielfache herangewachsenen Kern in entsprechende Teilstücke vom Werte der Einheit oder einer höheren Ordnung."

Zu dieser Auffassung haben vor allem die zuerst von W. JACOBJ an der Leber durchgeführten Messungen beigetragen. JACOBJ (1925) und nach ihm viele andere Autoren, wie z. B. M. CLARA (1930, 1931), H. LEISTNER (1937) und G. H. MÜLLER (1937), haben nämlich festgestellt, daß die nach ihrer — übrigens nicht unbestrittenen (s. S. 91) — Meinung amitotisch entstandenen Schwesterkerne in zweikernigen Zellen zusammen in der Regel das doppelte Volumen der Kerne einkerniger Leberzellen besitzen; auch das Plasmavolumen ist verdoppelt, wie JACOBJ betonte. Dieser fand in der Zellpopulation der Mäuseleber neben der „Regelzelle" mit dem Zellvolumen V_1 und dem Kernvolumen K_1 noch folgende, polymere Zelltypen: V_2 mit K_2 oder mit 2 K_1, ferner V_4 mit K_4 oder mit 2 K_2 oder 4 K_1 sowie V_8 mit K_8 oder mit 2 K_4; bei einem größeren Untersuchungsmaterial könnten vielleicht auch noch die theoretisch möglichen Formen V_8 mit 4 K_2 und eventuelle sogar V_8 mit 8 K_1 gefunden werden.

Im menschlichen Placentarsyncytium geht die amitotische Kernvermehrung jedoch nicht mit rhythmischem Verdopplungswachstum, sondern mit „rhythmischer Halbierungsteilung" der Kerne einher (E. HINTZSCHE 1936, S. 50/51). Im 6. Schwangerschaftsmonat sind die Kerne des Syncytiotrophoblasten durchschnittlich nur noch halb so groß wie in der 6. Woche, zur Zeit der Geburt nur noch halb so groß, wie sie im 6. Monat waren.

Die Ursachen für den Eintritt einer Amitose können also, wie auch F. WASSERMANN (l. c., S. 580) hervorhob, nicht allein im rhythmischen Kernwachstum liegen, sonst gäbe es ja nicht, wie nach den eben zitierten Befunden von JACOBJ, z. B. die Zelltypen V_2 mit K_2 oder V_4 mit V_4. Indessen könnte in vielen Fällen dadurch eine erhöhte „Amitosebereitschaft" geschaffen worden sein. Warum jedoch die Teilung in der einen Zelle schließlich ausgelöst wird und in der anderen nicht, darüber wissen wir nichts, was über bloße Vermutungen hinausgehen würde. Es bestehen auch, wie J. BÖHM (1931), M. CLARA (1933) und H. LEISTNER (1937) u. a. angegeben haben, Artunterschiede in der Häufigkeit von zwei- und großkernigen Zellen. „Während z. B. Wachstum der Leberzellen bei Nagern vorzugsweise in dem Auftreten von zweikernigen Zellen geschieht, indem sich äußerlich sichtbar die Kernmasse in zwei echte Kerne spaltet («Phänoschisis»), beobachtet man beim Pferd so gut wie ausschließlich ein Kernwachstum durch Vermehrung des Kernvolumens. Der Kern nimmt an Größe zu, er verdoppelt sein Volumen, teilt sich jedoch nicht und imponiert als großer Kern («Endoschisis»)", schrieb H. LEISTNER (l. c., S. 63) in ihrer Dissertation. In beiden Fällen liegt ein Verdopplungswachstum vor; die Kernteilung, die zu einer Vergrößerung der Kern/Plasma-Grenzfläche führt, tritt jedoch nicht immer ein (siehe auch S. 9 f.).

Viele Befunde sprechen also dafür, „daß die besonders großen Kerne durch die Amitose zweikernige Zellen geben", wie z. B. auch E. M. WERMEL und Z. P. IGNATJEWA (1933) bei ihren Untersuchungen an der Rattenleber feststellten. Eine andere Frage ist die, ob es sich bei solchen großen Kernen immer um geradzahlige Multipla, d. h. wie beim „rhythmischen Kernwachstum" (JACOBJ) um Glieder einer geometrischen Verdopplungsreihe handeln muß, und wie diese polymeren Kerne entstanden sind.

„Solange die Kerne nicht in die 2. Klasse übergegangen sind (K_2), kann keine Amitose stattfinden", entschieden die eben genannten russischen Autoren (l. c., S. 503), und auch W. PFUHL (1938, S. 99) hielt einen amitoseartigen Vorgang nur für möglich bei Kernen, die vorher durch abortive Mitose oder Kernverschmelzung höherwertig geworden sind. Eine derartige Entstehung polyploider Leberzellen — um zunächst bei diesem Beispiel zu bleiben — wurde auch von J. W. WILSON und E. H. LEDUC (1948, 1950) sowie von M. MCKELLAR (1949) u. a. in Betracht gezogen, von W. JACOBJ (1942, S. 665) aber ausdrücklich abgelehnt. Wir können jedoch im Rahmen der vorliegenden Monographie auf diese interessante Fragestellung nicht näher eintreten, glauben jedoch annehmen zu dürfen, daß es sich in der Regel um eine endomitotische Polyploidisierung handelt (Einzelheiten z. B. bei L. GEITLER 1941 und 1953).

Auf die Tatsache, daß zwischen Polyploidie und Amitose gewisse Beziehungen bestehen, ist auch von L. GEITLER (1941) bereits vor längerer Zeit aufmerksam gemacht worden, und bei E. GLÄSS (1957, S. 487) findet sich die suggestive Formulierung: „Ebenso wie auf endomitotischem Wege eine Hochregulierung von diploiden zu polyploiden Kernen erfolgt, kann in Kernen mit Genomsonderung, in denen eine amitotische Kerndurchschnürung vor sich geht, in umgekehrter Richtung eine Herabregulierung, d. h. eine Depolyploidisierung in die Wege geleitet werden." Ganz ähnlich schrieb W. HOMANN (1955, S. 289) auf Grund seiner Beobachtungen an bösartigen Geschwülsten, „daß nur solche Zellen sich amitotisch zu teilen vermögen, die bereits eine morphologisch der Polyploidisierung entsprechende Größenzunahme durchgemacht haben", ja es wäre denkbar, „daß in der Amitose ein Modus der Rückverteilung der endomitotisch verdoppelten chromosomalen Substanz auf zwei Kerne der nächst kleineren Regelklasse vorliegt ...". In den Tumorzellen wären somit ebenfalls „vielfach Amitosen und Endomitosen miteinander vergesellschaftet zu finden", wie auch E. GRUNDMANN (1954) annahm, der experimentelle Rattenlebercarcinome — nach chronischer Verabreichung von 4-Dimethylaminoazobenzol — untersucht hatte.

Im gleichen Sinne äußerten sich nicht nur verschiedene andere Pathologen, so z. B. F. BÜCHNER (1950, S. 26), A. J. LINZBACH (1955, S. 206 und 272), F. FEYRTER (1957, S. 53), sondern auch viele Biologen, deren Arbeiten wir schon in früheren Kapiteln gewürdigt haben (z. B. I. FISCHER 1936, S. 224 und 233 ff.; E. RIES 1937, S. 175; M. HARTMANN 1953, S. 335/36; E. RIES und M. GERSCH 1953, S. 95 ff.; G. STERBA 1956, S. 482 ff.; und manche andere). Auch die Befunde, die E. Hintzsche (1946) im Reizleitungssystem und in der Triebmuskulatur des Rinderherzens erhoben hat, können so gedeutet werden.

Dazu kommen experimentelle Untersuchungsresultate. Uns selbst ist es seinerzeit gelungen, in Kaninchen-Fibrocytenkulturen in vitro durch Vorbehandlung mit Colchicin einen Teil der Zellen polyploid zu machen (O. Bucher, 1947 und 1952). In solchen Kulturen fand sich dann auch ein höherer Prozentsatz von amitoseverdächtigen Kernformen sowie von zweikernigen Zellen (19,4‰ gegenüber 6,6‰ in den parallel geführten Kontrollkulturen), was wir auf die Polyploidisierung zurückführten (1952, S. 45).

Andererseits vertrat E. Undritz (1958, S. 78) die Auffassung, daß eine höhergradige Polyploidie beinahe immer mit Mitoseatypien vergesellschaftet ist „wie mit Chromosomenbrücken, die in der Interphase zu Kernbrücken führen, die schmal oder breit sein können und besonders gern als Amitosen gedeutet werden".

Noch abzuklären bleibt die Frage, ob eine amitotische Kernteilung nur dort vorkommt, wo die Zellen vorher eine Endomitose durchgemacht haben (M. Hartmann, l. c.), oder ob sie vor allem in irgendwie polyploid gewordenen Zellen zu beobachten ist (H. Ris 1955, S. 119: „... especially common in cells that have become polyploid through endomitosis or inhibited mitosis"). Die erste Formulierung, die auch W. Homann (s. o.) und A. J. Linzbach (l. c., S. 272: „Erst die polyploiden Kerne, die z. B. durch Endomitose entstanden sind, treten dann in eine Amitose ein") aufgenommen haben, halten wir für zu eng gefaßt. Wohl erscheint, wie F. Wassermann (1929), M. Clara (1930), E. Ries und M. Gersch (1953) sowie verschiedene andere Autoren betonten, die Amitose mit dem Nachweis des rhythmischen Kernwachstums — aus dem allein allerdings nicht unbedingt auf endomitotische Polyploidisierung geschlossen werden kann (L. Geitler 1953, S. 64) — in einem anderen Licht. So forderte Wassermann (l. c., S. 581) zur weiteren Analyse des direkten Teilungsvorganges unter anderem auch die „Sicherstellung der amitotischen Teilung in den Fällen, bei denen das proportionale Kernwachstum und die Doppelkernigkeit mit Maß und Zahl erfaßt werden konnten".

Wir glauben jedoch nicht, heute schon annehmen zu dürfen, daß die Verdopplung des Chromosomenmaterials für das Auftreten der Amitose eine conditio sine qua non sei (siehe unsere S. 77 beschriebenen Befunde an Gewebekulturen), wenn sie auch in sehr vielen Fällen damit vergesellschaftet sein mag. Damit kommen wir zu der vorläufigen Schlußfolgerung: „Es bestehen gewisse Beziehungen zwischen der Endomitose und der Amitose: Polyploide Kerne können sich amitotisch aufteilen, wobei als die direkte Teilung auslösender Faktor sehr wahrscheinlich das ungünstigere Verhältnis zwischen Kerngröße (Chromosomenbestand) und Kernoberfläche eine Rolle spielt" (O. Bucher 1956, S. 56).

5. Zur Bedeutung der Amitose

Aus der alten Amitoseliteratur haben wir bereits im II. Kapitel („Zur Geschichte der Amitose") einige Meinungsäußerungen über die Bedeutung der Amitose zitiert; wir möchten hier nicht nochmals darauf zurückkommen.

F. Wassermann diskutierte in seinem Handbuchbeitrag (1929, S. 558 ff.) drei Möglichkeiten, „da eine einhellige Auffassung auch jetzt nicht erzielt ist", nämlich: 1. Die Amitose ist, wie Child, Maximow und Patterson gemeint haben, die neben der Mitose vorkommende Kern- und Zellvermehrung (generative Amitose, Teilungsamitose [Benninghoff]). 2. Die Amitose ist keine Kern- oder gar Zellvermehrung, die der Mitose an die Seite zu stellen wäre, sondern sie ist lediglich ein Mittel zur Vergrößerung der Kernoberfläche. 3. Die Amitose ist ein Zeichen der Degeneration und des Absterbens der Zelle.

Wir möchten gleich mit der zuletzt erwähnten These von der degenerativen Amitose beginnen. Nach Wassermann (l. c., S. 561) wäre auch mit dieser Art von „Kernzerschnürung" zu rechnen; als Beweis nannte er, unter Bezugnahme auf die (von uns auf S. 24 beschriebenen) Befunde von F. Th. Münzer (1925), „die schon lange bekannte Erscheinung der postmortalen Amitosen". Wir haben jedoch schon oben darauf hingewiesen, daß wir solche Vorgänge nicht als Amitosen, sondern als postmortale Kernveränderungen, die morphologisch übrigens noch genauer zu studieren wären, betrachten möchten. Es dünkt uns, daß auch die von M. Bonnet (1923) in desquamierten Epithelzellen des entzündlichen Urethralsekretes gesehenen „Amitosen" hier einzureihen wären. Gerade diese Tatsache, daß im Schrifttum wohl nicht allzu selten Fälle von pathologischen Kernfragmentierungen (siehe S. 41 ff.) als Amitosen beschrieben sind, schien die Auffassung von der „degenerativen Amitose" zu stützen. Dazu gehören auch die von Wassermann ebenfalls angeführten, bei uns auf Seite 45 zitierten „Amitosen" von Lymphocyten, die I. Fazzari (1926) in Hühner-Milzkulturen gefunden hatte.

Es mag hier daran erinnert werden, daß G. Tischler (1921/22, S. 454) in seiner Amitosedefinition forderte, daß „die beiden Tochterkerne nicht sofort einer Degeneration anheimfallen" dürfen. Damit können viele Fälle von Kernfragmentierung zweifellos ausgeschlossen werden. Andererseits haben wir in Gewebekulturen unter bestimmten Versuchsbedingungen auch Zellen degenerieren sehen, die kurz zuvor aus einer Mitose hervorgegangen waren, und niemand wird deshalb den mitotischen Teilungsprozeß in Frage stellen wollen. Das gleiche kann auch einmal für eine echte Amitose zutreffen (siehe z. B. bei G. Ivanovics und R. R. Hyde 1936, S. 70), aber daraus *dürfen wir nicht ableiten, daß die direkte Kernteilung eo ipso ein degenerativer Vorgang sei.*

Aus unseren früheren Ausführungen (S. 103 ff.) ging bereits hervor, daß Amitosen nicht selten dort auftreten, wo die Lebensbedingungen weniger günstig geworden sind. W. Schopper (1932, S. 512) z. B. fand Amitosen wohl in grosso modo gesunden Gewebekulturen, jedoch „immer in mehr oder weniger degenierenden Zellbezirken", und schrieb ihr deshalb „allgemein gesagt, scharf ausgesprochene, regressive Charakterzüge" zu. Man könnte aber auch mit W. Burkl (1949, S. 601) sagen, „daß die Amitose ihrer Eigenart entsprechend unter Umständen näher als die Mitose an der Grenze angetroffen werden kann, wo ... das Wachstum aufhört und die Degeneration des Kerns beginnt. Man kann daher ebensogut annehmen, daß die Amitose in diesen Zellen nicht ein Zeichen dafür ist, daß die Zellen in absehbarer Zeit degenerieren, sondern eher dafür, daß eine Vermehrung eben in Form einer Amitose noch möglich ist". Er interpretierte die Amitose somit als „einen von weniger Voraussetzungen abhängigen, weniger empfindlichen, deswegen aber nicht minderwertigen Teilungsvorgang" (l. c., S. 603). Wir denken, daß eine solche Deutung viel für sich hat.

Dazu auch A. ATSUMI (1953, S. 28): „... the changes do not seem to be only destined immediately to ruin. Their positive and progressive side may not be denied, but they are rather a regressive process, for they are inclined to increase toward the last stage of tumor development"; ferner IVANOVICS und HYDE (l. c., virus-infizierte Hodenkulturen in vitro): „... very soon after division these cells autolysed. It is a curious phenomenon that cells should have vitality enough for nuclear division such a short time before death."

Nach ST. KROMPECHER (1937), der sich eingehend mit der Bedeutung der Amitose befaßte, hätte die Anschauung, wonach die Amitose ein Zeichen der Degeneration und des Absterbens der Zelle wäre, insofern etwas Richtiges an sich, als vom Gesichtspunkt der Vermehrung, der Differenzierungsfähigkeit usw. „die bereits in amitotischer Teilung begriffene Zelle gewiß minderwertig ist, besonders wenn man sie mit den undifferenzierten, sich durch Mitose teilenden pluripotenten Zellen vergleichen will". Vom Gesamtorganismus aus gesehen, kann man diese Feststellung nicht aufrecht erhalten, denn die Ausbildung einer quergestreiften Muskelfaser ist gewiß kein degenerativer, sondern ein progressiver Vorgang (l. c., S. 244/45). „Wenn wir uns darüber hinwegsetzen, daß die direkte Kern- bzw. Zellteilung, die Amitose, eine «nicht mitotische» («a»-mitotische) Teilung ist, dann werden wir in ihr auch solche Eigenschaften entdecken, die sie nicht mehr neben der Mitose für «auch gut» oder «auch zutreffend» bezeichnen, sondern *an ihrem Platze* als allein entsprechende und mögliche Teilungsart kenntlich machen" (l. c., S. 241).

Wir kommen somit, obwohl auch für R. RÖSSLE (1926, S. 926) „über die Unfruchtbarkeit dieses Vorganges kein Zweifel bestehen" konnte, zu der Auffassung, welche W. HORT (1953, S. 238) mit folgenden Worten umschrieb: „Keinesfalls darf man heute noch die Amitose generell als einen degenerativen Vorgang ansehen. Die direkte Kernteilung ist nicht pathologischen Prozessen allein vorbehalten, auch sie hat ihr Vorbild im physiologischen Geschehen." Damit wollen wir nicht ausschließen, daß sich eine amitotische Teilung — wie andere Lebensvorgänge — auch einmal in einer Zelle abspielen kann, die dem Untergang geweiht ist (wie z. B. die Deckzellen im Übergangsepithel der Harnwege, vgl. E. S. DANINI 1924, S. 310/11); wir lehnen jedoch die alte, aber immer wieder angeführte Hypothese von O. VOM RATH (1891, S. 331) ab, nach welcher mit dem Auftreten der direkten Kernteilung das Todesurteil der Zelle gesprochen wäre.

F. WASSERMANN (1929, S. 562) schrieb über die Deutung der Amitose als Degenerationserscheinung: „Indessen sollte man mit der Entwertung von Amitosenbefunden, die mit einem solchen Urteil verbunden ist, sehr zurückhaltend sein, wenn keine zwingenden Gründe dazu vorliegen. Denn es sprechen doch die zahlreichen Beobachtungen, welche durchaus nicht unter den Gesichtspunkt der degenerativen oder nekrobiotischen Amitose gebracht werden können, dafür, daß eine solche nicht gerade häufig vorkommt, und man darf nicht in den alten Fehler zurückfallen, die Amitose für einen nebensächlichen, zu den normalen biologischen Vorgängen gar nicht gehörenden Vorgang anzusehen. Das hieße, den mit der Amitose zusammenhängenden Fragen aus dem Wege gehen."

Wie steht es nun mit der generativen Amitose? Auch darüber gehen die Meinungen weit auseinander. Eine Reihe von Forschern hat — wie wir schon Seite 81 ff. besprochen haben — angenommen, die amitotische Kernteilung sei von einer Zelleibsteilung gefolgt, und daraus auf ihre „progressive Bedeutung" geschlossen. G. Häggqvist (1924) glaubte, daß die Amitose bedeutend häufiger sei und eine viel größere Bedeutung habe, als man gewöhnlich annehme, ja daß sehr wahrscheinlich Mitose und Amitose vollständig gleichwertige Formen der Zellteilung seien, die beide vollwertige Zellen hervorbringen und sich gegenseitig ersetzen könnten („... very probably the mitosis as well as the amitosis are fully adequate forms of cell division, both of which are able to generate quite efficient cell elements, and which may replace each other reciprocally", l. c., S. 19). So weit möchten wir jedoch keineswegs gehen, obwohl auch von anderen Autoren die Vollwertigkeit des amitotisch entstandenen Zellmaterials betont worden ist, so z. B. von B. Romeis (1926), M. Staemmler (1928), E. Grynfeltt (1932), H. C. Elliott (1936), J. A. Thomas (1939), W. Burkl (1949).

Unbestritten ist, daß das numerische Wachstum junger und nur mäßig differenzierter Zellen durch mitotische Teilung erfolgt. Bei hochdifferenzierten, spezialisierten Zellen tritt die Amitose auf, besonders wenn ihre spezifische Tätigkeit nicht unterbrochen werden darf und dennoch die Notwendigkeit einer Teilung eintritt (K. Peter 1925, S. 523). „Bei der hochdifferenzierten Gewebszelle wird dagegen die die Zelldifferenzierungsprodukte und Zelltätigkeit verschonende und ungestört lassende Amitose verlangt" (St. Krompecher, l. c., S. 256); „mit der direkten Zellteilung pflegt meistens (quergestreifte Muskelfaser, Leberzelle usw.) nur ein Wachstum ... einherzugehen". In anderen Fällen — „Ausnahmefall der Amitose" (siehe M. Clara 1930, S. 208) — soll auch eine Zellteilung zustande kommen, so beispielsweise in Knochenzellen (M. Nowikoff 1910; T. H. Bast 1921; St. Krompecher, l. c.) und in Knorpelzellen (M. Nowikoff 1908; H. C. Elliott 1936). Dabei handelt es sich nach Krompecher um „in ihren letzten Wachstumsteilungen befindliche Gewebszellen, die eben im Begriffe sind, einen hochdifferenzierten definitiven Gewebsbestandteil aufzubauen". Dieser Betrachtungsweise hat sich auch W. Pfuhl (1938) angeschlossen, der früher eher zur Auffassung geneigt hatte, daß „die Amitose weniger der Zellvermehrung als der Leistungssteigerung der Zellen dient" (1932, S. 82), während Krompecher der Amitose in manchen Fällen (quergestreifte Muskelfasern, Knochenzellen) doch eine wesentlich höhere Bedeutung als nur die der Vergrößerung der Kernoberfläche zuschrieb (l. c., S. 244). Dafür sprechen auch die am Herzmuskel erhobenen Befunde (F. Körner 1935; I. Törö 1937, 1939; A. J. Linzbach 1952, 1955; W. Hort 1953).

Es ist berichtet worden, daß eine amitotische Zellteilung dort vorkommen würde, „wo unter dem Drucke besonderer Verhältnisse eine möglichst rasche Vermehrung bestimmter Zellelemente nötig" ist (W. KNOLL 1927, S. 28; betr. Erythroblasten des menschlichen Embryos). Die Frage, ob nicht dort, „wo lebhafte Zellregeneration erforderlich sei, die rascher vor sich gehende amitotische Kernteilung eher am Platz sein sollte", ist übrigens schon 1891 (S. 564) von J. FRENZEL aufgeworfen worden, und zu einem analogen Schluß kam neuerdings wieder S. KAWANAGO (1940, S. 43) bei seinen Untersuchungen von Uteruscarcinomen: „Man kann somit sagen, daß die Amitose vielmehr eine bedeutend raschere Wucherung der Krebszellen als die Mitose nach sich ziehen kann." Nach dem, was wir bis heute über die amitotische Teilungsdauer wissen (siehe S. 68 f.), scheinen uns diese Angaben indessen nicht genügend fundiert.

Wir dürfen nicht verheimlichen, daß nicht wenige Autoren der Annahme, die Amitose spiele beim „Teilungswachstum" der Zellen eine (wesentliche) Rolle, sehr skeptisch gegenüberstehen, so z. B. CLARA (1930—1936), M. HARTMANN (1953), G. LEVI (1954), W. MASSHOFF (1955) u. a. Auch nach F. WASSERMANN (1929, S. 558) ist die Amitose hauptsächlich ein Akt der Kernvermehrung, was wir selbst auch annehmen (O. BUCHER 1956, S. 56; siehe auch Abb. 42, S. 89).

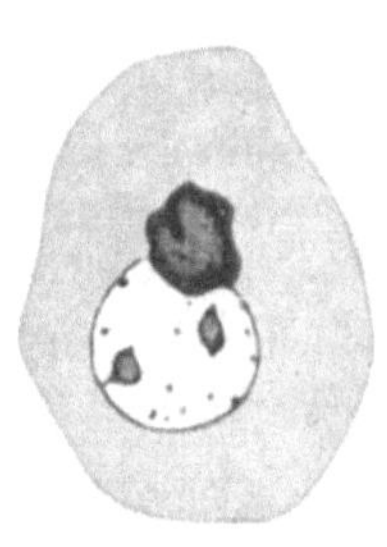

Abb. 53. Zweikernige Zelle (aus einer Kaninchenleber), in welcher der eine der beiden Kerne im Absterben begriffen ist. Zeichnung. Vergr. 800fach. (Aus CLARA, 1931.)

Daß die Kernamitose beim Wachstum hochdifferenzierter Gewebe durch Zellvergrößerung eine Rolle spielt, ist seit M. HEIDENHAIN (1919), W. JACOBJ (1925) und M. CLARA (l. c.) oft bestätigt worden, und das gleiche wäre zu sagen vom Auftreten direkter Kernteilungen bei gewissen Regenerationsvorgängen (siehe auch S. 109 ff.). Oft bestehen auch, wie wir Seite 115 f. gezeigt haben, enge Beziehungen zwischen endomitotischer Polyploidisierung und Amitose, und diese dient allenfalls der „gesetzmäßigen Herabregulierung hochpolyploider Chromosomenzahlen auf niederploidere" (E. GLÄSS 1957); so erwähnte auch E. GRUNDMANN (1955, S. 366/67) bei der Entwicklung experimenteller Leberzellcarcinome eine „Phase der amitotischen Ploidiereduktion".

Noch weitgehend hypothetisch erscheint uns die der amitotischen Kernteilung gelegentlich zugeschriebenen Rolle der Gewebsverjüngung (M. STAEMMLER 1928; M. CLARA 1931 und 1935; G. WETZEL 1932; I. TÖRÖ 1937; E. SCHILLER 1949; und andere mehr). STAEMMLER (1928 a, S. 561) kam seinerzeit zum Ergebnis, „daß, wenn nicht in allen, so doch in den meisten Geweben des menschlichen Körpers eine dauernde physiologische Regeneration im weiteren Sinne oder Gewebsverjüngung vor sich geht und daß sie es ist, die ein vorzeitiges Altern der Gewebe verhindert". Dieser Prozeß würde auf dem Wege der Amitose geschehen, „der ein Minimum an Funktionsausfall im Gefolge hat". An einer anderen Stelle (S. 560) erwähnte er auch eine „regelmäßige Erneuerung des Kernapparates", wobei die Kernamitose je nach Gewebe von einer Zellteilung gefolgt sein könne oder auch nicht.

Im letzteren Fall würde dann in älteren zweikernigen Zellen einer der beiden Doppelkerne durch Auflösung zugrunde gehen (Abb. 53). Den Mechanismus einer auf diese Weise sich abspielenden „Erneuerung des Kernapparates auf dem Wege der Amitose" (Clara 1931, S. 90) und einer damit verbunden „Gewebsmauserung" (A. Tilp 1912) dünkt uns vorläufig schwer vorstellbar, obwohl E. Schiller einen interessanten Beitrag zu dieser Fragestellung geliefert hat. Er fand in den von ihm untersuchten menschlichen Lebern nicht selten Kerneinschlüsse, die möglicherweise als „Schlackenablagerung infolge eines gestörten Kernstoffwechsels" zu deuten sind. Wenn sich nun solche Kerne amitotisch teilen, so kommen die Einschlüsse ganz extrem an das eine Ende des Kernes zu liegen (Abb. 54), und mit der Durchschnürung entsteht ein Kern mit Einschlüssen und ein anderer, der „frei von Einschlußkörpern, also anscheinend gesund ist". Der erste „kann dann zugrunde gehen, ohne daß die betreffende Zelle dem Untergang anheim-

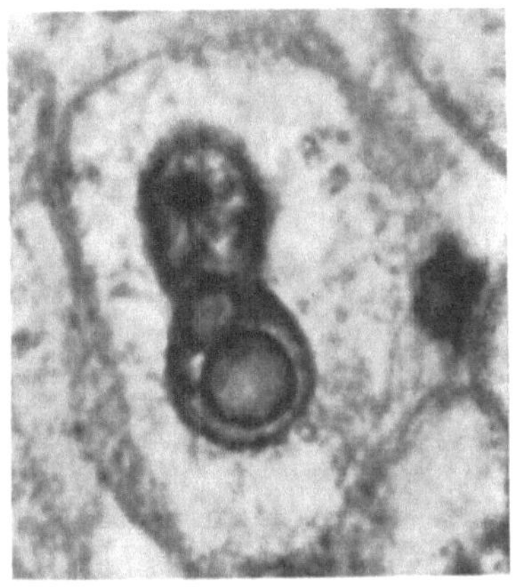

Abb. 54. Amitotisch eingeschnürter Kern (in einer menschlichen Leberzelle) mit zwei Kerneinschlüssen, die beide in der gleichen Kernhälfte liegen. Photographie. Vergr. 1450fach. (Aus Schiller, 1949.)

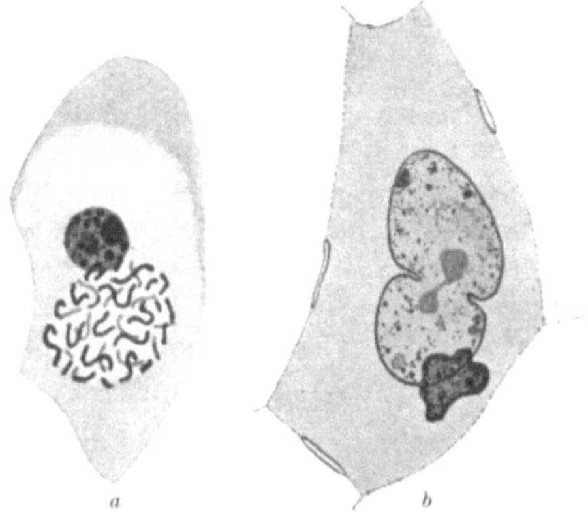

Abb. 55 *a* und *b*. Zweikernige Zellen (aus einer Kaninchenleber), in denen der eine der beiden Kerne zugrunde geht, während der andere sich mitotisch (*a*) bzw. amitotisch (*b*) teilt. Zeichnungen. Vergr. 800fach. (Aus Clara, 1931.)

fällt". Schiller sah in diesem Vorgang „ein charakteristisches Beispiel für die Bedeutung der Amitose bei Regenerationsvorgängen" (l. c., S. 360). Daß das Absterben des einen Kernes keineswegs der Ausdruck einer Schädigung der ganzen Zelle zu sein braucht, hatte übrigens auch M. Clara (1931, S. 159) betont; diese Annahme „kann am schönsten durch die Tatsache bewiesen werden, daß der übrigbleibende Kern sowohl in mitotische wie auch in amitotische Teilung eintreten kann" (Abb. 55 *a* und *b*).

Wir selbst haben in amitotisch entstandenen zweikernigen Zellen von gesunden Gewebekulturen nur selten Degenerationserscheinungen gesehen, wobei dann nur einer der beiden Kerne betroffen war. Der vermutlich der Auflösung entgegengehende Kern war in der Regel aber nicht dunkler (pyknotisch), sondern heller gefärbt und weniger scharf abgegrenzt; die Nukleolen waren ebenfalls blasser oder fehlen ganz (O. Bucher und R. Gattiker 1954 a, S. 319/20; s. a. E. Wendt 1959, S. 686). Andererseits fanden G. Ivanovics und R. R. Hyde (1936, S. 59 und 70) in virusinfizierten Kaninchenhoden-Deckglaskulturen oft amitotische Kernteilungen, wenn Kerneinschlußkörper vorhanden waren, und häufig in diesen Fällen löste sich bald darauf die ganze Zelle auf.

Manche Forscher haben den Sinn der Amitose in der Vergrößerung der Kernoberfläche gesucht. Diese seit C. CHUN (1890) und W. FLEMMING (1891) immer wieder geäußerte Auffassung ist vor allem von A. BENNINGHOFF (1922) ausführlich dargelegt worden. Eine ungünstige Beeinflussung des Stoffwechselgleichgewichtes — Sauerstoff- oder Nährstoffmangel, Anhäufung von Stoffwechselprodukten, Einwirkung von Giftstoffen usw. —, aber auch eine funktionelle Steigerung des Betriebsstoffwechsels — z. B. bei erhöhter Sekretions- oder Resorptionstätigkeit — kann zu einer Störung der Wechselbeziehung zwischen Kern und Cytoplasma führen und eine Oberflächenvergrößerung des Zellkernes zur Folge haben. Diese kann in einem gewissen „Kernpolymorphismus" (siehe Kapitel VII) zum Ausdruck kommen — man denke z. B. an die „Leistenkerne", die besonders im hypertrophen Herzmuskel gefunden werden (siehe A. J. LINZBACH 1947, S. 583; E. HENSCHEL 1951/52, S. 290) — oder zu einer amitotischen Kernteilung (BENNINGHOFFS „Reaktionsamitose", vgl. S. 10) führen.

Eine solche würde bei „gleichzeitigem Vorhandensein einer Teilungsbereitschaft" eintreten; grundsätzlich sah A. BENNINGHOFF keinen Unterschied zwischen Kernpolymorphismus und -amitose, weshalb er „jede Form der Oberflächenvergrößerung des Kerns" als „Amitose" bezeichnete (l. c., S. 47). Mit F. WASSERMANN (1929) halten wir jedoch eine derartige Erweiterung des Amitose-Begriffes nicht für zweckmäßig (Einzelheiten sind im Kapitel III nachzulesen), und auch der Unterscheidung von „Teilungsamitose" und „Reaktionsamitose" würden wir nicht zu viel Wert beimessen.

Wir haben in den Abschnitten XII/1 und XII/2 bereits eine größere Anzahl von Arbeiten besprochen, die beweisen, daß der aus der amitotischen Kernteilung bei erhöhter Stoffwechselaktivität oder bei ungünstigen Lebensbedingungen sich ergebenden Vergrößerung der Kernoberfläche eine funktionelle Bedeutung nicht abzusprechen ist. Manche experimentelle Befunde, auf welche wir hier nicht nochmals eingehen wollen, bestätigen diese These. Nach unseren mit Gewebekulturen gemachten Erfahrungen (siehe S. 77) braucht in diesem Fall das Kernvolumen nicht unbedingt verdoppelt worden zu sein, bevor eine amitotische Teilung eintritt, und auch hier entstehen zwei mehr oder weniger gleich große Tochterkerne und keine „beliebigen Zerschnürungen", wie BENNINGHOFF (l. c., S. 64) für seine „Reaktionsamitose" annahm.

Ausgehend von der Tatsache, daß also auch „die Größe der Kernoberfläche von wesentlichem Einfluß für die Lebenstätigkeit der Zelle ist", erschien es F. TH. MÜNZER (1923, S. 277) angebracht, „neben der gewöhnlichen Kernplasmarelation (der Masse) auch das Oberflächenverhältnis von Kern und Plasma, die Kernoberflächenplasmarelation, mehr als bisher zu beachten". Eine Änderung dieser Relation, z. B. durch amitotische Kernteilung, kann dann „allgemein aufgefaßt werden als der sichtbare Ausdruck eines Regulationsvorganges zur Erhaltung des Lebens und der Leistungsfähigkeit der Zelle bei übermäßiger Beanspruchung oder bei andauernder Verschlechterung der Lebensbedingungen". MÜNZER sprach von einem Regulationsvorgang, G. LEVI (1934, S. 313) von einer „Anpassung des Kernes", z. B. an die Zunahme der Cytoplasmamasse, wobei der Sinn der direkten Kernteilung wiederum in der Oberflächenvergrößerung zu suchen ist (siehe darüber auch bei O. BUCHER und R. GATTIKER 1954 a, S. 318/19).

Mit der Kernoberflächenvergrößerung werden natürlich gewisse Austauschvorgänge zwischen Karyo- und Cytoplasma erleichtert, wie G. Ivanovics und R. R. Hyde (l. c.) im Zusammenhang mit den obenerwähnten Versuchen mit virusinfizierten Hodenkulturen ebenfalls hervorhoben. Aber auch eine physiologische, in einer bestimmten Lebensphase der betreffenden Zellen notwendige Funktionssteigerung kann eine Vergrößerung der Kernoberfläche erfordern, wie z. B. die Beobachtungen von E. Ries, I. Fischer u. a. (siehe S. 99 f.) zeigten.

W. Nakahara schrieb darüber schon 1918: „Amitosis, occurring in secreting or reserve-forming cells, and in other cells of similar activity, may be for the purpose of securing an increase of the nuclear surface to meet the physiological necessity due to the active metabolic interchanges between the nucleus and cytoplasm ... it seems to indicate an intense activity in the vegetative functions of the cells."

Aus der amitotischen Vergrößerung der Kernoberfläche darf indessen nicht eo ipso auf eine Funktionssteigerung geschlossen werden. Aus unseren obigen Ausführungen (S. 117) sowie aus dem Abschnitt XII/2 geht klar hervor, daß dieser Vorgang auch ein Anpassungsversuch an ungünstigere Lebensvorgänge darstellen (vgl. z. B. W. Andrew 1955, S. 10) und die Aufgabe haben kann, „den Eintritt eines Funktionsdefektes zu verhindern" (M. Staemmler 1928 b, S. 566/67). Es scheint uns deshalb, im Gegensatz zu Ph. Stöhr jr. (1951, S. 21), kein Widerspruch, „daß sich bei Ganglienzellen die Mehrkernigkeit sehr häufig mit degenerativen Merkmalen zu verbinden pflegt" und hier somit „Amitose und Mehrkernigkeit als Anzeichen minderer Leistungsfähigkeit aufzufassen wären".

Wir dürfen aber die Meinung von F. Wassermann (1929, S. 579), der dem Faktor Oberflächenvergrößerung keinen allzu großen Wert beilegen wollte, nicht unterschlagen. „Die Vergrößerung der Berührungsfläche zwischen Kern und Cytoplasma ist in jedem Falle die selbstverständliche Folge der Amitose, aber nicht weniger auch die Folge einer Mitose ohne nachfolgende Zellteilung. Mit der Hervorhebung dieses Gesichtspunktes ist also nichts gewonnen. Wenn aber damit gemeint ist, die Amitose sei nichts weiter als ein Mittel zur Oberflächenvergrößerung des Kerns, so ist damit ihr Wesen und ihre Bedeutung wahrscheinlich durchaus nicht gewürdigt". Andererseits mag hier auch an die alte Vermutung von W. Flemming (1892, S. 77) erinnert werden, daß die Amitose „unter verschiedenen biologischen Bedingungen nicht überall dieselbe Bedeutung zu haben braucht."

Versuchen wir nun zum Abschluß dieses Kapitels aus den bekannten Tatsachen sowie den verschiedenen Theorien und Hypothesen über die Bedeutung der Amitose eine Bilanz zu ziehen, so kommen wir, wie Ph. Stöhr jr. (l. c.) zu der etwas resignierten Auffassung, daß einstweilen verallgemeinernde Bemerkungen wenig am Platz zu sein scheinen; auch W. Bargmann (1956, S. 54) gab zu, daß die Frage nach der funktionellen Bedeutung der Amitose ebenso wenig beantwortet sei wie die nach ihrer Ursache. Die rund drei Jahrzehnte, die seit der Abfassung des Wassermannschen Handbuchartikels vergangen sind, haben wohl eine Anzahl interessanter Einzelheiten, leider jedoch keine grundsätzlich neuen Kenntnisse gebracht.

XIII. In was für Geweben und Organen sind Amitosen beschrieben worden?

Wir möchten uns in diesem Kapitel so kurz wie möglich fassen — einmal, weil im Laufe der bisherigen Ausführungen wohl schon die allermeisten Orte, wo Amitosen vorkommen sollen, erwähnt worden sind und wir überflüssige Wiederholungen vermeiden wollen —, dann aber auch, weil wir der Frage nach dem wo vom allgemein biologischen Standpunkt weniger Bedeutung zumessen als der bereits erörterten Frage, unter welchen Bedingungen sie auftreten.

Ferner dürfen wir bei der Beurteilung der im Schrifttum auffindbaren Amitosebeschreibungen das nicht außer Acht lassen, was wir im V. Kapitel über die Amitosendiagnose im fixierten Präparat und die dabei möglichen Fehlerquellen und Irrtümer dargelegt haben. Es besteht gar kein Zweifel darüber, daß längst nicht alle Fälle, die als Amitosen publiziert wurden, auch wirkliche Amitosen waren. Es wird dem aufmerksamen Leser nicht entgangen sein, daß wir deshalb als Überschrift nicht die Frage, wo Amitosen vorkommen, sondern die, wo Amitosen beschrieben worden sind, gesetzt haben. Jeder einzelne Fall müßte sonst einzeln überprüft und diskutiert werden, was jedoch den Rahmen unseres Referates bei weitem sprengen würde.

Im folgenden wollen wir nun eine Anzahl von Veröffentlichungen über das Vorkommen amitotischer Kern- oder eventuell sogar Zellteilungen tabellarisch zusammenstellen (Tab. 5). Für das ältere Schrifttum müssen wir in der Regel allerdings auf den oft zitierten Handbuchartikel von F. Wassermann (1929) verweisen; weitere Literaturangaben finden sich auch in den angeführten Arbeiten. Wir sind uns dessen bewußt, daß unsere Zusammenfassung, auch was das neuere Schrifttum betrifft, keinen Anspruch auf Voll-

(Fortsetzung siehe S. 134)

Tab. 5. *Auszug aus dem Amitoseschrifttum, nach Geweben geordnet.*

Gewebe und Organ	Untersuchungsmaterial	Autor	Jahr	Zitiert Seite[3]
Epithelgewebe				
Gefäß-endothel	postkapilläre Venen (Meerschweinchen)	W. von Möllendorff	1928	
	normale und arterio-sklerotische Gefäße	R. Altschul	1954	
	Kupffersche Sternzellen der Lebersinusoide	A. Pischinger	1954 b	8, 41
	Nierenarterien und -venen bzw. Aorta (Mensch)	N. L. Kamenskaja	1955 1956	
	Aorta (Mensch)	A. J. Linzbach	1955	97
	Hirngefäße (Mensch)	H. Oepen	1956	
	Venen (Mensch)	D. Sinapius	1958	27, 43, 65

[3] Diese Seitenhinweise beziehen sich auf die vorliegende Monographie.

Gewebe und Organ	Untersuchungsmaterial	Autor	Jahr	Zitiert Seite[3]
Mesothel	Epikard (Katze)	L. Poska-Teiss	1922	56, 94
	Omentum majus (Meerschweinchen)	W. von Möllendorff	1928	
	Bauchfell	P. S. Revutskaja	1950	
einschichtiges prismatisches Epithel	Darm (Mensch, Hund)	T. Ojima	1955	
			1956	
einschichtiges Plattenepithel	Hornhautendothel (Mensch, Kaninchen, Frosch)	B. B. Fuks	1953	
	Epithel der Bogengänge (Mensch)	C. Andrzejewski	1958	
geschichtetes Plattenepithel	Haut (Mensch)	V. Patzelt	1926	
	Bucco-pharynx (Meerschweinchen)	E. Grynfeltt	1931	53 f., 65, 83
	Haut (Kaninchen)			
	Haut (*Triton*)	N. S. Nesterov	1955	
	Regenerierende Epidermis (Hund)	N. S. Eremeyev	1957	
Übergangsepithel	(Hund, Katze, Pferd, Ratte, Maus)	E. S. Danini	1924	93, 118
	Ureter (Kaninchen)	A. S. Ležava	1934	86, 93
	Harnblase (Maus)	W. von Möllendorff	1940	93
	Ureter und Harnblase (Mensch)	J.-P. Gauer	1949	74, 93
	Ureter und Harnblase (Mensch)	O. Bucher und J. Délèze	1955	74, 77, 93
	Transplantate von Harnblase (Meerschweinchen)	A. Fridenstein	1955	93
	Harnblase (Ratte. Hund)	I. Fujiwara	1956	70, 93
			1957	
exokrine Drüsen	Glandula orbitalis externa (Ratte)	A. Guieyesse-Pellissier	1923	75
		M. Grujic	1931	
	Cervix uteri (Mensch)	H. Stieve	1927	100
	Endometrium und Milchdrüse (Mensch)	E. Grynfeltt	1932	65, 119
	aktive Milchdrüse (Mensch)	A. Dabelow	1957	100, 109
	Glandula parotis (Ratte)	E. Aunap	1931	73

Gewebe und Organ	Untersuchungsmaterial	Autor	Jahr	Zitiert Seite[3]
	Glandula parotis (Ratte)	F. LORETI und G. PERRONCITO	1938	97, 101
	Glandula submandibularis bzw. parotis (Ratte)	W. ANDREW	1949 a und b	103
endokrine Drüsen	Adenohypophyse (Mensch)	R. COLLIN	1924 a	51
	Adenohypophyse (Mensch)	B. ROMEIS	1940	51
	Adenohypophyse (Hamster)	T. UKEI	1956	
	Schilddrüse (Meerschweinchen)	P. FLORENTIN	1926 1929	40 f., 97, 101
	Epithelkörperchen (Anuren)	B. ROMEIS	1926	41 f., 60, 107
	Epithelkörperchen (*Ichthyophis glutinosus*)	W. KLUMPP und B. EGGERT	1934	
	Nebennierenmark und -rinde (versch. Säugetiere und Mensch)	W. KOLMER	1918	
	Nebennierenmark (Mensch)	M. CLARA	1936	49 ff., 67, 73 f., 92
	Interrenalorgan (Selachier)	P. DITTUS	1941	26, 100
	Nebennierenrinde (Mensch)	J. WALLRAFF	1949	25
	Nebennierenrinde	R. BACHMANN	1954	
	Nebenniere (Mensch und Tier)	E. O. PIYPER	1957	
	LANGERHANSsche Inseln (Meerschweinchen-Pankreas)	P. FLORENTIN und D. PICARD	1936	51 f.
Leber	Mensch (Sublimatvergiftung)	ST. HEITZMANN	1918	
	Maus (verschiedene Ernährung)	R. NOËL	1923	90, 101
	verschiedene Säugetiere und Mensch	F. TH. MÜNZER	1923 1925	24, 77 f., 90
	Mensch (Sektionsmaterial)	M. STAEMMLER	1928	83, 138 f.
	Mensch (Sektionsmaterial)	M. CLARA	1930	21, 77, 114, 119
	Kaninchen (gesund und mit exper. Phosphorvergiftung)	M. CLARA	1931	39, 56 ff., 77 f., 90, 109 f., 120 f., 137 ff.

Gewebe und Organ	Untersuchungsmaterial	Autor	Jahr	Zitiert Seite[3]
	Mensch (Sektionsmaterial)	H. E. MacMahon	1933	63, 81, 83, 90 f.
	Ratte und Frosch (exper. Einwirkung verschied. Gifte)	E. M. Wermel und Z. P. Ignatjewa	1933 1934	101, 103, 115
	Mensch (Sektionsmaterial)	G. Arndt	1935	77, 110
	Pferd	H. Leistner	1937	77, 114
	Maus	G. H. Müller	1937	9, 77, 114
	Teleostier (Einfluß von Insulin)	H. Schmid	1937	101
	Maus (verschiedene Ernährung)	G. Schröter	1937	90 f.
	Kaninchen (Einfluß von Vitamin D)	Z. Szittyay	1937	91
	Mensch (Kerneinschlüsse)	E. Schiller	1949	120 f., 139
	Maus (experimentelle Amyloidose)	W. Gössner et al.	1951	78, 83, 110
	Mensch (alte Leute, Sektionsmaterial)	W. Andrew	1955	
	Ratte	E. Gläss	1957	79 f., 115
	Ratte	S. Omochi, T. Nagata und S. Momozé	1957	29, 69 f.
	Maus (Hungertiere)	N. van Phan und H. David	1958	57
Niere	Mensch (Sektionsmaterial)	M. Staemmler	1928	83
	Ratte und Frosch (exper. Einwirkung verschied. Gifte)	E. M. Wermel und Z. P. Ignatjewa	1933 1934	92, 101
	Mensch (Sektionsmaterial) und Kaninchen (exper. Einwirkung verschied. Gifte)	M. Clara	1935	92, 110
	Maus (exper. Belastung von Haupt- und Mittelstücken)	O. Bucher und Cl. Gailloud	1958	31, 92, 101 f.
		Cl. Gailloud	1958	31, 92, 101 f.
Bindegewebe Mesenchym	Kaninchenembryo	A. Maximow	1908	38, 59, 66, 81
	Meerschweinchenembryo bzw. menschlicher Embryo)	W. Lipp	1952 a und b	38, 48, 78, 81 f., 135

Gewebe und Organ	Untersuchungsmaterial	Autor	Jahr	Zitiert Seite[3]
	Meerschweinchen-embryo	D. BOERNER	1953	135
	Schafsembryo	R. HAHN	1957	135
lockeres faseriges Bindegewebe (inklusive freie Zellen)	Salamander und verschiedene Säugetiere	A. BENNINGHOFF	1922 1923	9 f., 25, 42 f., 63, 71, 96, 122
	Mastzellen (verschied. Wirbeltiere)	J. LEHNER	1924	82
	Maus, Kaninchen (Trypanblaueinspritzung)	W. und M. VON MÖLLENDORFF	1926	50, 52, 102
	Kaninchen (Einspritzung von Tusche)	CH. KNAKE	1927	
	Junges Kaninchen, Meerschweinchen, Maus	G. JASSWOIN	1928	23, 82, 108
	Meerschweinchen, Kaninchen (Einspritzung von artfremdem Serum)	W. VON MÖLLENDORFF	1928	48
	Mensch (Histiocytenbildung)	A. SCHULTZ	1928	
	Meerschweinchen, Kaninchen, Katze	W. PFUHL	1932 a	82, 88
	Kaninchen (Einspritzung von artfremdem Serum, Histiocytenbildung)	H. L. WEATHERFORD	1933	31, 82, 102
	Melanophoren von Knochenfischen	H. GRAUPNER und I. FISCHER	1935	84, 100, 135
	Mastzellen	G. ASBOE-HANSEN	1954	
	Menschliches Endometrium (Retikulumzellen und freie Zellen)	F. FEYRTER	1957	31, 39, 49
Sehne	Maus	M. NOWIKOFF	1910	54 f., 70, 83
	?	A. M. GRATSIANSKAJA	1951	
blutbildendes Gewebe und Blut	Amphibienblut (*Necturus*)	H. CHARIPPER und A. B. DAWSON	1928	
		A. B. DAWSON	1928	45
	Menschlicher Embryo (vor allem Erythroblasten)	W. KNOLL	1928	74, 83, 120
	Menschlicher Embryo (Erythroblasten)	V. PATZELT	1945	

Gewebe und Organ	Untersuchungsmaterial	Autor	Jahr	Zitiert Seite[3]
	Menschlicher Embryo (Erythroblasten)	W. Burkl	1949	74, 83, 107, 117
	Mensch und verschiedene Säugetiere (Lymphopoëse)	A. Pischinger	1951 1953 1954 a	
	Lymphocyten	H. Grau	1954	8, 41
	Lymphocyten (Elefantenmilz)	M. DeGroodt	1955	
Knorpelgewebe				
	Lacerta muralis (Embryo), junger Frosch, Larven von *Triton* und *Bombinator*	M. Nowikoff	1908	60, 63, 83, 119
	Amphibien und Meerschweinchen	N. Fleroff	1929	25, 56
	Gelenkknorpel verschiedener Tiere	H. C. Elliott	1936	24, 83
	Schafsembryo	R. Hahn	1957	
Knochengewebe				
	Maus	M. Nowikoff	1910	70, 83, 119
	Ratte, Kaninchen, Hund	T. H. Bast	1921	60, 66 f., 83
	Menschlicher Embryo und Ratte	St. Krompecher	1934 1937	83
	Osteoklasten	V. Patzelt	1945	
	Osteoklasten (Ratte, Meerschweinchen, menschl. Embryo)	W. Glättli	1947	
Muskelgewebe				
glatte Muskulatur	Kaninchen bzw. Maus (gravider Uterus)	H. Froböse	1932 1935	83, 107
	Mensch (Magen)	Ph. Stöhr jr.	1934	60, 76, 110
	Rind (gravider Uterus)	F. Preuss	1954	83, 108
Herzmuskulatur	Verschiedene Säugetiere	A. Schockaert	1909	111
	Mensch (Sektionsmaterial)	M. Staemmler	1928	29, 83, 100, 110 ff.
	Mensch, Kaninchen, Meerschweinchen	K. Körner	1935	61 f., 64, 110 f.
	Maus bzw. Ratte	I. Törö	1937 1939	61, 71, 110 f., 113
	Rind	E. Hintzsche	1946	116
	Mensch (Sektionsmaterial)	A. J. Linzbach	1947 1952 1955	42, 111 ff., 119, 122

Gewebe und Organ	Untersuchungsmaterial	Autor	Jahr	Zitiert Seite[3]
	Mensch (Sektionsmaterial)	H. NIETH	1949	61, 112
	Katze (exper. Sauerstoffmangel)	E. GRUNDMANN	1950	71, 112
	Mensch (Sektionsmaterial)	W. HORT	1953	111 f., 118 f.
	Ratte (Regeneration nach exper. Verletzung)	M. ROBLEDO	1956	61, 113
	Schwein	L.-Cl. SCHULZ	1958	100
Reizleitungssystem des Herzens	Rind	R. NOEL und G. MORIN	1929	
	Rind	E. HINTZSCHE	1946, 1954	21 f., 57, 73 f., 97, 116
Skelettmuskulatur	(Histogenese)	M. HEIDENHAIN	1919	97, 120
	Anurenlarven (Histogenese und Regeneration)	A. NAVILLE	1922	56 f.
	Mensch	M. STAEMMLER	1928 a	83
	Froschlarven, Hühner- und Menschenembryonen (Histogenese)	G. HÄGGQVIST	1931	
	Rattenembryo (Histogenese)	E. O. BUTCHER	1933	
	Kaninchen (Regeneration)	W. G. MILLAR	1934	113
	Salamandrella und *Amblystoma mexicanum*	Z. S. KATZNELSON	1936	56, 62
	Embryonen von Mensch, Schaf und Schwein (Histogenese)	ST. KROMPECHER	1937	84, 99, 118 f.
	Hühnerembryo (Histogenese)	I. G. WEED	1937	68, 99, 113
	Kaninchen, Meerschweinchen, Ratte, Huhn, Frosch (Regeneration)	R. ALTSCHUL	1942, 1946, 1947	70, 113
	Säugetier (Regeneration)	W. E. LEGROS CLARK	1946	113
	Ratte (Regeneration)	E. V. DIMITRIEVA	1955	
	Kaninchen (Regeneration)	G. C. GODMAN	1957	113
	Schafsembryo (Histogenese)	R. HAHN	1957	

Gewebe und Organ	Untersuchungsmaterial	Autor	Jahr	Zitiert Seite[3]
	Kaninchen (Regeneration)	V. PUZA	1957	113
Nervengewebe Zentralnervensystem	PURKINJEsche Zellen des Kleinhirns (Mensch mit cerebrospinaler Syphilis)	W. ANDREW	1939	101
	Gehirn (Fisch, Kröte, Kaninchen)	L. B. LEVINSON und M. J. LEJKINA	1952	
	PURKINJEsche Zellen des Kleinhirns (alte Mäuse)	W. ANDREW	1955	84, 103, 123
	Hypothalamus (Mensch mit Diabetes mellitus)	E. HAGEN	1957	
	Gehirn (Schafsembryo)	R. HAHN	1957 a	
vegetative Ganglien	Sympathische Ganglienzellen (Mensch)	A. TSCHERNJACHIWSKY	1932	100
	Ganglion coeliacum (Kaninchen)	K. HARTING	1938 1951	100 f.
	Sympathische Ganglienzellen (z. B. Ganglion cervicale inferius, Mensch)	PH. STÖHR jr.	1949/50 1957	100 f.
	Sympathische Ganglienzellen (Mensch, Kaninchen)	M. PAWLIKOWSKI	1957	
	Plexus myentericus (Katzendarm)	A. P. GLADKY	1958	
Neuroglia	SCHWANNsche Zellen (Kaninchen)	P. MASSON	1932	
	Mantelzellen in sympathischen Ganglien (Hund, Katze, Mensch)	A. KUNTZ und N. M. SULKIN	1947	
	SCHWANNsche Zellen (?) von exper. durchschnittenen Nerven und Transplantaten (Kaninchen, Meerschweinchen, Ratte)	R. ALTSCHUL	1948	

Gewebe und Organ	Untersuchungsmaterial	Autor	Jahr	Zitiert Seite[3]
	HORTEGA-Zellen im Striatum (Maus mit exper. Hirnödem)	K. NIESSING	1952 1953	
Epiphyse	Neurogliazellen (Mensch)	J. VERNE	1914	
	Pinealzellen (Mensch)	W. BARGMANN	1943	
nervöse Endorgane	Tastzellen der MEISSNERschen Körperchen	N. CAUNA	1958	100
Geschwülste				
	Verschiedene Arten von Tumoren	W. T. HOWARD und O. T. SCHULTZ	1911	48
	Nervenzellen in Tumor der Regio infundibularis	C. BACALOGLU und C.-I. PARHON	1926	84
	Spontane und experimentelle Neurinome	P. MASSON	1932	
	Verschiedene Arten von Tumoren	E. M. WERMEL und L. W. SCHERSCHULSKAJA	1934	
	Melanosarkome (Fisch)	H. BREIDER	1938 1939	40, 65, 74, 79, 100
	Uterus-Plattenepithelkrebs (Mensch)	S. KAWANAGO	1940	65, 84, 120
	Experimentelle Geschwülste	O. PFLUGFELDER	1948	
	YOSHIDA-Sarkom (Ratte)	A. ATSUMI	1953	28, 53, 95, 118
	Experimentelles Hepatom (Ratte)	E. GRUNDMANN	1955	83, 115, 120
	Über 500 menschliche Carcinome	W. HOMANN	1955	53, 55 f., 115 f.
Gametogenese und embryonale Gewebe				
Spermatogenese	Spermatogonien (noch nicht geschlechtsreife Katze)	G. HÄGGQVIST	1924	21, 124
	Spermatogonien (Ratte, Meerschweinchen, Maus)	A. POLICARD N. S. STROGANOVA	1950 1952	
Oogenese	Oocyten (menschlicher Neugeborener)	M. DE KERVILY	1924	
Primitiventwicklung	(Taube) (*Bufo vulgaris*)	J. TH. PATTERSON K. SIRAKAMI	1908 1956	59 f., 62 f., 135

Gewebe und Organ	Untersuchungsmaterial	Autor	Jahr	Zitiert Seite[3]
Embryonalhüllen	Amnionephithel (Mensch)	G. Petry und K. Damminger	1956	
	Amnionepithel (Mensch)	R. Hahn	1957 a	
Placenta	Syncytiotrophoblast (Mensch)	E. Hintzsche	1936	114
	Syncytiotrophoblast (Katze)	Z. Vacek	1955	
	Syncytiotrophoblast und Cytotrophoblast (Mensch)	K. Uchida	1957	
Nabelstrang	gallertiges Bindegewebe (Mensch)	M. Levina	1955	
verschiedene Gewebe von Embryonen[4]	(*Squalus acanthias, Amblystoma punctatum,* Huhn)	C. M. Child	1907	8, 117
	(Amphibien)	Z. S. Katznelson	1954	
	(Wirbelticre)	A. G. Knorre	1956	
	(Schaf)	R. Hahn	1957 a	82, 135, 138
wirbellose Tiere				
verschiedene Gewebe	Fettzellen von Schmetterlingslarven (*Pieris rapae*)	W. Nakahara	1918	84, 123
	Carotingewebe in den Flügeldecken von *Melanosoma vigintipunctatum*	W. Eilers	1925	13
	Epitheliale Auskleidung der männlichen Gonophoren von *Physalia caravella*	Ch. Pérez	1929	
	Kultur von *Helix*-Gewebe (Wand der Mantelhöhe von *Helix aspera*)	J. B. Gatenby	1933	
		J. C. Hill und J. B. Gatenby	1934	
		J. B. Gatenby, J. B. Hill und T. J. Macdougald	1935	
	Cestoden-Zellen	E. D. Logachev	1952	
	Spermatogenese von *Helix pomatia*	B. Botev	1953	
	Fettkörper von *Daphnia pulex*	G. Sterba	1956	115
Malpighische Gefäße (Insekten)	Gespenstheuschrecke (*Diapheromera femorata*)	W. S. Marshall	1908	59, 84

[4] Siehe auch unter Mesenchym (S. 127).

Gewebe und Organ	Untersuchungsmaterial	Autor	Jahr	Zitiert Seite[3]
Eifollikel-epithel (Insekten)	*Melanoplus differentialis*	L. G. Worley	1942	84
	Gelbrandkäfer (*Dytiscus marginalis*)	R. J. Ludford	1922	68
	Gryllus abbreviatus und *Nemobius fasciatus*	M. R. Murray	1926	22
	Gryllus assimilis	A. Dreyfus	1932	53, 54
	Verschiedene Pediculiden und Mallophagen	E. Ries	1932	84, 93, 99
		I. Fischer	1936	74, 84, 99
	Kleiderlaus	E. Ries und P. B. van Weel	1934	84, 93, 99
	Haploembia solieri	R. Stefani	1955	99

ständigkeit erheben kann. Amitosen sind oft beiläufig in Publikationen erwähnt, die unter einem ganz anderen Titel erschienen und deshalb auch in keinen referierenden Zeitschriften („Berichte“, „Abstracts“, „Excerpta“ usw.) unter Stichworten wie Amitose, direkte Kern- oder Zellteilung usw. erfaßt sind. Für die in Gewebekulturen beobachteten Amitosen verweisen wir auf Tab. 1, S. 17 f., und auf Tab. 3, S. 86 ff.

XIV. Vermutungen über das weitere Schicksal der Amitosen

Verschiedene Einzelheiten, die uns vielleicht einen Hinweis auf das Schicksal amitotisch entstandener Kerne oder Zellen geben können, haben wir bereits im vorletzten Kapitel (XII, S. 98 ff.) erwähnt, und wir werden hier nicht mehr auf alle diesbezüglichen Angaben zurückkommen. Andererseits scheint es uns doch notwendig, einige der geäußerten Vermutungen — um mehr handelt es sich wohl kaum, wenn wir ganz ehrlich sein wollen — zu erörtern und einander gegenüberzustellen.

W. Flemming (1891), H. E. Ziegler (1891), O. vom Rath (1891), C. M. Child (1904, 1907) und J. Th. Patterson (1908) haben wir schon S. 5 f. zitiert.

Wir glauben, schon oben (S. 117 ff.) gezeigt zu haben, daß die These von der degenerativen Amitose nicht aufrechtzuerhalten ist, denn eine unmittelbar oder zumindest bald nachher einsetzende D e g e n e r a t i o n ist keineswegs das unabwendbare Schicksal der Zelle, die eine direkte Teilung durchgemacht hat. Auch G. Levi verneinte, daß solche Zellen nicht mehr lebensfähig seien (1954, S. 213: „Non risponde al vero che le cellule derivate da divisione amitotica non siano vitali, come ritenevano Flemming, Ziegler, vom Rath“). B. Romeis (1926), M. Staemmler (1928), M. Clara (1931, 1935), W. Lipp (1952) u. a. haben immer wieder betont, daß auf dem Wege der Amitose lebensfähiges und funktionstüchtiges Kern- bzw. Zellmaterial entstehen kann.

Ob diese V o l l w e r t i g k e i t eine euploide Chromosomenzahl zur Voraussetzung hat, ist eine Frage, die oft aufgeworfen worden ist, neuerdings wieder von A. Hughes (1952, S. 154) sowie von A. Maximow und W. Bloom (1954, S. 19: „In the absence of the qualitatively equal chromosal distribution brought about by mitosis, it is doubtful that such cells can undergo subsequent divisions into normally functioning cells"). Aber wir wissen heute doch, daß wir an der Regel von der Zahlenkonstanz der Chromosomen nicht mehr so starr festhalten können, zumindest was die somatischen Zellen betrifft, und andererseits wäre es ja möglich (siehe S. 78 ff.), daß dort, wo es wirklich darauf ankommt, auch bei der amitotischen Kernteilung eine erbgleiche Verteilung der Chromosomen erfolgte. Schließlich ist denkbar, daß bei der Bildung zwei- und mehrkerniger Zellen durch amitotische Kernteilung allein, die bestimmt sehr viel häufiger vorkommt als eine direkte Zellteilung (darüber S. 81 ff.), eine genaue Aufteilung des Chromosomenbestandes überhaupt nicht notwendig ist, da in diesem Fall ja ohnehin alle Gene in der gleichen Zelle oder in ein und demselben Plasmodium verbleiben.

Wir möchten sogleich beifügen, daß wir keine beweiskräftigen Angaben über das Vorkommen von Amitosen in Samen- und Eizellen kennen. Die alten Arbeiten von F. Meves (1891), J. H. MacGregor (1899) u. a. bzw. von C. M. Child (1904, 1907) und J. Th. Patterson (1908) sind bei F. Wassermann (1929, S. 551 ff.) kritisch erörtert. Neuere, überzeugende Befunde kennen wir nicht, und selbst wenn im Verlaufe der Spermato- oder Oogenese unter bestimmten Lebensbedingungen sichere amitotische Durchschnürungen beobachtet würden, so würde das noch lange nicht beweisen, daß daraus auch befruchtungsfähige Gameten hervorgehen könnten.

A. Maximow (1908), W. Lipp (1952), D. Boerner (1953) und R. Hahn (1957) glaubten, amitotische Zellteilungen schon im embryonalen Bindegewebe, also bei noch nicht völlig ausgereiften Zellen, festgestellt zu haben (vgl. S. 81 f.). Das steht in gewissem Widerspruch zu der Meinung von St. Krompecher (1937, S. 240), die er dahin zusammenfaßte, 1. daß normalerweise die Zelle nach der amitotischen Teilung nur mehr zu solchen Zellen wird, zu welchen sie schon differenziert bzw. determiniert war, und 2. ihre Vermehrungsmöglichkeit ziemlich begrenzt ist, da sie eben nur die gleiche Zellart im Maße des jeweiligen Bedarfes bilden kann, 3. daß ferner die sich amitotisch teilenden Zellen gemeinsam das werdende Gewebe aufbauen, zusammen, ja durch Ausläufer miteinander verbunden bleiben und 4. solche Zellen zu einer Germination nicht mehr fähig sind.

Nur wenige Forscher haben sich expressis verbis mit dem W a c h s t u m amitotisch entstandener Kerne (resp. Zellen) befaßt. Diese mußte indessen von denjenigen Autoren vorausgesetzt werden, welche der Amitose eine Rolle bei „Teilungswachstum" und Hyperplasie zuschrieben (vgl. S. 107 ff.). Daß Amitose mit Kernwachstum verbunden ist, und zwar nicht nur vor, sondern auch n a c h der Kernteilung, wurde ausdrücklich z. B. von H. Graupner und I. Fischer (1935, S. 439) sowie I. Fischer (1936, S. 224) erwähnt, ferner von den Gewebezüchtern C. C. Macklin (1916 a, S. 456: „After nuclear fission the separated nuclear elements manifested the power of growth") und W. H. Lewis (1947, S. 443: „There are indications of increase of both nuclear and cytoplasmic mass after amitosis and fragmentation") wie auch von E. WENDT (1959, S. 683). Wir selbst (O. BUCHER und R. GATTIKER 1954 a, S. 318/19) haben dafür allerdings keine Anhaltspunkte finden können, denn bei den von uns durchgeführten Messungen war das Summenkernvolumen der zweikernigen Zellen im Mittel gleich groß wie das Volumen der amitoseverdächtigen Kerne.

Wachstumskurven für mitotisch entstandene Schwesterkerne sind bekannt (siehe O. BUCHER und R. KLÖTI 1955, S. 205), jedoch nicht für amitotisch entstandene Kerne. Es wäre interessant, auch diese Fragestellung einmal systematisch zu untersuchen.

Daß in vivo eine amitotische Kernteilung oft eine Folge des vor der Teilung erfolgten Verdopplungswachstums ist, haben wir im Kapitel XII/4 (S. 113 ff.) dargelegt.

W. PFUHL (1938, S. 123) berichtete, daß großkernige und amitotisch entstandene zweikernige Leberzellen je nach der funktionellen Beanspruchung des Organs durch Kernteilung und Kernverschmelzung beliebig oft ineinander übergehen können. Möglicherweise ging er etwas zu weit in der Wertung solcher Wechselbeziehungen, andererseits schrieben auch wir, ohne in jenem Moment die Annahme PFUHLS im Gedächtnis zu haben, „... gelegentlich gewannen wir aus der Beobachtung lebender Kulturen sogar den Eindruck, daß mehr oder weniger ganz durchgeschnürte Tochterkerne sich wieder vereinigen können, wobei es allerdings oft schwer festzustellen ist, ob die Trennung bereits vollständig war" (O. BUCHER 1958 a, S. 103); diesen letzten Punkt dürfen wir natürlich nicht außer Acht lassen. Gegen eine solche Wiederverschmelzung, an die auch M. STAEMMLER (1928 b, S. 560) dachte, hat seinerzeit F. WASSERMANN (1929, S. 576) eindeutig Stellung genommen: „Wie nachträgliche Wiedervereinigung der Kerne die alte Ordnung sollte wiederherstellen können, ist schwer zu begreifen. Da hätte man schon vorauszusetzen, daß die Amitose den Kern unter Vermeidung von stärkeren Verschiebungen seines Inhaltes und unter Wahrung der virtuellen Chromosomengebiete im Gerüstkern zerlegt." Vielleicht würde jedoch die S. 79 erörterte Genomsonderung dieser Forderung erfüllen können, falls eine solche Voraussetzung überhaupt notwendig ist.

Ein Zellkern, der aus einer direkten Teilung hervorgegangen ist, kann sich abermals amitotisch teilen. Das war schon die Meinung von O. VOM RATH (1891), der jedoch ein neuerliches Auftreten von Mitosen für unmöglich hielt, und ist seither durch eine ganze Reihe von (bereits zitierten) Arbeiten bestätigt worden. Auch an lebenden Gewebekulturen wurden derartige Beobachtungen gemacht (L. BUCCIANTE 1929, S. 149/50). Wiederholte amitotische Kernteilungen spielen ferner eine große Rolle bei der Entstehung von mehrkernigen Riesenzellen und Plasmodien (mehr darüber S. 96 ff.).

Eine andere, mehr umstrittene Frage ist die nach dem Vorkommen der Mitose nach amitotischer Kernteilung. J. ZWEIBAUM und M. SZEJNMAN (1935, S. 45, und 1936, S. 121) sowie E. N. WILLMER (1954, S. 33) lehnten diese Möglichkeit auf Grund ihrer Untersuchungen an Gewebekulturen ab. Dieser negativen Meinung steht jedoch eine größere Anzahl von positiven Befunden gegenüber.

„L'amitose peut être précédée ou suivie de mitoses, comme on peut très bien l'observer dans les cultures de tissu", lesen wir im Histologiebuch von M. Chèvremont (1956, S. 198). In der Tat hat schon C. C. Macklin (1916 a und b) in amitotisch entstandenen zweikernigen Zellen in vitro Mitosen beobachtet, und zwar sowohl in lebenden wie in fixierten Präparaten. Dabei bildeten zuerst beide Kerne Spireme, deren Chromosomen sich dann aber zu einer einheitlichen Äquatorialplatte vereinigten (1916 a, Tafel II), was auch von W. H. Lewis (1927 a, S. 318) bestätigt wurde; Kern- und Zelleibsteilung erfolgten schließlich wie bei einer gewöhnlichen Mitose. Eine andere Teilungsart wurde von Macklin in zweikernigen Zellen nicht gefunden, und nach seiner Meinung wären die beiden Kerne einer zweikernigen Zelle für die weitere Reproduktion nicht unabhängig, sondern handelten in der Mitose immer als Einheit (dies um so mehr, als das Zentrosom bei der vorausgehenden Kernamitose anscheinend nicht geteilt worden ist).

Ähnliche Befunde sind offenbar schon von W. P. Karpoff (1904) und A. Maximow (1908, S. 95) in Schnittpräparaten erhoben worden. Daß Mitosen in zweikernigen Fibrocyten in vitro ebenso häufig vorkommen wie in einkernigen (Macklin, 1916 b, S. 101), entspricht nicht unseren Erfahrungen.

Nach W. H. Lewis (l. c.) wäre die von Macklin angegebene mitotische Teilungsart zweikerniger Zellen aber nicht die einzig mögliche; er schrieb darüber: „Why does one spindle form in some binucleate cells and two in others? Does this indicate that there are two different kinds of binucleate cells, or that the one- or two-spindle condition is dependent on the distance between the two nuclei at the time they enter the prophase stage?" Was den ersten Punkt betrifft, ist es vielleicht so, daß sich in zweikernigen Zellen, die durch Kernamitose entstanden sind und nur ein Zentrosom besitzen, nur e i n e Spindel und eine Äquatorialplatte bilden, jedoch z w e i, wenn die betreffenden Zellen auf unvollständige Mitose (ohne Cytoplasmateilung) oder eventuelle auf Zellverschmelzung zurückzuführen sind und somit auch zwei Zentrosomen haben müssen.

In diesem Zusammenhang mag eine Arbeit von A. Levan und Th. S. Hauschka (1953) erwähnt werden. Die beiden Forscher beschrieben ein Mäuselymphosarkom mit einem hohen Prozentsatz von vielkernigen und gelapptkernigen Zellen, deren Entstehung durch eine Störung der Rekonstruktion der Arbeitskerne nach sonst normal abgelaufener Mitose (also nicht durch Amitose!) zu erklären ist. Uns interessiert aber die Tatsache, daß auch solche vielkernige Zellen und Mikronuclei sich wieder in einen normalen Mitosezyklus einschalten können, wobei der gesamte Chromosomenbestand der Zelle in einer einzigen bipolaren Spindel vereinigt wird (l. c., S. 141).

Wie C. C. Macklin (1916 b, S. 97) vertrat auch N. G. Chlopin (1932, S. 65) die Hypothese, daß nicht jeder der Kerne von amitotisch entstandenen zweikernigen Zellen vollwertig sei, und daß diese „ihre Vollwertigkeit nur dann bewahren, wenn im weiteren aus den beiden Teilkernen eine einzige gemeinsame mitotische Figur hervorgehen kann", wie er selbst auch beobachtet zu haben glaubte. Ähnliches soll auch S. Saguchi (1930) gesehen haben.

Es besteht kein Zweifel darüber, daß auch in zweikernigen und selbst in dreikernigen Leberzellen Mitosen auftreten können (M. Staemmler 1928; M. Clara 1931; H. E. MacMahon 1933; J. W. Wilson und E. H. Leduc

1948, 1950; M. E. Wilson, R. E. Stowell, H. O. Yokoyama und K. K. Tsuboi 1953; H. Marquardt und E. Gläss 1957). Dazu bemerkte schon M. Staemler (1928a, S. 545): „Ist es richtig, daß die Zweikernigkeit durch Amitose zustande kommt, so würde diese Beobachtung beweisen, daß in der Leber eine Kernteilung auf amitotischem Wege eine spätere durch Mitose nicht ausschließt." M. Clara (l. c., S. 161/62) neigte ebenfalls stark dazu, „das Vorhandensein von zwei mitotisch sich teilenden Kernen in einer zweikernigen Zelle als Beweis dafür zu betrachten, daß auch amitotisch entstandene Kerne unter bestimmten Voraussetzungen wieder in eine mitotische Teilung eintreten können". Aber auch er mußte zugeben, daß die Beweisführung nicht absolut zwingend ist, „weil nicht gänzlich die Möglichkeit ausgeschlossen werden kann, daß in diesen Fällen die Zweikernigkeit nicht doch durch eine Mitose zustande gekommen ist". Wir haben diese Fragestellung Seite 90 ff. bereits eingehend erörtert.

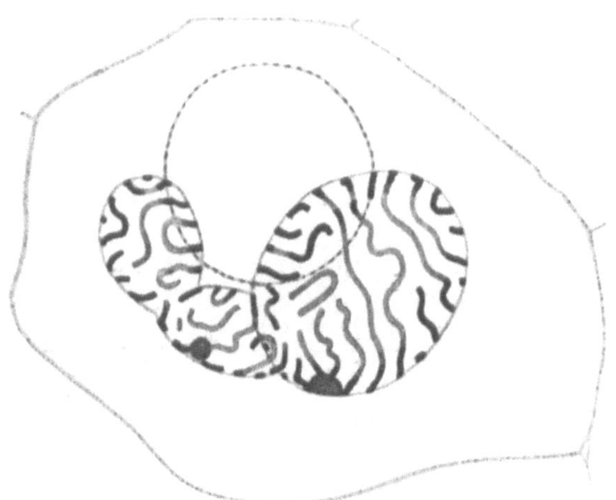

Abb. 56. „Mitotische Kernteilung im Anschluß an eine unvollständige, «fixierte» Amitose in einer zweikernigen Zelle" (Kaninchenleber). Zeichnung. Vergr. 2000fach. (Aus Clara, 1931.)

Mehr Beweiskraft als dem gleichzeitigen Vorkommen von zwei mitotischen Kernteilungsfiguren in einer Zelle wollte M. Clara (l. c.) dem Auftreten von Mitosen in „amitotisch" eingeschnürten Kernen zuschreiben (vgl. seine Abb. 23 *c*, 37 und 36, letztere hier reproduziert als Abb. 56). Wir können aber auch in diesem Fall eine gewisse Skepsis nicht überwinden, denn 1. wissen wir ja nicht, ob sich solche eingeschnürte Kerne auch wirklich amitotisch geteilt hätten oder ob hier nur ein gewisser Kernpolymorphismus vorliegt, und 2. erinnern uns solche Bilder mitunter auch etwas an die Mitosen mit Genomsonderung (siehe unsere Abb. 39 *b*, S. 80).

F. Wassermann (1929, S. 575) hat zu dieser Frage eindeutig Stellung genommen: „Ein amitotisch entstandener Kern bleibt zur Mitose befähigt. Aber es handelt sich auch hier nur um die Möglichkeit, und es ist klar, daß in vielen Fällen diese Möglichkeit nicht mehr in Frage kommt. ... Das Ausbleiben von Mitosen ist aber nicht die notwendige Folge von vorausgegangenen Amitosen." In ähnlicher Weise berichtete auch W. J. Schmidt (1938, S. 103): „Und die Auffassung, ein Kern, der sich amitotisch geteilt hat, sei der Mitose nicht mehr fähig, scheint doch durch neuere Beobachtungen erschüttert." Ob Amitose und Mitose bei dem gleichen Gewebe miteinander abwechseln können (Ph. Stöhr jr. 1951, S. 21; R. Hahn 1957a, S. 31), das ist allerdings eine andere Frage.

Nicht selten ist behauptet worden, daß in amitotisch entstandenen zweikernigen Zellen einer der beiden Kerne zugrunde gehen würde (F. Th. Münzer 1925; M. Staemmler 1928; M. Clara 1931; E. Schiller 1949; u. a.). Wir haben uns schon oben (S. 78 und 120 f., siehe auch Abb. 53, S. 120) darüber ausführlich geäußert. Dieser Vorgang scheint uns allerdings nicht unumstößlich bewiesen zu sein, was um so notwendiger wäre, als daraus weitgehende Schlüsse — wie „Erneuerung des Kernapparates“, „Gewebsverjüngung“ — gezogen worden sind. In Gewebekulturen zumindest haben wir keineswegs den Eindruck erhalten, daß mit einer nennenswerten Häufigkeit einer der beiden Kerne untergehen würde (O. Bucher 1953; O. Bucher und R. Gattiker 1954 a.).

XV. Schlußwort

It does not matter who is right;
the only important question is, what is true?
(R. R. Bensley)

Die vorliegende Darstellung, bei welcher wir uns von dem eben zitierten Motto leiten ließen, brachte eigentlich mehr Probleme als feststehende Tatsachen. Verschiedene Fragen, die man schon vor längerer Zeit beantwortet glaubte, müssen in der Tat wieder aufgegriffen und, unter Berücksichtigung der heutigen Sachlage, neu überprüft werden.

Die Schwierigkeiten beginnen schon mit dem Versuch, die direkte Teilung eindeutig zu definieren, und es sind wohl noch viele, sorgfältige Untersuchungen notwendig, um den Amitosebegriff mit der gewünschten Klarheit herauszuarbeiten. Es empfiehlt sich aber auch hier, wie H. Petersen (1935) in anderem Zusammenhang äußerte, das Problem „nicht durch Namendefinitionen philologisch entarten zu lassen, sondern lieber unmittelbar auszudrücken, worum es sich handelt“.

Wir sind zur Überzeugung gelangt, daß die Amitose kein Mythos ist, sondern daß sie existiert, zuallermindest in Form der direkten Kernteilung. Indessen erscheint es uns nicht unangebracht, hier nochmals ausdrücklich zu betonen, daß längst nicht alles, was sich im Schrifttum als „Amitose“ beschrieben findet, auch wirklich eine Amitose ist. So ist diese allmählich etwas in Mißkredit geraten und hat damit auch als Forschungsthema an Interesse verloren.

Wir hielten es deshalb für notwendig, auf die Amitosendiagnose, besonders im histologischen Schnittpräparat, im einzelnen einzutreten und die verschiedenen Möglichkeiten zu untersuchen, die zu einer Fehlbeurteilung Anlaß geben könnten. Damit sollte einer in Zukunft kritischeren Beurteilung der „amitoseverdächtigen“ Kernformen das Wort geredet werden. Es wäre außerordentlich wünschenswert, daß noch weitere Kriterien gefunden würden, welche eine sichere Unterscheidung der sich amitotisch teilenden Kerne von morphologisch ähnlichen Kernen ermöglichten. Wir müssen zugeben, daß die Amitosendiagnose im fixierten Präparat heute oft nur auf mehr oder weniger guten Indizien beruht.

Einer weiteren Abklärung bedürfen auch die in der Literatur beschriebenen „Spezialformen der direkten Teilung" wie Endocytogenese (Collin), Meroamitose (Thomas) und Karyonomie (Feyrter).

Der Kenntnis des Teilungsverlaufes haben die Veröffentlichungen der letzten zwei bis drei Jahrzehnte nichts grundsätzlich Neues beigefügt, und in den Angaben über die Teilungsdauer finden sich große Widersprüche. In beiden Fällen könnten systematische Untersuchungen an Gewebekulturen in vitro allenfalls weiterhelfen. Bei der Diskussion der Teilungsursachen und der funktionellen Bedeutung sowie des weiteren Schicksals der Amitosen bewegen wir uns immer noch im Bereiche von Arbeitshypothesen und Vermutungen.

Andererseits sind wir, so scheint uns, in der Beurteilung des Resultats der Amitose einen Schritt weitergekommen, und auch zur Beantwortung der Frage nach den Bedingungen, unter welchen Amitosen auftreten, haben neuere Arbeiten manche interessante Einzelheiten beigetragen.

Allzuvieles ist jedoch immer noch unklar, harrt einer eingehenden Bearbeitung, bei welcher der richtigen Wahl von Untersuchungsobjekt und -methode große Bedeutung zukommt. Wir möchten zum Schluß dem Wunsch und der Hoffnung Ausdruck geben, daß unser Referat den einen oder anderen Forscher anregen wird, sich näher mit dem Amitoseproblem zu befassen.

Literatur

Alberti, W., und G. Politzer, 1924: Über den Einfluß der Röntgenstrahlen auf die Zellteilung. Arch. mikr. Anat. **100**, 83—109, und **103**, 284—307.

Altschul, R., 1942: Atrophy, degeneration and metaplasia in denervated skeletal muscle. Arch. Path. **34**, 982—988.

— 1946: Nucleosis of skeletal muscle: its value as a biological test. Science **103**, 566—567.

— 1947: On nuclear division in damaged skeletal muscle. Rev. Canad. Biol. **6**, 485—495.

— 1948: On nuclear proliferation and nuclear size. Anat. Rec. **100**, 517—533.

— 1954: Endothelium. Its development, morphology, function and pathology. New York.

Andrew, W., 1939: Origin and significance of binucleate Purkinje cells in man. Arch. Path. **28**, 821—826.

— 1949 a: Age changes in the salivary glands of Wistar institute rats with particular reference to the submandibular glands. J. Geront. **4**, 95—103.

— 1949 b: Age changes in the parotid glands of Wistar institute rats with special reference to the occurrence of oncocytes in senility. Amer. J. Anat. **85**, 157—197.

— 1955: Amitotic division in senile tissues as a probable means of selfpreservation of cells. J. Geront. **10**, 1—12.

Andrzejewski, C., 1958: Über eine besondere Gewebsart des Vestibularapparates bei Mensch und Säugetieren. Acta anat. **35**, 15—46.

Arndt, G., 1935: Kernstudien zur Unterscheidung von Regeneration und Geschwulstbildung I. Kernstudien an regenerativen Veränderungen der Leber mit besonderer Berücksichtigung des rhythmischen Wachstums der Zellen. Z. Krebsforsch. **41**, 393—444.

Arnold, J., 1883: Beobachtungen über Kerne und Kernteilungen in den Zellen des Knochenmarkes. Virchows Arch. **93**, 1—38.

— 1887: Über Teilungsvorgänge an den Wanderzellen, ihre progressiven und regressiven Metamorphosen. Arch. mikr. Amat. **30**, 205—310.

Asboe-Hansen, G., 1954: The mast cell. Int. Rev. Cytol. 3, 399—435.

Atsumi, A., 1953: Studies of amitosis with the Yoshida sarcoma. Gann **44**, 21—30.

Aunap, E., 1931: Über die Beziehungen zwischen Kern, Ergastoplasma und Mitochondrien der Parotiszellen der Ratte. Z. mikr.-anat. Forsch. **24**, 412—440.

Bacaloglu, C., et C.-I. Parhon, 1926: Polynucléose neurocytaire et division amitotique des cellules nerveuses dans un cas de tumeur primitive de la région infundibulaire. C. r. Soc. Biol. (Paris) **94**, 714—716.

Bachmann, R., 1954: Die Nebenniere. Handbuch der mikroskopischen Anatomie des Menschen *VI/5*. Berlin-Göttingen-Heidelberg.

Bargmann, W., 1943: Die Epiphysis cerebri. Handbuch der mikroskopischen Anatomie des Menschen *VI/4*, Berlin-Göttingen-Heidelberg.

— 1956: Histologie und mikroskopische Anatomie des Menschen. 2. Aufl. Stuttgart.

Barta, E., 1926: Deficient oxydation as a cause of giant cell formation in tissue cultures of lymph nodes. Arch. exp. Zellforsch. **2**, 6—30.

Bast, T. H., 1921 a: Studies on the structure and multiplication of bone cells facilitated by a new technique. Amer. J. Anat. **29**, 139—157.

— 1921 b: Various types of amitosis in bone cells. Amer. J. Anat. **29**, 321—339.

Bauer, K. F., 1954: Methodik der Gewebezüchtung. Zürich.

Beams, H. W., and R. L. King, 1942: The origin of binucleate and large mononucleate cells in the liver of rat. Anat. Rec. **83**, 281—295.

Beneden, E. van, 1876: Recherches sur les dicyémides; zitiert nach W. Flemming (1882 und 1892).

Benninghoff, A., 1922: Zur Kenntnis und Bedeutung der Amitose und amitosenähnlicher Vorgänge. S. B. Ges. Naturw. Marbg., 45—68.

— 1923: Beobachtungen über Umformungen der Bindegewebszellen. Arch. mikr. Anat. **99**, 571—605.

Berghe, L. van den, et I. Blitstein, 1947: Images de division amitotique dans la série granulocytique de la moelle osseuse. Sang **18**, 306—308.

Bisceglie, V., 1932: Studi sui tessuti espiantati. III. Le modalità di accrescimento ed i caratteri strutturali delle culture di intestino embrionale di pollo. Arch. exp. Zellforsch. **12**, 102—124.

— und A. Juhász-Schäffer, 1928: Die Gewebezüchtung in vitro. Berlin.

Bloom, G., 1958: Cytological changes in human tissue mast cells after cortisone treatment. Acta Morph. Neerlando-Scand. **1**, 331—336.

Bloom, W., 1931: Some relationships between the cells of the blood and of the connective tissues. Arch. exp. Zellforsch. **11**, 145—156.

Boerner, D., 1953: Die Beziehungen der ersten Anlage der Nebenniere und ihrer Gefäße zueinander. Z. mikr.-anat. Forsch. **59**, 137—160.

Böhm, J., 1931: Untersuchungen über zweikernige Zellen. III. Die Verteilung und Anordnung der zweikernigen Zellen in den Läppchen der Kaninchenleber. Z. mikr.-anat. Forsch. **25**, 181—206.

Bonnet, M., 1923: Amitoses dans les cellules de desquamation uréthrale. C. r. Soc. Biol. (Paris) **88**, 87—89.

Borghese, E., E. G. Rondanelli e E. Strosselli, 1955: Osservazioni microcinematografiche sulla formazione di cellule binucleate. Z. Anat. **118**, 523—530.

Botev, B., 1953: Amitotic cell division in spermatogenesis in *Helix pomatia*. Suvrem. med. (Sofia) **4**, 38—47.

Boveri, Th., 1907: Zellenstudien. 6. Die Entwicklung dispermer Seeigeleier. Jena.

Brehm, H. von, 1958: Über jahreszyklische Veränderungen im Nucleus lateralis tuberis der Schleie (*Tinca vulgaris*). Z. Zellforsch. **49**, 105—124.

Breider, H., 1938: Die genetischen, histologischen und zytologischen Grundlagen der Geschwulstbildung nach Kreuzung verschiedener Rassen und Arten lebendgebärender Zahnkarpfen. Z. Zellforsch. **28**, 784—828.

— 1939: Über die Vorgänge der Kernvermehrung und -degeneration in sarkomatösen Makromelanophoren. Z. wiss. Zool. A **152**, 89—106.

Brues, A. M., and B. B. Marble, 1937: An analysis of mitosis in liver restoration. J. exp. Med. **65**, 15—27.

Bucciante, L., 1926: La vitesse de la mitose des cellules cultivées in vitro en fonction de la température. C. r. Ass. Anat. **21**, 119—124.

— 1928: Cellule binucleate ottenute da mitosi di culture „in vitro" sottoposte alla temperatura di— 1° C. Boll. Soc. ital. Biol. sper. **3**, 21—23.

— 1929: Influenza di temperature molto basse su mitosi di culture „in vitro". Formazione di cellule binucleate. Protoplasma **5**, 142—157.

Bucher, O., 1939: Zur Kenntnis der Mitose. VI. Der Einfluß von Colchicin und Trypaflavin auf den Wachstumsrhythmus und auf die Zellteilung in Fibrocytenkulturen. Z. Zellforsch. **29**, 283—322.

— 1947: Divisions nucléaires amitotiques dans des cultures de fibrocytes après administration de colchicine. Acta anat. (Basel) **4**, 60—67.

Bucher, O., 1952: Experimentelle Erzeugung von Amitosen und Zweikernigkeit in Gewebekulturen in vitro. Verh. anat. Ges. (Jena) 41—47.
— 1953: Karyometrische Untersuchungen an zweikernigen Zellen von Bindegewebekulturen. Verh. anat. Ges. (Jena) 197—203.
— 1954: Caryometric studies of tissue cultures. Int. Rev. Cytol. 3, 69—111.
— 1955 a: Recherches caryométriques sur des cultures de tissus. XVI. Le comportement de la taille nucléaire et nucléolaire ainsi que du quotient nucléo-nucléolaire après administration de trypaflavine. Acta anat. (Basel) 25, 45—52.
— 1955 b: Karyometrische Untersuchungen an Gewebekulturen in vitro. XVII. Kern- und Kernkörperchengröße in verschieden rasch wachsenden Bindegewebekulturen. Z. Anat. 118, 531—542.
— 1956: Histologie und mikroskopische Anatomie des Menschen. 1. Aufl. (1948) und 2. Aufl. (1956). Bern.
— 1958 a: Gibt es eine Amitose? Z. mikr-anat. Forsch. 64, 100—109.
— 1958 b: Zur Entstehung zweikerniger Zellen in Bindegewebekulturen. (Zugleich ein Beitrag zur Frage der Amitose.) Z. mikr.-anat. Forsch. 64, 174—191.
— 1958 c: Das Karyogramm („Kernbild") als Ausdruck der Zellaktivität. Verh. anat. Ges. (Jena).
— 1959: Das Karyogramm bei verschiedener Wachstumsintensität von Bindegewebekulturen in vitro. Anat. Anz. 106, 271—284.
— et J. Délèze, 1955: Recherches complémentaires sur les cellules binucléées (foie et épithélium de transition). Anat. Anz. 102, 1—20.
— und Cl. Gailloud, 1958: Zum Verhalten der Zellkerne bei verschiedenen Funktionszuständen der Nierenkanälchen. Bull. schweiz. Akad. med. Wiss. 14, 254—272.
— und R. Gattiker, 1954 a: Karyometrische Untersuchungen an Gewebekulturen. X. Über die zweikernigen Bindegewebezellen in vitro. Z. mikr.-anat. Forsch. 60, 308—323.
— — 1954 b: Karyometrische Untersuchungen an Gewebekulturen. XII. Das quantitative Verhalten von Kern und Nucleolus bei verschiedener Intensität des Zellwachstums infolge Änderung der Züchtungstemperatur. Z. Anat. 118, 150—164.
— und R. Klöti, 1955: Karyometrische Untersuchungen an Gewebekulturen. XV. Über das intermitotische Kernwachstum. Z. Zellforsch. 42, 193—212.

Büchner, F., 1950: Allgemeine Pathologie. München.

Bulliard, H., 1923: Recherches sur les cultures de tissus: La corticale surrénale. Arch. Zool. exp. et gén. 61, 553—579.

Burkl, W., 1949: Die Amitose als generative Teilungsform bei primitiven Erythroblasten. Z. Zellforsch. 34, 584—609.

Butcher, E. O., 1933: The development of striated muscle and tendon from the caudal myotomes in the albino rat and the significance of myotome-cell arrangement. Amer. J. Anat. 53, 177—189.

Carnoy, J. B., 1884: Biologie cellulaire.

Cauna, N., 1958: Structure of digital touch corpuscles. Acta anat. (Basel) 32, 1—23.

Charipper, H., and A. B. Dawson, 1928: Direct division of erythrocytes and the occurrence of erythroplastids in the circulating blood of *Necturus*. Anat. Rec. 39, 301—313.

Chèvremont, M., 1956: Notions de cytologie et histologie. Liège.

Child, C. M., 1904: Amitosis in *Moniezia*. Anat. Anz. 25, 545—558.
— 1907 a: Studies on the relation between amitosis and mitosis. Biol. Bull. 13, 165.
— 1907 b: Amitosis as a factor in normal and regulatory growth. Anat. Anz. 30, 271—297.

Chlopin, N. G., 1932: Studien über Gewebskulturen im artfremden Blutplasma. V. Das Verhalten und die Verwandlungen des menschlichen Mesenchyms im Explantat. Arch. exp. Zellforsch. 12, 11—85.
— 1934: Experimentell-histologische Untersuchungen über das Epithelgewebe des Nebenhodens. Z. Zellforsch. 20, 77—142.

Chlopkow, A. M., 1931: Intestinal epithelium of the adult rabbit in cultures in vitro. Arch. exp. Zellforsch. 10, 299—328.

Chun, C., 1890: Über die Bedeutung der direkten Kernteilung. Schriften physik.-ökonom. Ges. Königsberg 31; zitiert nach F. Wassermann (1929).

Clara, M., 1930: Untersuchungen an der menschlichen Leber. II. Über die Kerngrößen in den Leberzellen. Zugleich über Amitose und über das Wachstum der stabilen Elemente. Z. mikr.-anat. Forsch. 22, 145—219.

Clara, M., 1931: Über den Bau der Leber beim Kaninchen und die Regenerationserscheinungen an diesem Gewebe bei experimenteller Phlosphorvergiftung. Z. mikr.-anat. Forsch. **26**, 45—172.

— 1933: Accrescimento amitotico del nucleo ed il destino dei cromosomi. Monit. Zool. Ital. **43**, Suppl., 214—217.

— 1935: Untersuchungen über Wachstum und Regeneration der Nierenepithelien. Z. Anat. **104**, 103—132.

— 1936: Über die physiologische Regeneration der Nebennierenmarkzellen beim Menschen. Z. Zellforsch. **25**, 221—235.

Clark, W. E. LeGros, 1946 a: The tissues of the body. 2. Aufl. (3. Aufl. 1952). Oxford.

— 1946 b: An experimental study of the regeneration of mammalian striped muscle. J. Anat. **80**, 24—36.

Collin, R., 1924 a: Sur la régénération des cellules hypophysaires chez l'homme. C. r. Soc. Biol. (Paris) **90**, 1053—1055.

— 1924 b: Sur l'endocytogénèse. C. r. Soc. Biol. (Paris) **90**, 1419—1421.

Conklin, E. G., 1917: Mitosis and Amitosis. Biol. Bull. **33**, 396—436..

Cowdry, E. V., 1955: Cancer cells. Philadelphia.

Dabelow, A., 1957: Die Milchdrüse. Handbuch der mikroskopischen Anatomie des Menschen III/3, 277—485. Berlin-Göttingen-Heidelberg.

D'Ancona, U., 1942: Verifica del poliploidismo delle cellule epatiche dei mammiferi nelle cariocinesi provocate sperimentalmente. Arch. ital. Anat. Embriol. **47**, 253—286.

Danini, E. S., 1924: Zur Frage über den Bau des Übergangsepithels. Z. Anat. **74**, 297—317.

Dawson, A. B., 1928: Changes in form (including direct division, cytoplasmic segmentation, and nuclear „extrusion") of the erythrocytes of *Necturus* in plasma. Amer. J. Anat. **42**, 139—153.

Deane, H. W., 1954: Cell structure and function. New York.

De Groodt, M., 1955: Structure and significance of the marginal zone of Malpighi's corpuscle in the spleen. Vlaams diergeneesk. T. **24**, 265—280; ref. in Excerpta med. (Amst.), Sect. I, **11**, 81, 1957.

Dittus, P., 1941: Histologie und Cytologie des Interrenalorgans der Selachier unter normalen und experimentellen Bedingungen. Z. wiss. Zool. A **154**, 40—124.

Dmitrieva, E. V., 1955: Über die Kernbildung in den Fasern der Skelettmuskulatur bei der Regeneration (russisch). Doklady Akad. Nauk S. S. S. R., N. S. **100**, 993—995; ref. in: Ber. allg. spez. Path. **27**, 248, 1955.

Dokov, V. K., 1955: Amitotic cell division in embryonic liver explanted on allantoic shell of chicken embryo. Dokl. Bolg. akad. Nauk **7**, 61—63.

Domagk, G., 1955: Weitere Beobachtungen an Yoshida-Tumoren der Ratte. Verh. dtsch. path. Ges. **38**, 338—346.

Dreyfus, A., 1932: Sur un type particulier d'amitose dans les cellules folliculeuses de l'ovaire du Grillon (*Gryllus assimilis*). C. r. Soc. Biol. (Paris) **109**, 409—412.

Eberth, J., 1876: Über Kern- und Zellteilung. Virchows Arch. **67**, 523—541.

Ehrich, W., 1935: Das Gesetz des Wachstums in konstanten Proportionen bei Wachstumsstörungen. Zbl. Path. **63**, 277—282.

Eilers, W., 1925: Somatische Kernteilungen bei Coleopteren. Z. Zellforsch. **2**, 593—650.

Elliott, H. C., 1936: Studies on articular cartilage. I. Growth mechanisms. Amer. J. Anat. **58**, 127—145.

Eremeyev, N. S., 1957: Tissue regeneration in cutaneous wounds in the case of spinal cord trauma (russisch). Dokl. Akad. Nauk S. S. S. R. **113**, 699—701; ref in Excerpta med. (Amst.), Sect. I, **12**, 447, 1958.

Fazzari, I., 1926: Culture in vitro di milza embrionale ed adulta. Arch. exp. Zellforsch. **2**, 307—360.

Feyrter, F., 1957: Über den zelligen Bestand des Stroma der menschlichen Corpusmucosa. Arch. Gynäk. **190**, 47—82.

Fink, W., 1955: Kernveränderungen an Zellen von behandelten experimentellen Tumoren. Verh. dtsch. path. Ges. **38**, 347—349.

Fischer, A., 1925: Beitrag zur Biologie der Gewebezellen. Eine vergleichend-biologische Studie der normalen und malignen Gewebezellen in vitro. Arch. mikr. Anat. u. Entw.gesch. **104**, 210—261.

— 1930: Gewebezüchtung. 3. Aufl. München.

— 1946: Biology of tissue cells. Kopenhagen.

Fischer, I., 1936: Über den Wachstumsrhythmus des Follikelepithels der Läuse und Federlinge und seine Beziehungen zum Arbeitsrhythmus der Zelle und zur Amitose. Z. Zellforsch. **23**, 219—243.
— 1938: Die Pigmentbildung des Irisepithels in vitro. Arch. exp. Zellforsch. **21**, 92—154.

Flemming, W., 1879: Über das Verhalten des Kerns bei der Zellteilung, und über die Bedeutung mehrkerniger Zellen. Virchows Arch. **77**, 1—29.
— 1882: Zellsubstanz, Kern und Zellteilung. Leipzig.
— 1889: Amitotische Kernteilung im Blasenepithel des Salamanders. Arch. mikr. Anat. **34**, 437—451.
— 1891: Über Teilung und Kernformen bei Leukocyten und über deren Attraktionssphären. Arch. mikr. Anat. **37**, 249—298.
— 1892: Zelle. Entwicklung und Stand der Kenntnisse über Amitose. Erg. Anat. **2**, 37—82.
— 1893: Zelle. Morphologie der Zelle und ihrer Teilungserscheinungen. Erg. Anat. **3**, 24—131.
— 1894: Zelle. Morphologie der Zelle. Erg. Anat. **4**, 355—457.

Fleroff, N., 1929: Die amitotische Teilung der Knorpelzellen und deren Beziehung zur Histogenese und Strukturfunktion des Knorpelgewebes. Anat. Anz. **68**, 259—297.

Florentin, P., 1926: Fonte holocrine des cellules thyroïdiennes chez le cobaye et en particulier chez la femelle gestante. C. r. Soc. Biol. (Paris) **94**, 73—75.
— 1929: La régénération de l'épithélium thyroïdien. Ann. anat. path. **6**, 1027—1032.
— et D. Picard, 1936: Recherches sur le pancréas endocrine. Rev. franç. Endocrin. **14**, 1—27.

Foot, N. C., 1912: Über das Wachstum von Knochenmark in vitro. Experimenteller Beitrag zur Entstehung des Fettgewebes. Beitr. path. Anat. **53**, 446—476.
— 1913: The growth of chicken bone marrow in vitro and its bearing on hematogenesis in adult life. J. exp. Med. **17**, 43—60.

Frenzel, J., 1891 a: Zur Bedeutung der amitotischen (direkten) Kernteilung. Biol. Zbl. **11**, 558—565.
— 1891 b: Die nukleoläre Kernhalbierung, eine besondere Form der amitotischen Kernteilung. Biol. Zbl. **11**, 701—704.

Fridenstein, A., 1955: Amitosis in transitional epithelium. Usp. Sovr. Biol. **39**, 123; ref. in: Excerpta med. (Amst.), Sect. I, **10**, 366, 1956.

Froböse, H., 1932: Beiträge zur mikroskopischen Anatomie des Kaninchenuterus. Z. mikr.-anat. Forsch. **30**, 295—406.
— 1935: Die Neubildung von Muskelzellen während der Tragzeit in der Gebärmutterwand der Hausmaus. Z. mikr.-anat. Forsch. **37**, 17—48.

Fujiwara, I., 1956: Studies on the proliferation of the transitional epithelia in the urinary bladder of rat (japanisch). Acta Anat. Nippon **31**, 507—517; ref. in: Excerpta med. (Amst.), Sect. I, **12**, 274, 1958.
— 1957 a: Daily frequency of cell divisions in the urinary bladder epithelia of rat (japanisch; engl. Zusammenfassung S. 488). Acta anat. Nippon. **32**, 482—488.
— 1957 b: Experimental studies on the proliferation of the transitional epithelia of the urinary bladder in the dog (japanisch; engl. Zusammenfassung S. 589—590). Acta anat. Nippon **32**, 583—590.
— 1957 c: Studies on the proliferation of the transitional epithelia in the urinary bladder of the dog (japanisch; engl. Zusammenfassung S. 59). Shinshu Med. J. **6**, 55—60; ref. in Excerpta med. (Amst.), Sect I, **12**, 347, 1958.

Fuks, B. B., 1953: The mutual dependence of amitosis and mitosis during the regeneration of the endothelium of the cornea. Usp. Sovr. Biol. **36**, 100—101; ref. in: Excerpta med. (Amst.), Sect. I, **9**, 17, 1955.

Gailloud, Cl., 1958: Recherches caryométriques sur l'histophysiologie du rein. Première communication. Thèse de doctorat, Lausanne. Arch. Anat. (Strasbourg) **41**, 51—76.

Gatenby, J. B., 1933: A technique for studying growth and movement in explants from *Helix aspera*. Arch. exp. Zellforsch. **13**, 665—672.
— J. C. Hill and T. J. Macdougald, 1935: On the behaviour and structure of cells of *Helix aspera* in aseptic and non-aseptic tissue culture. Quart. J. micr. Sci. **77**, 129—155.

Gauer, J.-P., 1949: Kerngrößenuntersuchungen am Übergangsepithel. Ein Beitrag zum Studium der Amitose. Mitt. naturf. Ges., Bern, N. F. **6**, 85—114.

Geitler, L., 1934: Grundriß der Cytologie. Berlin.
— 1941: Das Wachstum des Zellkerns in tierischen und pflanzlichen Geweben. Ergebn. Biol. **18**, 1—54.
— 1953: Endomitose und endomitotische Polyploidisierung. Protoplasmatologia VI/C. Wien.
Gerzeli, G., e D. Bottino, 1957: Osservazioni e considerazioni sulla quantità di acido desossiribonucleico in cellule cartilaginee binucleate. Acta histochem. (Jena) **3**, 243—247.
Gey, G. O., F. B. Bang and M. K. Gey, 1954: Responses of a variety of normal and malignant cells to continuous cultivation, and some practical applications of these responses to problems in the biology of disease. Ann. N. Y. Acad. Sci. **58**, 976—999.
Gladky, A. P., 1958: Amitotic division of nerve-cells (russisch). Arch. Anat. (Moskva) **35**, 59—62; ref. in Ber. wiss. Biol. **126**, 149, 1958.
Glaser, O. C., 1907: Pathological amitosis in the food-ova of *Fasciolaria*. Biol. Bull. **13**, 1—4.
— 1908: A statistical study of mitosis and amitosis in the entoderm of *Fasciolaria tulipa*, var. *distans*. Biol. Bull. **14**, 219—248.
Gläss, E., 1957: Das Problem der Genomsonderung in den Mitosen unbehandelter Rattenlebern. Chromosoma (Berl.) **8**, 468—492.
Glättli, W., 1947: Die Osteoklastenlehre. Inaugural-Dissertation. Bern.
Godman, G. C., 1957: On the regeneration and redifferentiation of mammalian striated muscle. J. Morph. **100**, 27—82.
Goldstein, M. N., 1954: The desoxyribose nucleic acid (DNA) content of human monocytes and their derivatives during giant cell formation in vitro. J. Histochem. Cytochem. **2**, 274—281.
Gössner, W., G. Schneider, M. Siess und H. Stegmann, 1951: Morphologisches und humorales Stoffwechselgeschehen in Leber, Milz und Blut im Verlauf der experimentellen Amyloidose. Virchows Arch. **320**, 326—373.
Gratsianskaja, A. M., 1951: On the amitotic cell division in the tendon tissue (russisch). Dokl. Akad. Nauk S. S. S. R. **77**, 901—903.
Grau, H., 1954: Über die Herkunft der Lymphocyten. Tierärztl. Umsch. **9**, 392—396.
Graupner, H., und I. Fischer, 1935: Die Entwicklung und Degeneration der Melanophoren von *Atherina mocho*. Z. Zellforsch. **22**, 434—444.
Grazia, A. di, 1937: Colture in vitro di tessuti embrionali di pollo teratologico. Riv. Pat. sper. **7**, 236—241; Boll. Soc. ital. Biol. sper. **12**, 92—94.
Greep, R. O., 1954: Histology. 1. Aufl. New York.
Grigoryev, N. I., 1957: Reactive changes in the human embryonic liver in the tissue culture conditions (russisch). Arh. Anat. Gistol. Embryol. **34**, 64—74; ref. in Excerpta med. (Amst.), Sect. I, **12**, 2917, 1958.
Grujic, M., 1931: Contribution à l'histologie de la glande de Loewenthal. Thèse No 102, Nancy.
Grundmann, E., 1950: Histologische Untersuchungen über die Wirkung experimentellen Sauerstoffmangels auf das Katzenherz. Beitr. path. Anat. **111**, 36—76.
— 1955: Beiträge zur Krebsentstehung in der Rattenleber, an Hand mikrophotometrischer DNS-Messungen. Verh. dtsch. path. Ges. **38**, 362—370.
Grynfeltt, E., 1931: Amitoses et noyaux géminés dans les revêtements malpighiens. C. r. Ass. Anat. **26**, 215—227.
— 1932: Sur la valeur histogénétique de l'amitose dans les hyperplasies glandulaires de l'endométrite chronique et des adénofibromes mammaires. C. r. Ass. Anat. **27**, 343—351.
Guieyesse-Pellissier, A., 1923: Etude des cellules de la glande sus-parotidienne du rat blanc. C. r. Ass. Anat. **18**, 243—252.
Häcker, V., 1900: Mitosen im Gefolge amitosenähnlicher Vorgänge. Anat. Anz. **17**, 9—20.
Hagen, E., 1957: Morphologische Beobachtungen im Hypothalamus des Menschen bei Diabetes mellitus. Dtsch. Z. Nervenhk. **177**, 73—91.
Häggqvist, G., 1924: On cell division. Särtryck ur Sv. Läk.-sällskapets Handlingar 17—22.
— 1931 und 1956: Gewebe und Systeme der Muskulatur. Handbuch der mikroskopischen Anatomie des Menschen II/3, 1—247, und II/4, 1—119.
Hahn, R., 1957 a: Untersuchungen über das Vorkommen von Amitosen im embryonalen Gewebe. Diss. München.

HAHN, R., 1957 b: Untersuchungen über den Kerndimorphismus im Mesenchym von Schafsembryonen. Anat. Anz. **104**, 334—342.

HAM, A. W., 1957: Histology. 3. Aufl. Philadelphia.

HAMPERL, H., 1950: Lehrbuch der allgemeinen Pathologie und der pathologischen Anatomie. 19. Aufl. Berlin.

— 1956: Die Morphologie der Tumoren. Handbuch der allgem. Pathologie VI/3 (Geschwülste), 18—106.

HARANT, H., 1930: Remarques sur les caryosomes et l'amitose en cytopathologie. Bull. Cancer **19**, 216—228.

HARTING, K., 1938: Beobachtungen an sympathischen Ganglienzellen des Kaninchens. Zur Frage der Zweikernigkeit sympathischer Ganglienzellen. Z. Zellforsch. **28**, 457—484.

— 1951: Zur Frage der Zweikernigkeit sympathischer Ganglienzellen. III. Z. Zellforsch. **36**, 268—272.

HARTMANN, M., 1953: Allgemeine Biologie. Eine Einführung in die Lehre vom Leben. 4. Aufl. Stuttgart.

HEIDENHAIN, M., 1907 und 1911: Plasma und Zelle. Handbuch der Anatomie des Menschen VIII, 1. und 2. Lieferung. Jena.

— 1919: Über die Noniusfelder der Muskelfaser. Beitrag IV zur synthetischen Morphologie (Teilkörpertheorie). Anat. H. **56**, 323—402.

HEITZMANN, ST., 1918: Ausgedehnte Regenerationserscheinungen der Leber bei einem Fall von Sublimatvergiftung, mit besonderer Berücksichtigung der Mitosen und Amitosen. Beitr. path. Anat. **64**, 401—435.

HENSCHEL, E., 1952: Über Muskelfasermessungen und Kernveränderungen bei numerischer Hyperplasie des Myokards. Virchows Arch. **321**, 283—294.

HILL, J. C., and J. B. GATENBY, 1934: On the behaviour of small pieces of mantle cavity wall of *Helix aspera* kept in blood and various artificial media. Arch. exp. Zellforsch. **15**, 195—199.

HINTZSCHE, E., 1936: Beobachtungen über die Kerngröße menschlicher Zellen. Z. mikr.-anat. Forsch. **39**, 45—56.

— 1946: Polyploidie und Amitose in Geweben von Säugetieren (mit Demonstrationen). Arch. Klaus-Stift. Vererb.-Forsch. **21**, 299—303.

— 1954: Volumetrische Untersuchungen an amitotisch geteilten Kernen des Reizleitungssystems. Z. mikr.-anat. Forsch. **60**, 522—555.

HOLMES, S. J., 1913: Behavior of ectodermic epithelium of tadpoles when cultivated in plasma. California Univ. Publ. Zool. **11**, 155—172.

— 1914: The behavior of the epidermis of amphibians when cultivated outside the body. J. exp. Zool. **17**, 281—295.

HOMANN, W., 1955: Die Amitose als Zellteilungsform in bösartigen Geschwülsten. Z. Krebsforsch. **60**, 283—290.

HORT, W., 1953: Quantitative histologische Untersuchungen an wachsenden Herzen. Virchows Arch. **323**, 223—242.

HOWARD, W. T., and O. T. SCHULTZ, 1911: Studies in the biology of tumor cells. Monogr. Rockefeller Inst. Med. Res., New York, **2**, 1—77.

HUGHES, A., 1952: The mitotic cycle. The cytoplasm and nucleus during interphase and mitosis. London.

IVANOVICS, G., and R. R. HYDE, 1936: A study of rabbit virus III in tissue culture. Amer. J. Hyg. **23**, 55—73.

JACOBJ, W., 1925: Über das rhythmische Wachstum der Zellen durch Verdopplung ihres Volumens. Wilhelm Roux' Arch. Entw.mechan. Org. **106**, 124—192.

— 1926: Die Kerngrößen der männlichen Geschlechtszellen beim Säugetier in bezug auf Wachstum und Reduktion. Beitrag XI zur synthetischen Morphologie aus dem anatomischen Institut zu Tübingen. Z. Anat. **81**, 563—600.

— 1935: Die Zellkerngröße beim Menschen. Z. mikr.-anat. Forsch. **38**, 161—240.

— 1942: Die verschiedenen Arten des gesetzmäßigen Zellwachstums und ihre Beziehung zu Zellfunktion, Umwelt, Krankheit, maligner Geschwulstbildung und innerem Bauplan. Wilhelm Roux' Arch. Entwick.mech. Org. **141**, 584—692.

JASSWOIN, G., 1928: Beiträge zur vergleichenden Histologie des Blutes und des Bindegewebes. VIII. Vergleichende Studien über einige Zellformen des lockeren Bindegewebes der Säugetiere. Z. mikr.-anat. Forsch. **15**, 107—156.

JERUSALEM, C., 1958: Über das Kernwachstum durch „innere amitotische" Teilung. Verh. anat. Ges. (Jena).

JOHNSON, H. P., 1892: Amitosis in the embryonal envelopes of the scorpion. Bull. Museum compar. Zool. Harvard College **22**, 127—161.

KAMENSKAJA, N. L., 1955: Endothelial structure of renal arteries and veins. Dokl. Akad. Nauk S. S. S. R. **103**, 495—498; ref. in: Excerpta med. (Amst.), Sect. I, **10**, 426, 1956.

— 1956: The endothelium of the embryonic aorta in humans (russisch). Dokl. Akad. Nauk S. S. S. R. **110**, 1096—1099; ref. in: Ber. wiss. Biol. **113**, 247, 1957.

KAPEL, O., 1929: Einige Untersuchungen über das Verhalten des Epithels in vitro. Arch. exp. Zellforsch. **8**, 35—129.

KAROLINSKAJA, K. M., 1951: La signification de l'amitose dans la reproduction des cellules (russisch). Agrobiologia S. S. S. R. **3**, 98—103; ref. in: Bull. analyt. **14**, 2192, 1953.

— 1952: Amitotic division and its significance in cell multiplications (russisch). Usp. Sovrem. Biol. **33**, 287—304; ref. in Ber. wiss. Biol. **84**, 242, 1953.

KARPOFF, W. P., 1904: Untersuchungen über die direkte Zellteilung. Diss. Moskau (russisch); zitiert nach N. FLEROFF, 1929, und A. MAXIMOW, 1908.

KATER, J. McA., 1940: Amitosis. Bot. Rev. **6**, 164—180.

— 1951: Amitosis II. Bot. Rev. **17**, 105—108; ref. in: Ber. wiss. Biol. **76**. 208, 1952.

KATZNELSON, Z. S., 1936: Die Teilung der Kerne in der Myogenese. Z. mikr.-anat. Forsch. **39**, 427—442.

— 1954: L'amitose: ses particularités aux stades précoces du développement embryonnaire (russisch). Arh. Anat. Gistol. Embryol. **31**, 3—9; ref. in: Bull. anal. **16**, 1551, 1955.

KAWANAGO, S., 1940: Über wichtige zytologisch-histologische Befunde beim Uteruskarzinom. Gann **34**, 39—47.

KERVILY, M. DE, 1924: La division directe des ovocytes chez le nouveau-né humain. C. r. Soc. Biol. (Paris) **90**, 1226—1227.

KISSER, J., 1922: Amitose, Fragmentierung und Vacuolisierung pflanzlicher Zellkerne. S. B. Akad. Wiss. Wien, math.-nat. Kl. **131**, 105—128.

KLEIN, E., 1870: Über Teilung farbloser Blutkörperchen. Zbl. med. Wiss. **8**, 17—19.

KLIMEK, M., et D. ŠIMKOVIĆ, 1955 a: Sur la division amitotique (russisch). Folia biol. (Prag) **1**, 368—374; ref. in: Bull. signal. **17**, 2325, 1956, und Excerpta med. (Amst.), Sect. I, **11**, 13, 1957.

— — 1955 b: Contribution to the question of amitotic cell division. Čsl. Biol. **4**, 607—612; ref. in: Excerpta med. (Amst.), Sect. I, **10**. 366, 1956.

KLUMPP, W., und B. EGGERT, 1934: Die Schilddrüse und die branchiogenen Organe von *Ichthyophis glutinosus* L. Z. wiss. Zool. A **146**, 329—381.

KNAKE, CH., 1927: Bindegewebsstudien III. Die Histio- und Leukozytenentstehung bei Tuschewirkung auf das lockere Bindegewebe des Kaninchens. Z. Zellforsch. **5**, 208—229.

KNAKE, E., 1950: Über Transplantation von Lebergewebe. Virchows Arch. **319**, 321—330.

KNOLL, W., 1928: Blut und blutbildende Organe menschlicher Embryonen. Denkschr. Schweiz. Naturforsch. Ges. **64**, 1—81.

KNORRE, A. G., 1956: Some laws of embryological histogenesis (russisch). Symposium on „Problems of present-day Embryology" (Trud. Sovesh. Embriol. Leningrad), 75—90; ref. in: Excerpta med. (Amst.), Sect. I, **11**, 371, 1957.

KOBLOV, G. A., 1957: Développement des structures polynucléaires dans le mésothélium du péricarde (russisch). Dokl. Akad. Nauk S. S. S. R. **115**, 1011—1014; ref. in Bull. signal. **19**, 1598, 1958.

KOLMER, W., 1918: Zur vergleichenden Histologie, Zytologie und Entwicklungsgeschichte der Säugernebenniere. Arch. mikr. Anat. **91**, 1—139.

KOMOCKI, W., 1926: Etudes cytologiques et hématologiques. Arch. Anat. micr. Morph. exper. **22**, 266—289.

— 1938: Einige Bemerkungen zu den Arbeiten von P. SLONIMSKI und J. A. THOMAS. Arch. exper. Zellforsch. **21**, 258—265.

KÖRNER, F., 1935: Über die direkte Teilung der Herzmuskelkerne. Z. mikr.-anat. Forsch. **38**, 441—470.

KORNFELD, W., 1925: Experimentelle Untersuchungen über Störungen der Zellteilungstätigkeit, Zellwanderungen, Pigmentverschiebungen und Epithelwucherungen bei Urodelenlarven. Z. Zellforsch. usw. **2**, 480—494.

KREIBICH, C., 1914: Zellteilung in kultivierter Haut und Cornea. Arch. Derm. Syph. (Berl.) **120**, 925—930.

KROMPECHER, ST., 1934: Die Entwicklung der Knochenzellen und die Bildung der Knochengrundsubstanz bei der knorpelig und bindegewebig vorgebildeten sowie der primären reinen Knochenbildung. Anat. Anz. **78**, Erg. H., 34—53 und 234—236.

Krompecher, St., 1937: Über die Bedeutung der direkten Kern- bzw. Zellteilung (Amitose), ausgehend von einer Betrachtung der histogenetischen Stammesgeschichte der betroffenen Zelle. Z. Anat. **107**, 235—257.

Kuntz, A., and N. M. Sulkin, 1947: The neuroglia in the autonomic ganglia: cytologic structure and reactions to stimulation. J. Comp. Neurol. **86**, 467—477.

Küster, E., 1951 und 1956: Die Pflanzenzelle. 2. bzw. 3. Aufl. Jena.

Lambert, R. A., 1913: Comparative studies upon cancer cells and normal cells. II. The character of growth in vitro with special reference to cell division. J. Exper. Med. **17**, 499—510.

— und F. M. Hanes, 1913: Beobachtungen an Gewebskulturen in vitro. Virchows Arch. **211**, 89—116.

Lash, J. W., H. Holtzer and H. Swift, 1957: Regeneration of mature skeletal muscle. Anat. Rec. **128**, 679—698.

Lehner, J., 1924: Das Mastzellen-Problem und die Metachromasie-Frage. Erg. Anat. **25**, 67—184.

Leistner, H., 1937: Untersuchungen über die Kerngrößen in den Leberzellen des Pferdes. Ein Beleg zum rhythmischen Wachstum der Zellkerne. Z. Zellforsch. **25**, 34—65.

Levan, A., and T. S. Hauschka, 1953: Nuclear fragmentation—a normal feature of the mitotic cycle of lymphosarcoma cells. Hereditas (Lund) **39**, 137—148.

Levi, G., 1934: Explantation, besonders die Struktur und die biologischen Eigenschaften der in vitro gezüchteten Gewebe. Erg. Anat. **31**, 125—707.

— 1954: Trattato di istologia. 4. Aufl. Turin.

Levina, M., 1955: Multiplication of fixed cellular elements of Wharton's jelly in human umbilical cord (russisch). Dokl. Akad. Nauk S. S. S. R. **104**, 922—924; ref. in: Excerpta med. (Amst.), Sect. I, **11**, 392, 1957.

Levinson, L. B., und M. J. Lejkina, 1952: Über die amitotische Kernteilung der Nervenzellen (russisch). Dokl. Akad. Nauk S. S. S. R., N. S. **84**, 151—152; ref. in: Ber. wiss. Biol. **80**, 177, 1953.

Levy, F., 1921: Untersuchungen über abweichende Kern- und Zellteilungsvorgänge. II. Über die Entstehung der Riesenzellen im Knochenmark und der fötalen Leber bei Säugetieren. Z. Anat. **61**, 32—40.

— 1923: Untersuchungen über abweichende Kern- und Zellteilungsvorgänge. I. Über heteromorphe Zellen im Hoden von Amphibien. Z. Anat. **68**, 110—176.

Lewis, M. R., and W. H. Lewis, 1915: Mitochondria (and other cytoplasmic structures) in tissue cultures. Amer. J. Anat. **17**, 339—401.

Lewis, W. H., 1922: Endothelium in tissue cultures. Amer. J. Anat. **30**, 39—59.

— 1927a: Binucleate cells and giant cells in tissue cultures and the similarity of the latter to the giant cells of tuberculous lesions. Tubercle (London) **8**, 317—330.

— 1927b: The formation of giant cells in tissue cultures and their similtarity to those in tuberculous lesions. Amer. Rev. Tuberc. **15**, 616—628.

— 1947: Interphase (resting) nuclei, chromosomal vesicles and amitosis. Anat. Rec. **97**, 433—445.

— and B. Brüda, 1926: A modified white blood-cell tumour of the rat. Bull. Johns Hopk. Hosp. **38**, 376—378.

— and L. T. Webster, 1921: Giant cells in cultures from human lymph nodes. J. Exper. Med. **33**, 349—360.

Ležava, A. S., 1934: Experimentell-histologische Untersuchungen über das Übergangsepithel. Z. Anat. **103**, 844—884.

Linzbach, A. J., 1947: Mikrometrische und histologische Analyse hypertropher menschlicher Herzen. Virchows Arch. **314**, 534—594.

— 1952: Die Anzahl der Herzmuskelkerne in normalen, überlasteten, atrophischen und mit Corhormon behandelten Herzkammern. Z. Kreisl.forsch. **41**, 641—658.

— 1955: Quantitative Biologie und Morphologie des Wachstums einschließlich Hypertrophie und Riesenzellen, Handbuch der allgemeinen Pathologie **6**, 180—306. Berlin-Göttingen-Heidelberg.

Lipp, W., 1952a: Die frühe Entwicklung der Architektur des Leberparenchyms beim Meerschweinchen. Z. mikr.-anat. Forsch. **58**, 289—319.

— 1952b: Die frühe Strukturentwicklung des Leberparenchyms beim Menschen. Z. mikr.-anat. Forsch. **59**, 161—186.

Lison, L., 1955: Staining differences in cell nuclei. Quart. J. microsc. Sci. 96, 227—257.

— and V. Valeri, 1958: On the constancy of the desoxyribose nucleic acid (DNA) in the individual nuclei. Observations on the binucleate cells of the rat liver. Acta histochem. **5**, 337—350.

LOEWENTHAL, N., 1904: Beitrag zur Kenntnis der Struktur und der Teilung von Bindegewebszellen. Arch. mikr. Anat. **63**, 389—416.

LOGACHEV, E. D., 1952: Separate form of amitosis of subcuticular cells in *Cestoda* (russisch). Dokl. Akad. Nauk S. S. S. R. **82**, 175—176; ref. in: Bull. anal. **13**, 1978, 1952.

LORETI, F., e G. PERRONCITO, 1938 a: Ergastoplasma, amitosi e cariocinesi atipiche in parotidi di *Epimys norvegicus*. C. r. Soc. Biol. (Paris) **127**, 96—99.

— — 1938 b: Ergastoplasma, caratteri nucleari e nucleolari, amitosi e mitosi atipiche in parotidi iperattive di *Epimys norvegicus*. Z. Zellforsch. **28**, 12—34.

LUDFORD, R. J., 1922: The behaviour of the Golgi bodies during nuclear division, with special reference to amitosis in *Dytiscus marginalis*. Quart. J. microsc. Sci. **66**, 151—158.

LYNCH, R. S., 1921: The cultivation in vitro of liver cells from the chick embryo. Amer. J. Anat. **29**, 281—311.

MACGREGOR, J. H., 1899: The spermatogenesis of *Amphiuma*. J. Morph. **15**, Suppl., 57—104.

MACKELLAR, M., 1949: The postnatal growth and mitotic activity of the liver of the albino rat. Amer. J. Anat. **85**, 263—307.

MACKLIN, C. C., 1916 a: Amitosis in cells growing in vitro. Biol. Bull. **30**, 445—467.

— 1916 b: Binucleate cells in tissue cultures. Contr. Embryol. Carneg. Inst. **4**, 69—106.

— 1916 c: Binucleate and multinucleate cells in tissue cultures. Anat. Rec. **10**, 225.

MACMAHON, H. E., 1933: Über die physiologische und pathologische Teilung von Kern und Zelle an Leberepithelien. Z. mikr.-anat. Forsch. **32**, 413—443.

MANINA, A. A., and V. D. BISTROV, 1955: Growth and differentiation of skeletal muscles in tissue culture. Dokl. Akad. Nauk S. S. S. R. **103**, 499—502 (russisch); ref. in: Ber. allg. sper. Path. **32**, 135, 1956, und Excerpta med. (Amst.), Sect. I, **10**, 347, 1956.

MARQUARDT, H., und E. GLÄSS, 1957: Die Chromosomenzahlen in den Leberzellen von Ratten verschiedenen Alters. Chromosoma **8**, 617—636.

MARSHALL, W. S., 1908: Amitosis in the Malpighian tubules of the Walking-Stick (*Diapheromera femorata*). Biol. Bull. **14**, 89—94 .

MASSHOFF, W., 1955: Die physiologische Regeneration. Handbuch der allgemeinen Pathologie **VI/1**, **441—514**. Berlin-Göttingen-Heidelberg.

MASSON, P., 1932: Experimental and spontaneous Schwannomas (peripheral gliomas). Amer. J. Path. **8**, 367—416.

MAUER, G., 1938: Untersuchungen über die Einwirkung kanzerogener Kohlenwasserstoffe auf Gewebekulturen. Arch. exp. Zellforsch. **21**, 191—211.

MAWRODIADI, P. A., 1927: Über die Übergangsformen von der Mitose zur Amitose. Z. mikr.-anat. Forsch. **11**, 442—471.

— 1928: Über die dynamischen Zellzentren und ihre Bedeutung. Allgemeine Begründung einer morpho-dynamischen Theorie der Zelle. Z. mikr.-anat. Forsch. **15**, 43—106.

MAXIMOW, A., 1908: Über Amitose in den embryonalen Geweben bei Säugetieren. Anat. Anz. **33**, 89—98.

— 1925: Über krebsähnliche Verwandlung der Milchdrüse in Gewebskulturen. Virchows Arch. **256**, 813—845.

— 1929: Über die Histogenese der entzündlichen Reaktion. Nachprüfung der von Möllendorffschen Trypanblauversuche. Beitr. Path. Anat. **82**, 1—26.

— and W. BLOOM 1957: A Textbook of Histology. 7. Aufl. Philadelphia.

MEVES, FR., 1896 und 1898: Zellteilung. Erg. Anat. **6**, 284—390, und **8**, 430—542.

MICHAELIS, W., 1938: Variationsstatistische Untersuchungen über Kerngrößen und das Verhältnis von ein- und zweikernigen Zellen in der menschlichen Leber. Z. mikr.-anat. Forsch. **43**, 567—580.

MIESCHER, G., 1938: Vergleichende Untersuchungen zur Frage der Spezifität der Röntgenwirkung. Licht-, Wärme-, Röntgen- und Thorium-X-Reaktion. Strahlentherapie **61**, 4—37.

MILLAR, W. G., 1934: Regeneration of skeletal muscle in young rabbits. J. Path. Bact. **38**, 145—152.

MÖLLENDORFF, M. VON, 1929: Bindegewebsstudien VIII. Über die Potenzen der Fibrocyten des erwachsenen Bindegewebes in vitro. Z. Zellforsch. **9**, 183—228.

— 1931 a: Beobachtungen bei der Dauerzüchtung von Bindegewebe erwachsener Kaninchen. Z. Zellforsch. **12**, 274—283.

— 1931 b: Über Histiozytenbildung aus Fibrozytenreinkulturen des erwachsenen Kaninchens nach leichten chronischen Reizungen. Z. Zellforsch. **12**, 559—578.

Möllendorff, W. von, 1928: Bindegewebsstudien V. Die Ableitung der entzündlichen Gewebsbilder aus einer den Bindegeweben gemeinsamen Zellbildungsfolge. Z. Zellforsch. **6**, 61—150.
— 1931: Die Entstehung von Histiozyten in Kulturen erwachsenen Bindegewebes. Arch. exp. Zellforsch. **11**, 157—161.
— 1940: Lehrbuch der Histologie. 24. Aufl. Jena.
— und M. von Möllendorff, 1926: Das Fibrocytennetz im lockeren Bindegewebe; seine Wandlungsfähigkeit und Anteilnahme am Stoffwechsel. Z. Zellforsch. **3**, 503—601.
Monné, L., 1938: Expériences sur le changement de forme et la fragmentation du noyau cellulaire. Arch. exp. Zellforsch. **21**, 387—389.
Morigami, S., 1938: Methylcholanthrene sarcoma cultured in vitro. Gann **32**, 389—393.
Müller, G. H., 1937: Die Entwicklung der Kerngrößenverhältnisse in der Leber der weißen Maus. Z. mikr.-anat. Forsch. **41**, 296—320.
Münzer, F. Th., 1923: Über die Zweikernigkeit der Leberzellen. Arch. mikrosk. Anat. u. Entw.gesch. **98**, 249—282.
— 1925: Experimentelle Studien über die Zweikernigkeit der Leberzellen. Arch. makrosk. Anat. u. Entw.gesch. **104**, 138—184.
Murray, M. R., 1926: Secretion in the amitotic cells of the cricket egg follicle. Biol. Bull. **50**, 210—234.
— and A. P. Stout, 1940: Schwann cell versus fibroblast as the origine of the specific nerve sheath tumor. (Observations upon normal nerve sheaths and neurilèmonas in vitro). Amer. J. Path. **16**, 41—60.
Nakahara, W., 1918: Studies of amitosis: its physiological relations in the adipose cells of insects, and its probable significance. J. Morph. **30**, 483—525.
Naville, A., 1922: Histogénèse et regénération du muscle chez les anoures. Arch. Biol. (Liège) **32**, 37—171.
Nesterov, N. S., 1955: Untersuchungen einiger Formen der Zellteilung (russisch). Izv. Akad. Nauk S. S. S. R., Ser. Biol., 24—31; ref. in: Ber. allg. spez. Path. **27**, 228, 1955.
Niessing, K., 1952: Zellformen und Zellreaktionen der Mikroglia des Mäusehirns. Morph. Jb. **92**, 102—122.
— 1953: Zellreaktionen der Hortegaglia bei Anwendung pharmakologischer und homonaler Reize. Verh. anat. Ges. (Jena), 266—271.
Nieth, H., 1949: Histologische und cytologische Untersuchungen am menschlichen Herzmuskel nach Hypertrophie und Insuffizienz. Beitr. path. Anat. **110**, 618—634.
Noël, R., 1923: Sur l'état binucléé des cellules hépatiques. C. r. Soc. Biol. (Paris) **88**, 212—213.
— et G. Morin, 1929: Contribution à l'étude cytologique du nœud de Tawara et du faisceau de His. III. Interprétation des faits observés. Bull. Histol. Techn. micr. **6**, 119—130.
Nowikoff, M., 1908: Beobachtung über die Vermehrung der Knorpelzellen nebst einigen Bemerkungen über die Struktur der hyalinen Knorpelgrundsubstanz. Z. wiss. Zool. **90**, 205—257.
— 1910: Zur Frage nach der Bedeutung der Amitose. Arch. Zellforsch. **5**, 365—374.
Oepen, H., 1956: Karyologische Beobachtungen an Blutgefäßen des Gehirns. J. Hirnforsch. **2**, 428—439.
Ojima, T., 1955: On the proliferation of the intestinal columnar epithelia of human embryo (japanisch; engl. Zusammenfassung S. 330). Acta anat. Nippon. **30**, 324—330.
— 1956a: On the proliferation of the columnar epithelia of human intestine (japanisch; engl. Zusammenfassung S. 240—241). Acta anat. Nippon. **31**, 235—241.
— 1956b: Experimental study on the proliferation of columnar epithelium in the intestine of dog (japanisch; engl. Zusammenfassung S. 259). Acta anat. Nippon. 31, 253—259; ref. in Excerpta med. (Amst.), Sect. I, **11**, 286, 1957.
Omochi, S., T. Nagata, and S. Momozé, 1957: Hourly variation of the frequency of cell divisions and the fate of binucleate cells in rat liver (japanisch; engl. Zusammenfassung S. 421/22). Acta anat. Nippon. **32**, 416—422; ref. in Excerpta med. (Amst.), Sect. I, **12**, 513, 1958.
Osgood, E. E., P. C. Aebersold, L. A. Erf and E. A. Packham, 1942: Studies of effects of million volt Roentgen rays, 200 kilovolt Roentgen rays, radioactive phosphorus, and neutron rays by marrow culture technique. Amer. J. med. Sci. **204**, 372—381.

Osgood, E. E., and G. J. Bracher, 1939: Culture of human marrow; studies of the effects of Roentgen-rays. Ann. intern. Med. **13**, 563—575.

— and I. T. Chu, 1948: The effect of urethane on the nuclear morphology of cells of the granulocyte series as observed in marrow cultures and leukemic blood. Blood **3**, 911—917.

Paff, G. H., F. Bloom and C. Reilly, 1947 a: The morphology and behavior of neoplastic mast cells cultivated in vitro. J. exper. Med. **86**, 117—124.

— — — 1947 b: The morphology and behavior of mast cells obtained from mastocytomas and cultivated in vitro. Anat. Rec. **97**, 360.

Pályo, I., und I. Törö, 1959: Das Verhalten des Granulationsgewebes in Gewebekulturen. Z. mikr.-anat. Forsch. **65**, 21—32.

Parker, R. C., 1932: The races that constitute the group of common fibroblasts. I. The effect of blood plasma. J. exper. Med. **55**, 713—734.

Patterson, J. Th., 1908: Amitosis in the pigeon's egg. Anat Anz. **32**, 117—125.

Patzelt, V., 1926: Zum Bau der menschlichen Epidermis. Z. mikr.-anat. Forsch. **5**, 371—462.

— 1945: Histologie. Wien.

Pawlikowski, M., 1957: Polynucleated nerve cells in sympathetic ganglia (polnisch). Folia Morph. (Warszawa) **5**, 211—218; ref. in Excerpta med. (Amst.), Sect. I, **12**, 501, 1958.

Pérez, C., 1929: Division directe des noyaux dans le spadice des gonophores chez la Physalie. Arch. micr. Morph. exper. **25**, 548—554.

Peter, K., 1925: Zellteilung und Zelltätigkeit. Beobachtung und Experiment. 5. Mitteilung: Zusammenfassung. Weitere Beispiele. Schluß. Z. Anat. **75**, 506—524.

— 1929: Der Einfluß der Zelltätigkeit auf die Zellteilung. Z. Zellforsch. **9**, 561—602.

— 1940: Die indirekte Teilung der Zelle in ihren Beziehungen zur Tätigkeit, Differenzierung und Wachstum. Rückblick und Ausblick. Z. Zellforsch. **30**, 721—750.

Petersen, H., 1935: Histologie und mikroskopische Anatomie. München.

Petry, G., und K. Damminger, 1956: Untersuchungen über den Bau des menschlichen Amnions. Z. Zellforsch. **44**, 225—262.

Pflugfelder, O., 1948: Mechanismus der Amitose und Pseudoamitose bei experimenteller Geschwulstbildung. Ver. dtsch. Zool. **1949**, 49—58.

Pfuhl, W., 1932 a: Die Zellen des normalen lockeren Bindegewebes. Z. mikr.-anat. Forsch. **31**, 18—107.

— 1932 b: Die Leber. Handbuch der mikroskopischen Anatomie des Menschen **V/2**, 235—425. Berlin-Göttingen-Heidelberg.

— 1938: Die mitotischen Teilungen der Leberzellen im Zusammenhang mit den allgemeinen Fragen über Mitose und Amitose. Z. Anat. **109**, 99—133.

— und H. Kühtz, 1939: Die pathologischen Mitosen in Bindegewebszellen nach einmaliger Röntgenbestrahlung. Z. Anat. **110**, 98—121.

Phan, N. van, und H. David, 1958: Zur Frage der Genese und Zahl groß- und zweikerniger Leberzellen bei Mäusen in und nach absolutem Hunger. Z. Zellforsch. **48**, 653—660.

Piringer-Kuchinka, A., 1951: Zur Kenntnis des Bauplanes und der Zellvermehrung im Knochenmarkgewebe. Wien. klin. Wschr. **63**, 909—911.

Pischinger, A., 1951: Über den Bau des lymphoretikulären Gewebes und die Genese der Lymphozyten. Verh. Anat. Gesellsch. Heidelberg 49—53.

— 1953: Über die rote Pulpa der Milz, nebst Bemerkungen über das unspezifische Bindegewebe im allgemeinen. Z. mikr.-anat. Forsch. **59**, 286—299.

— 1954 a: Über den Bau des Lymphgewebes und die Vermehrung der Lymphozyten. Z. Zellforsch. **40**, 101—116.

— 1954 b: Über das Wesen der Kupffer-Sternzellen. Z. Zellforsch. **40**, 605—611.

Piyper, E. O., 1957: Growth and reproduction of the cells in human suprarenal glands (russisch). Arh. Anat. Gistol. Embryol. **34**, 54—63; ref. in Excerpta med. (Amst.), Sect. I, **12**, 363, 1958.

Policard, A., 1925: Sur les phénomènes nucléaires au cours du développement in vitro des tissus conjonctifs et épithéliaux. C. r. Soc. Biol. (Paris) **93**, 535—536.

— 1950: Précis d'histologie physiologique. 5e édition. Paris.

Politzer, G., 1924: Versuche über den Einfluß des Neutralrots auf die Zellteilung (Mitose, Amitose, Pseudoamitose). Z. Zellen- und Gewebelehre (Berlin) **1**, 644—670.

— 1934: Pathologie der Mitose. Protoplasma-Monographie **7**. Berlin.

Pomerat, C. M., S. P. Kent, and L. C. Logie, 1957: Irradiation of cells in tissue culture. I. Giant cell induction in strain cultures versus elements from primary explants. Z. Zellforsch. **47**, 158—174.

Poska-Teiss, L., 1922: Zur Frage über die vielkernigen Zellen des einschichtigen Plattenepithels. Acta Commentat. Univ. Dorpatensis A IV, 1—16; ref. in: Anat. Ber. **1**, 866, 1922.

Preuss, F., 1954: Untersuchungen zur funktionellen Betrachtung des Myometriums beim Rind. Morph. Jb. **93**, 193—319.

Puza, V., 1957: Nuclear division in regeneration of skeletal muscle in rabbits (tschechisch). Čsl. Biol. **6**, 37—42; ref. in Excerpta med. (Amst.), Sect. I, **12**, 522, 1958.

Ranvier, L., 1875: Recherches sur les éléments du sang. Arch Physiol., 2ème Série, **7**, 1—15.

Rath, O. vom, 1891: Über die Bedeutung der amitotischen Kernteilung im Hoden. Zool. Anz. **14**, 331—332; 342—343; 355—363.

Regaud, Cl., 1900: Quelques détails sur la division amitotique des noyaux de Sertoli chez le rat. Sort du nucléole. Deux variétés d'amitoses: équivalence ou nonéquivalence des noyaux-fils. Anat. Anz. **18**, Erg.-H., 110—124.

Reiche, K., 1955: Über die Wirkung von 180-keV- und 31-MeV-Röntgenstrahlen auf das Ehrlich-Asziteskarzinom der weißen Maus. Strahlentherapie **97**, 549—567.

Remak, R., 1858: Über die Theilung der Blutzellen beim Embryo. Arch. Anat. Physiol. wiss. Med. 178—188.

Revütskaja, O. P., 1952: Amitotic division of neural cell in cerebrospinal ganglia in dog (russisch). Dokl. Akad. Nauk S. S. S. R. **87**, 483—484.

Revutskaja, P. S., 1950: Nochmals über den Ersatz der Amitose durch die Mitose (russisch). Dokl. Akad. Nauk S. S. S. R. **73**, 167—170; ref. in: Ber. wiss. Biol. **71**, 369, 1951.

— 1952: Alternation of amitotic and mitotic processes (russisch). Zh. obšč. Biol. Moskva **13**, 28—49; ref. in: Ber. allg. spez. Path. **14**, **4**, 1953, und Excerpta med. (Amst.), Sect. I, **7**, 47, 1953.

— and I. A. Zhutaev, 1951: On the possibility of replacing amitosis by mitosis (russisch). Dokl. Akad. Nauk S. S. S. R. **77**, 897—900; ref. in: Ber. wiss. Biol. **74**, 271, 1952.

Richards, A., 1911: The method of cell division in the development of the female sex organs of *Moniezia*. Biol. Bull. **20**, 123—178.

Richter, J. D., 1949: Zum Problem der amitotischen Zellteilung. (russisch). Dokl. Akad. Nauk S. S. S. R. **67**, 1105—1108; ref. in: Ber. wiss. Biol. 69, 219, 1950.

Ries, E., 1932: Die Prozesse der Eibildung und des Eiwachstums bei Pediculiden und Mallophagen. Z. Zellforsch. **16**, 314—388.

— 1937: Lebenszyklen und Arbeitsrhythmus von Zellen. Zool. Anz., Suppl. **10**, 171—256.

— und M. Gersch, 1953: Biologie der Zelle. 2. Aufl. Leipzig.

— und P. B. van Weel, 1934: Die Eibildung der Kleiderlaus, untersucht an lebenden, vitalgefärbten und fixierten Präparaten. Z. Zellforsch. **20**, 565—618.

Ris, H., 1955: Cell Division. In: Willer, Weiss and Hamburger, Analysis of development. Philadelphia and London.

Robinow, C., 1935: Über das Verhalten der Marksubstanz der Niere erwachsener Kaninchen und Ratten in der Gewebekultur. Z. Zellforsch. **22**, 467—483.

Robledo, M., 1956: Myocardial regeneration in young rats. Amer. J. Path. **32**, 1215—1239.

Rohr, K., 1949: Das menschliche Knochenmark. 2. Aufl. Stuttgart.

Romeis, B., 1926: Morphologische und experimentelle Studien über die Epithelkörper der Amphibien. I. Die Morphologie der Epithelkörper der Anuren. Z. Anat. **80**, 547—578.

— 1940: Hypophyse. Handbuch der mikroskopischen Anatomie des Menschen VI/3. Berlin-Göttingen-Heidelberg.

Rondanelli, E. G., P. Gorini, D. Pecorari und G. P. Fiori, 1959: Über die Bildung von doppelkernigen hämopoetischen Zellen. Phasenkontrast-Mikrokinematographische Untersuchungen. Z. Zellforsch. **49**, 668—676.

Rössle, R., 1926: Wachstum der Zellen und Organe, Hypertrophie und Atrophie. Handbuch der normalen und pathologischen Physiologie **14**, 903—955. Berlin.

Roussy, G., et M. Mosinger, 1935: Sur la plurinucléose neuronale dans les noyaux végétatifs de l'hypothalamus des mammifères. C. r. Soc. Biol. (Paris) **118**, 736—738.

RUMJANTZEW, A. V., 1928: Cytologische Studien an den Gewebekulturen in vitro. II. Die Veränderungen des Nucleolus in Gewebekulturen und die Erscheinung der Amitose. Arch. exper. Zellforsch. 5, 25—34.

SACERDOTE DE LUSTIG, E., und D. BRACHETTO-BRIAN, 1946: Cultivo „in vitro" de granuloma mieloplaxico proveniente de un quiste simple de los huesos. Arch. Soc. argent. Anat. 8, 153—161.

SAEZ, F. A., 1948: Chromosomes and cell division. In: DE ROBERTIS, NOWINSKI and SAEZ: General Cytology. Philadelphia.

SAGUCHI, S., 1930: Über das Verhalten des Nucleolus bei der Mitose im Kulturgewebe, nebst Bemerkungen über die Chromosomenzahl beim Huhn. Zytol. Studien (Tokio) 3, 1—47.

SCHACHOW, S. D., 1930: Zum Problem der Symplasten in Gewebskulturen der Säuger. (Vorläufige Mitteilung.) Anat. Anz. 69, 385—404.

SCHILLER, E., 1949: Kerneinschlüsse und Amitose. Z. Zellforsch. 34, 356—361.

SCHMID, H., 1937: Beiträge zur vergleichenden Histophysiologie des Insulins. Z. Zellforsch. 26, 146—173.

SCHMIDT, W. J., 1938: Die Entwicklung der Lehre von der tierischen Zelle und ihr heutiger Stand und Wert. In: Protoplasma-Monographie 17: Hundert Jahre Zellforschung. Berlin.

SCHOCKAERT, A., 1909: Nouvelles recherches comparatives sur la texture et le développement du myocarde chez les vertébrés. Arch. Biol. (Liège) 24, 277—372.

SCHOPPER, W., 1932: Explantationsstudien an Blutgefäßen und serösen Häuten. Beitr. path. Anat. 88, 451—537.

SCHRÖTER, G., 1937: Variationsstatistische Untersuchungen über die Kerngrößen in den Leberzellen der weißen Maus bei verschiedener Fütterung. Z. Zellforsch. 26, 481—506.

SCHULTZ, A., 1928: Über Umformungen der Fibrozyten (Histiozytenbildung) im menschlichen Bindegewebe. Zbl. allg. Path. path. Anat. 43, Erg.-H., 459—475.

SCHULZ, L.-Cl., 1958: Elektronenmikroskopische Untersuchungen der Herzmuskulatur des Schweines unter besonderer Berücksichtigung der sogenannten Kernreihen-Bildung. Dtsch. tierärztl. Wschr. 65, 117—122.

SELYE, H., 1959: The Chemical Prevention of Cardiac Necroses. New York.

SHINDO, K., 1958: Histologische Untersuchungen über das Zahnfleisch bei Menschen und verschiedenen Säugetieren mit besonderer Berücksichtigung der Gewebsmastzellen und eosinophilen Zellen (japanisch, deutsche Zusammenfassung S. 104/5). Arch. hist. jap. 15, 77—107.

SINAPIUS, D., 1958: Über das Endothel der Venen. Z. Zellforsch. 47, 560—630.

SIRAKAMI, K., 1956: Studies on the „double nucleus" in the early developmental stage of *Bufo vulgaris* I und II. Embryologia (Nagoya) 3, 1—21 und 37—56.

SMITH, FR. E. V., 1923: On direct nuclear divisions in the vegetative mycelium of *Saprolegnia*. Ann. Botany 37, 63—73.

STAEMMLER, M., 1928a: Über physiologische Regeneration und Gewebsverjüngung. Beitr. path. Anat. 80, 512—569.

— 1928b: Physiologische und pathologische Regeneration. Arch. klin. Chir. 153, 550—570.

— 1928c: Über physiologische Regeneration und Gewebsverjüngung. Zbl. allg. Path. path. Anat. 43, Erg.-H., 325—328.

STEFANI, R., 1955: Divisioni amitotiche e modificazioni durante l'oogenesi nell'ovario degli Embiotteri. Boll. Zool. 22, 79—91.

STERBA, G., 1956: Zytologische Untersuchungen an großkernigen Fettzellen von *Daphnia pulex* unter besonderer Berücksichtigung des Mitochondrien-Formwechsels. Z. Zellforsch. 44, 456—487.

STIEVE, H., 1927: Der Halsteil der menschlichen Gebärmutter, seine Veränderungen während der Schwangerschaft, der Geburt und des Wochenbettes und ihre Bedeutung. Z. mikr.-anat. Forsch. 11, 291—441.

— 1939: Das Verhalten der Zellen im Randschleier ausgepflanzter Milzstücke von erwachsenen Menschen. Z. mikr.-anat. Forsch. 45, 1—36.

STÖHR, Ph., W VON MÖLLENDORFF und K. GOERTTLER, 1955: Lehrbuch der Histologie. 27. Aufl. Jena.

STÖHR, PH. jr., 1934: Bemerkungen über Amitose und über „Reihenstellung" bei den Kernen der glatten Muskelfasern. Z. mikr.-anat. Forsch. 36, 525—534.

— 1949: Studien zur normalen und pathologischen Histologie vegetativer Ganglien. III. Z. Anat. 114, 14—52.

Stöhr, Ph. jr., 1951: Lehrbuch der Histologie und der mikroskopischen Anatomie des Menschen. 1. Aufl. Berlin-Göttingen-Heidelberg.

— 1957: Mikroskopische Anatomie des vegetativen Nervensystems. Handbuch der mikroskopischen Anatomie des Menschen VI/5. Berlin-Göttingen-Heidelberg.

Stough, H. B., 1931: Modified mitosis in the chick embryo. J. Morph. 52, 535—548.

— 1935: Further studies in modified mitosis. J. Morph. 58, 221—256.

Stroganova, N. S., 1952: Die Amitose bei der Spermatogenese bei Säugetieren. Dokl. Akad. Nauk S. S. S. R., N. S. 85, 897—900; ref. in: Ber. wiss. Biol. 85, 4, 1953.

Stump, C. W., 1925: The histogenesis of bone. J. Anat. 59, 136—154.

Szittyay, Z., 1937: L'action stimulante de la vitamine D sur le foie du lapin. C. r. Soc. Biol. (Paris) 124, 296—299.

Teir, H., 1944: Über Zellteilung und Kernklassenbildung in der Glandula orbitalis externa der Ratte. Acta path. microbiol. scand. Suppl. 51, 1—185.

Thomas, J. A., 1935: Un mode nouveau de multiplication cellulaire directe: la méroamitose. C. r. Acad. Sci. (Paris) 201, 988—990.

— 1937: La transformation des cellules en histiocytes. Arch. exper. Zellforsch. 19, 299—324.

— 1938 a: Au sujet de considérations qui viennent d'être publiées sur le mode de multiplication cellulaire nommé: méroamitose. Arch. exp. Zellforsch. 21, 281—285.

— 1938 b: Recherches sur les transformations, la multiplication et la spécificité des cellules hors de l'organisme. La cellule vitelline. Les cellules du type fibrocyte et du type histiocyte. Ann. Sci. Nat. Paris, Sér. Zool. 11, 1, 209—597.

— 1939: Des épithéliums en culture et dans l'organisme. Arch. exper. Zellforsch. 22, 15—37.

Tilp, A., 1912: Über die Regenerationsvorgänge in der Niere des Menschen. Habilitationsschrift. Jena.

Tischler, G., 1921/22: Allgemeine Pflanzenkaryologie. 2. Hälfte. Kernteilung und Kernverschmelzung. K. Linsbauers Handbuch der Pflanzenanatomie II, 1. Aufl.; 1951, 2. Aufl. Berlin.

Törö, E., und J. Vadász, 1939: Untersuchungen über die Wirkung von Colchcin und Corhormon in Gewebekulturen mit Hilfe von Filmaufnahmen. Arch. exper. Zellforsch. 23, 277—298.

Törö, I., 1937: Die Wirkung des embryonalen Herzextraktes auf den Herzmuskel. Z. mikr.-anat. Forsch. 41, 1—26.

— 1939 a: Über die Kernteilung im Herzmuskel. Verh. anat. Ges. (Jena) 230—241.

— 1939 b: Neue Untersuchungen zur Wirkung des embryonalen Herzextraktes. Arch. exper. Zellforsch. 22, 304—316.

— 1955: Contribution à l histophysiologie du thymus. C. r. Ass. Anat., 1312—1325 (Bulletin Ass. Anat. 92, 1957).

Tower, S. S., 1939: The reaction of muscle to degeneration. Physiol. Rev. 19, 1—48.

Tschernjachiwsky, A., 1932: Sur les cellules sympathiques polynucléaires chez l'homme. Rev. trim. Microgr. 249—266; zitiert nach Ph. Stöhr jr. (1957).

Uchida, K., 1957: Cytological study on the human chorionic villi. I. The fine structure of the chorionic epithelium (japanisch). Acta anat. Nippon. 32, 287—294; ref. in Excerpta med. (Amst.), Sect. I, 12, 380, 1958.

Uhlenhuth, E., 1917: Die Zellvermehrung in den Hautkulturen von *Rana pipiens*. Arch. Entw.mechan. 42, 168—207.

Ukei, T., 1956: On the postnatal development of the parenchymatous cells of the anterior pituitary in the hamster (japanisch). Arch. histol. jap. 10, 433—453; ref. in: Excerpta med. (Amst.), Sect. I, 11, 292, 1597.

Undritz, E., 1944: Zwillings- und Mehrlingsmißbildungen, die Natur der „Riesen", „Zwillinge" und „Amitosen" der Blutzellen. Folia haemat. (Lpz.) 68, 225—236.

— 1958: Mitose und Polyploidie. Internat. Symposium über klinische Cytodiagnostik (herausgegeben von N. Henning und S. Witte), S. 75—81 (Diskussion S. 83/84). Stuttgart.

Vacek, Z., 1955: Development of the placenta in the cat. Čsl. Morfol. 3, 49—65; ref. in: Excerpta med. (Amst.), Sect. I, 11, 37, 1957.

Vaubel, E., 1933: The form and function of synovial cells in tissue cultures. J. exper. Med. 58, 63—83 und 85—95.

Veratti, E., 1922: Su alcuni risultati delle ricerche sulle colture dei tessuti in vitro interessanti per la patologia. Tratt. Anat. pat. (Torino) 2, 246—283; zitiert nach G. Levi (1934).

VERNE, J., 1914: Contribution à l'étude des cellules névrogliques spécialement au point de vue de leur activité formatrice. Arch. Anat. micr. Morph. exper. **16**, 149—192.

— 1956: Précis d'histologie: la cellule, les tissus, les organes. 4. Aufl. Paris.

WALLRAFF, J., 1949: Histochemische Untersuchungen an den Nebennieren des erwachsenen Menschen. Z. Zellforsch. **34**, 362—427.

WASIELEWSKI, W. VON, 1903: Theoretische und experimentelle Beiträge zur Kenntnis der Amitose. I. (Habilitationsschrift.) Jb. wiss. Bot. **38**, 377—420.

— 1904: Theoretische und experimentelle Beiträge zur Kenntnis der Amitose. II. Abschnitt. Jb. wiss Bot. **39**, 581—606.

WASSERMANN F., 1929: Wachstum und Vermehrung der lebendigen Masse. Handbuch der mikroskopischen Anatomie des Menschen I/2. Berlin-Göttingen-Heidelberg.

WEATHERFORD, H. L., 1933: Chondriosomal changes in connective-tissue cells in the initial stages of acute inflammation. Z. Zellforsch. **17**, 518—541.

WEED, I. G., 1937: Cytological studies of developing muscle with special reference to myofibrils, mitochondria, Golgi material and nuclei. Z. Zellforsch. **25**, 516—540.

WENDT, E., 1959: Lebendbeobachtungen an bestrahlten Interphasekernen. Z. Zellforsch. **49**, 677—689.

WERMEL, E. M., und Z. P. IGNATJEWA, 1933: Studien über Zellengröße und Zellenwachstum. III. Über die Veränderungen der Kerngröße bei Vergiftungen. Z. Zellforsch. **17**, 476—504.

— — 1934: Studien über Zellengröße und Zellenwachstum. VI. Weitere Beobachtungen über den Einfluß der Gifte auf die Kerngröße der Leberzellen. Z. Zellforsch. **20**, 43—53.

— und W. W. PORTUGALOW, 1935: Studien über Zellengröße und Zellenwachstum. XII. Über den Nachweis des rhythmischen Zellenwachstums. Z. Zellforsch. **22**, 185—194.

— und L. W. SCHERSCHULSKAJA, 1934: Studien über Zellengröße und Zellenwachstum. VII. Über die Größe der bösartigen Zellen und ihre Variabilität. Z. Zellforsch. **20**, 54—76.

— und M. W. SSINEWA, 1934: Studien über Zellengröße und Zellenwachstum. X. Über Veränderung der Zellgröße bei Stickstoffhunger. Z. Zellforsch. **21**, 749—756.

WERNER, M., 1910: Über den Bau der Herzmuskulatur. II. Besteht die Herzmuskulatur der Säugetiere aus allseits scharf begrenzten Zellen oder nicht? Arch. mikr. Anat. **75**, 101—148.

WETZEL, G., 1932: Altersanatomie. Anat. Anz. **75**, Erg.-H., 15—36.

WILLMER, E. N., 1954: Tissue culture. 2. Aufl. London.

WILSON, J. W., and E. H. LEDUC, 1948: The occurrence and formation of binucleate and multinucleate cells and polyploid nuclei in the mouse liver. Amer. J. Anat. **82**, 353—391.

— — 1950: Abnormal mitosis in mouse liver. Amer. J. Anat. **86**, 51—73.

WILSON, M. E., R. E. STOWELL, H. O. YOKOYAMA, and K. K. TSUBOI, 1953: Cytological changes in regenerating mouse liver. Cancer Res. **13**, 86—92.

WINNIKOW, J. A., 1937: Experimentell-histologische Untersuchungen über die retinalen Anteile der Regenbogenhaut und der Ziliarfortsätze. Arch. exper. Zellforsch. **19**, 33—85.

WORLEY, L. G., 1942: Amitosis in the Malpighian tubules of *Melanoplus differentialis* (Acrididae). Anat. Rec. **84**, 501.

YOSHIDA, T., H. SATO, and A. ATSUMI, 1950: On refusion of once completely separated daughter cells. (A contribution to the genesis of binucleate cell by phasemicroscopic observations of YOSHIDA sarcoma cells). Proc. Jap. Acad. **26**, 48—54.

ZIEGLER, H. E., 1891: Die biologische Bedeutung der amitotischen (direkten) Kernteilung im Tierreich. Biol. Zbl. **11**, 372—389.

ZWEIBAUM, J., et M. SZEJNMAN, 1933: Recherches sur les cellules binucléaires dans la culture de tissus. Bull. int. Acad. Cracovie, Cl. Zool., 37—48.

— — 1936: Recherches sur les cellules binucléées dans le tissu cultivé in vitro. Arch. exper. Zellforsch. **18**, 102—126.

Namenverzeichnis

Die *kursiv* gedruckten Seitenzahlen beziehen sich auf das Literaturverzeichnis